计算机课程改革教材——任务实训系列

Flash CS3 动画制作

张　巍　总主编
王小平　林　波　林柏涛　龙天才　副总主编
刘雪莉　主　编
先义华　主　审

電子工業出版社
Publishing House of Electronics Industry
北京·BEIJING

内 容 简 介

本书将软件功能与行业实际应用相结合，通过不断的任务制作掌握 Flash 的应用并能制作一些常见的设计作品。全书共 9 个模块，主要讲解 Flash CS3 的基本操作；绘制与填充矢量图形；编辑矢量图形；素材、元件和库的相关知识；制作逐帧动画、动作补间动画和形状补间动画等基本动画；制作引导动画、遮罩动画和滤镜动画等高级动画；ActionScript 的相关知识；制作文字动画；应用 Flash CS3 组件制作动画。

本书适用于中职学生及社会培训人员。本书配有电子教学参考资料包，内容包括电子教案，教学指南。

未经许可，不得以任何方式复制或抄袭本书之部分或全部内容。
版权所有，侵权必究。

图书在版编目（CIP）数据

Flash CS3 动画制作 / 刘雪莉主编. —北京：电子工业出版社，2011.8
计算机课程改革教材. 任务实训系列
ISBN 978-7-121-13660-3

Ⅰ. ①F… Ⅱ. ①刘… Ⅲ. ①动画制作软件，Flash CS3－中等专业学校－教材 Ⅳ. ①TP391.41

中国版本图书馆 CIP 数据核字（2011）第 100304 号

策划编辑：关雅莉
责任编辑：郝黎明　　特约编辑：田学清　赵海红
印　　刷：涿州市京南印刷厂
装　　订：涿州市桃园装订有限公司
出版发行：电子工业出版社
　　　　　北京市海淀区万寿路 173 信箱　　邮编 100036
开　　本：787×1092　　1/16　　印张：14.25　　字数：372 千字
印　　次：2011 年 8 月第 1 次印刷
印　　数：3 000 册　　定价：28.00 元

凡所购买电子工业出版社图书有缺损问题，请向购买书店调换。若书店售缺，请与本社发行部联系，联系及邮购电话：（010）88254888。

质量投诉请发邮件至 zlts@phei.com.cn，盗版侵权举报请发邮件至 dbqq@phei.com.cn。

服务热线：（010）88258888。

前　言

☑ 丛书背景

中等职业教育是我国高中阶段教育的重要组成部分，而中等职业学校的教学目标是培养具有综合职业能力的高素质技能型人才，随着我国中等职业教育改革的不断深入与创新，以就业为导向、以学生为本并提倡学生全面发展的职业教育理念迅速应用到教学过程中，从而很好地完成了从重知识到重能力的转化过程。职业教育的课程特点主要体现在以下几个方面：

- 以就业为导向，满足职业发展需求；
- 以学生为本，激发学习兴趣；
- 以技能培养为主线，解决实际问题；
- 重视与实践紧密结合的项目任务和实训。

本套“中等职业学校·任务实训教程”就是顺应这种转化趋势应运而生，丛书编委会调查了多所中等职业学校，并总结了众多优秀老师的教学方式与教学思路，从而打造出以“任务驱动与上机实训相结合”的教学方式，让学生易学、易就业，让老师易教、易拓展。

☑ 本书内容

Flash 是美国 Macromedia 公司出品的专业矢量图形编辑和动画创作软件，主要用于网页设计和多媒体创作。Flash CS3 是 2007 年 Adobe 公司在收购 Macromedia 公司之后推出的新版本。利用 Flash 制作的动画作品被广泛应用于网页广告、网站片头、交互游戏、互动教学和动画 MTV 等诸多领域中。

本书将软件功能与行业实际应用相结合，通过不断的任务制作掌握 Flash 的应用并能制作一些常见的设计作品。全书共分为 9 个模块，各模块的主要内容如下。

- 模块一：主要讲解 Flash CS3 的基本操作，包括 Flash CS3 工作界面介绍、自定义 Flash CS3 界面、Flash CS3 中帧和图形的基本操作、场景的基本操作和测试与发布动画的方法。
- 模块二：以绘制“卡通小鸡”、绘制“房子”和绘制“桃树图形”等任务，讲解绘制与填充矢量图形的相关知识。
- 模块三：以制作“新年快乐”场景、编辑“圣诞快乐”场景和制作个性签名等任务，讲解编辑矢量图形的相关知识。
- 模块四：以制作“希望小学”场景和制作“家庭影院”等任务，讲解素材、元件和库的相关知识。
- 模块五：以制作逐帧动画、制作网页导航条和制作“桃花朵朵开”动画等任务讲解制作逐帧动画、动作补间动画和形状补间动画等基本动画的相关知识。
- 模块六：以制作“滚山坡”动画、制作遮罩动画和制作“蓝天白云”动画等任务，讲解制作引导动画、遮罩动画和滤镜动画等高级动画的相关知识。

- 模块七：以制作停止车轮的转动动画、为画册加播放控制器、制作遥控飞机、制作下雪效果、制作抽奖游戏、制作数字时钟和制作音乐播放器等任务，讲解 ActionScript 的相关知识。
- 模块八：以制作空心字、制作彩色字、制作立体字、制作火焰字、制作滤光字、制作倒影字、制作霓虹灯字和制作打字效果动画等任务，讲解制作文字动画的相关知识。
- 模块九：以制作用户注册界面和利用组件制作 IQ 测试等任务，讲解应用 Flash CS3 组件制作动画的相关知识。

☑ 本书特色

本书具有以下一些特色。

（1）分模块化讲解，任务目标明确

每个模块都给出了“模块介绍”和“学习目标”，便于学生了解模块介绍的相关内容并明确学习目的，然后通过完成几个任务和上机实训来学习相关操作，同时每个任务还给出了任务目标、专业背景、操作思路和操作步骤，使学生明确需要掌握的知识点和操作方法。

（2）以学生为本，注重学以致用

在任务讲解过程中，通过各种“技巧”和“提示”为学生提供了更多解决问题的方法和掌握更为全面的知识，而每个任务制作完成后通过学习与探究板块总结了相关软件知识与操作技能，并引导学生尝试如何更好、更快地完成任务以及类似任务的制作方法等。

（3）实例丰富，与企业接轨

本书的所有实例都来源于实际工作中，具有较强的代表性和可操作性，并融入了大量的职业技能元素，注重实训教学，按照实际的工作流程和工作需求来设计实例，使学生能较快地适应企业工作环境，并能获得一些设计经验与方法。

（4）边学边实践，自我提高

每个模块最后提供有大量练习题，给出了各练习的最终效果和制作思路，在进一步巩固前面所学知识基础上重点培养学生的实际动手能力，拓展学生的思维，有利于自我提高。

☑ 本书作者

本书由张巍担任总主编，王小平、林波、林柏涛、龙天才为副总主编，本书具体编写分工如下：刘雪莉担任主编，先义华担任主审，白儒春、邓杨红、喻铁为副主编，参加编写的还有牟玉琴、兰玉林、侯一波、付文桂、万宏、汤富彬、胡林、陈剑。

由于编者水平有限，书中疏漏和不足之处在所难免，恳请广大读者及专家不吝赐教。为了方便教学，本书配有电子教学参考资料包，内容包括教学指南、电子教案（电子版），请有此需要的教师登录华信教育资源网（http://www.hxedu.com.cn）下载或与电子工业出版社联系（E-mail：xiaoboai@phei.com.cn）。

编者

目　录

模块一

Flash CS3 基本操作

Flash 是目前功能最强大的矢量动画软件之一，利用 Flash 制作的动画作品被广泛应用于网页广告、网站片头、交互游戏、互动教学和动画 MTV 等诸多领域中。在正式学习 Flash CS3 之前，首先需要认识 Flash CS3 的工作界面，并对设置工作界面的方法和 Flash CS3 中基本的图形概念有所了解，为以后的学习做好必要的准备。本模块主要介绍 Flash CS3 的基本操作，主要包括认识 Flash CS3 的工作界面、自定义 Flash CS3 的工作界面、Flash CS3 中帧和图形的基本操作、场景的基本操作及测试与发布动画的方法。

学习目标

- 初步了解并熟悉 Flash CS3 的界面。
- 熟练掌握自定义 Flash CS3 的工作界面的方法。
- 了解 Flash CS3 中的图形、帧、图层和场景的概念。
- 熟练掌握设置 Flash CS3 动画场景的一般方法。
- 掌握测试与发布动画的方法。

任务一 认识 Flash CS3

◆ 任务目标

本任务的目标是初步认识 Flash CS3 的工作界面，掌握自定义 Flash CS3 的工作界面的方法，为制作出精美的 Flash 动画做铺垫。

（1）认识 Flash CS3 的工作界面。

（2）掌握自定义 Flash CS3 的工作界面的方法。

操作一 认识 Flash CS3 界面

Flash 是美国 Macromedia 公司出品的专业矢量图形编辑和动画创作软件，主要用于网页设计和多媒体创作等。利用 Flash 自带的矢量图绘制功能，结合图片、声音和视频等素材的应用，可制作出精美、流畅的二维动画效果。通过为动画添加 Action 动作脚本，还能实现特定的交互功能。Flash 动画所具有的以“流”的形式进行播放及文件短小等特点，能使其作品适合网络发布和传播。Adobe Flash CS3 Professional（即 Flash CS3）是 2007 年 Adobe 公司在收购 Macromedia 公司之后推出的新版本，该版本在以前版本的基础上进行升级与改进，可应用到更多不同的领域中，在推出后便被众多 Flash 专业制作人员和动画爱好者广泛采用。

1．启动与退出 Flash CS3

在安装并使用正确的序列号注册 Flash CS3 后，即可正式使用该软件。在介绍 Flash CS3 的工作界面之前先对启动和退出 Flash CS3 的几种常用方法进行简要介绍。

启动 Flash CS3 的方式主要有以下几种：

- 通过快捷图标启动：若第一次启动 Flash CS3，双击建立的 Flash CS3 快捷方式图标，将打开图 1-1 所示的界面，在该界面中按照需要选择需要的文档（在此可打开最近创建的 Flash 文档、用模板创建的文档和其他 Flash 文档）。

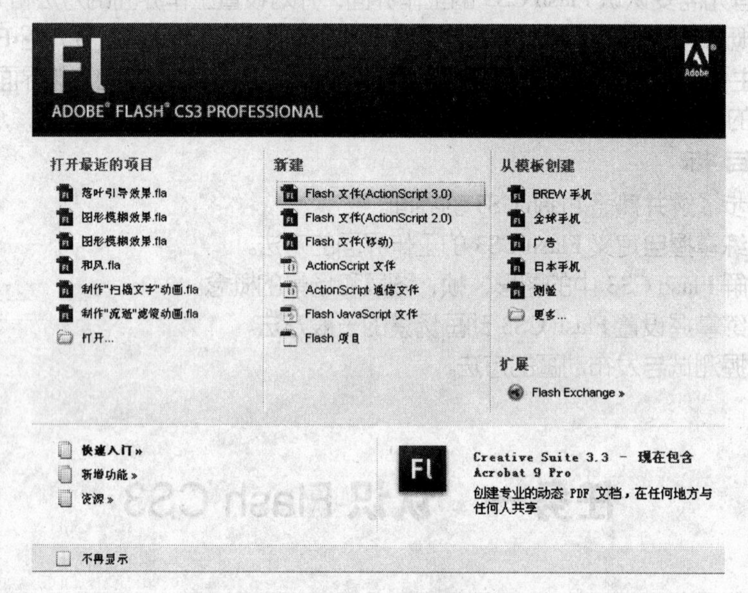

图 1-1　Flash CS3“欢迎屏幕”界面

提示　通过选中对话框左下角的“不再显示”复选框，可使 Flash 在下次启动时不再显示“欢迎屏幕”界面。若要显示该对话框只需按图 1-2 所示的提示信息进行操作即可。

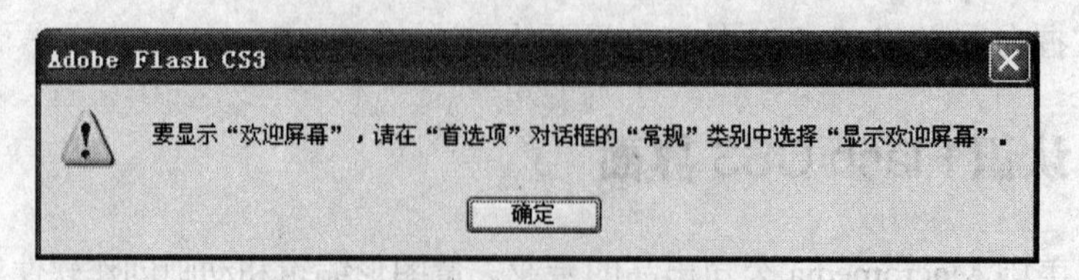

图 1-2　显示“欢迎屏幕”对话框提示

- 通过“开始”菜单启动：选择【开始】→【所有程序】→【Adobe Flash CS3 Professional】菜单命令，启动 Flash CS3。
- 通过动画文档启动：通过打开一个 Flash CS3 动画文档，启动 Flash CS3。

退出 Flash CS3 的方式主要有以下几种：

- 通过菜单命令退出：在 Flash CS3 工作界面中选择【文件】→【退出】菜单命令，退出 Flash CS3。
- 通过快捷键退出：在 Flash CS3 中按“Ctrl+Q”组合键，退出 Flash CS3。
- 通过“关闭”按钮退出：单击工作界面右上角的☒按钮，退出 Flash CS3。

2. 认识 Flash CS3 的工作界面

在启动 Flash CS3 后，将打开图 1-3 所示的 Flash CS3 工作界面。该工作界面主要由标题栏、菜单栏、“时间轴”面板、工具箱、工作区、“属性”面板、“颜色”面板和“库”面板等部分组成。

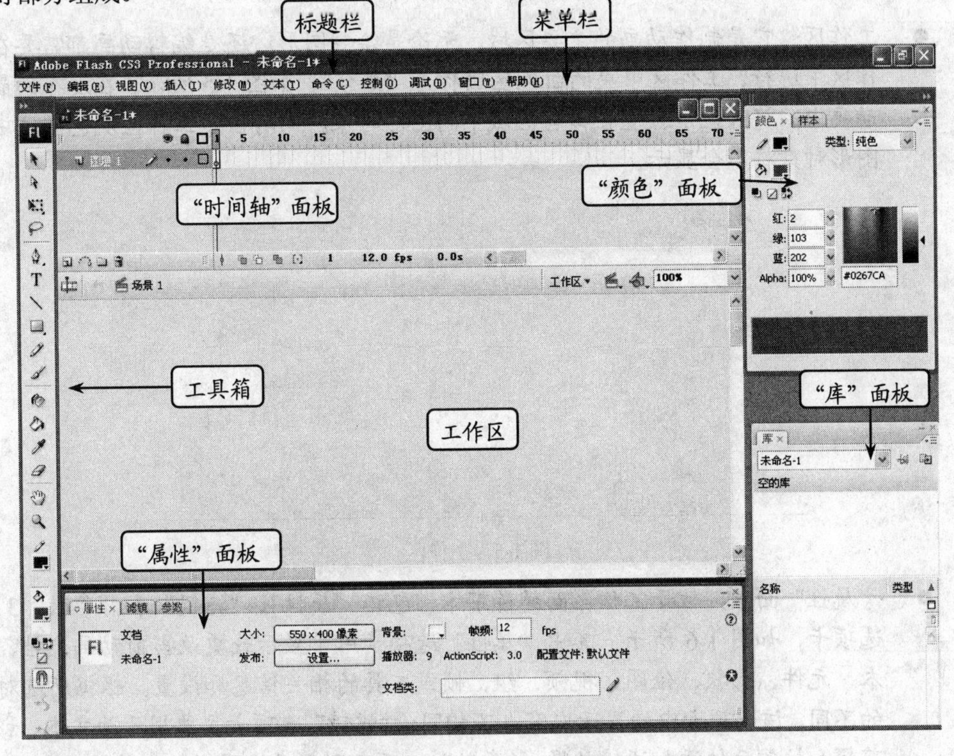

图 1-3　Flash CS3 工作界面

下面对各部分进行简要介绍：

- 标题栏：位于工作界面的最上方，用于显示软件名称和当前动画文档名称等信息，可通过标题栏右侧的▭▣☒按钮对窗口进行最小化、最大化和关闭操作。
- 菜单栏：位于标题栏的下方，包括“文件”、“编辑”、“视图”、“插入”、“修改”、“文本”、“命令”、“控制”、“调试”、“窗口”和“帮助”菜单，在制作 Flash 动画时，通过执行相应菜单中的命令即可实现特定的操作。
- “时间轴”面板：主要用于创建动画和控制动画的播放进程。“时间轴”面板左侧为图层区，用于控制和管理动画中的图层；右侧为帧控制区，由播放指针、帧、时间轴标尺和时间轴视图等部分组成，用于创建动画并对动画中的帧进行控制和管理，如图 1-4 所示。

- 工具箱：系统默认的工具箱位于工作界面的左侧。在工具箱中放置了 Flash CS3 中所有的绘图工具，主要用于绘制和编辑矢量图形。

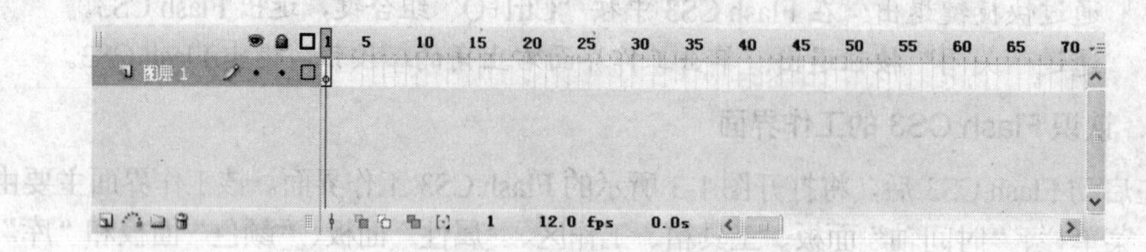

图 1-4 "时间轴"面板

- 工作区：它是制作动画的主要区域，无论是绘制图形，还是编辑动画都需要在工作区中进行，工作区中央的白色区域称为"舞台"，如图 1-5 所示。在发布的最终动画中，将只显示放置在舞台区域中的图形对象，而对位于工作区灰色区域中的图形对象将不会显示。

图 1-5 工作区

- "属性"面板：位于工作界面的最下方，包括"属性"、"滤镜"和"参数" 3 个选项卡，如图 1-6 所示。其中"属性"选项卡用于显示或更改当前动画文档、文本、元件、形状、位图、视频、组、帧或工具的相关信息和设置，根据所选对象的不同，该选项卡中的显示内容也不相同；"滤镜"选项卡主要用于为文本、影片剪辑和按钮元件添加滤镜效果；"参数"选项卡则用于设置交互组件的参数。

图 1-6 "属性"面板

- "颜色"面板：位于工作界面的右上方，如图 1-7 所示，其中包括"颜色"和"样本"两个选项卡，主要用于更改和调配矢量图形的线条颜色和填充颜色，以及创建各种所需的渐变色。
- "库"面板：位于工作界面的右下方，如图 1-8 所示，主要用于存储和管理在 Flash CS3 中创建的各种元件及导入的各种素材文件（如位图图形、声音文件和视频剪辑等）。除此之外，在“库”面板中，还可通过建立文件夹来管理库中的项目，查看项目在动画文档中使用的频率，并按类型对项目进行排序。

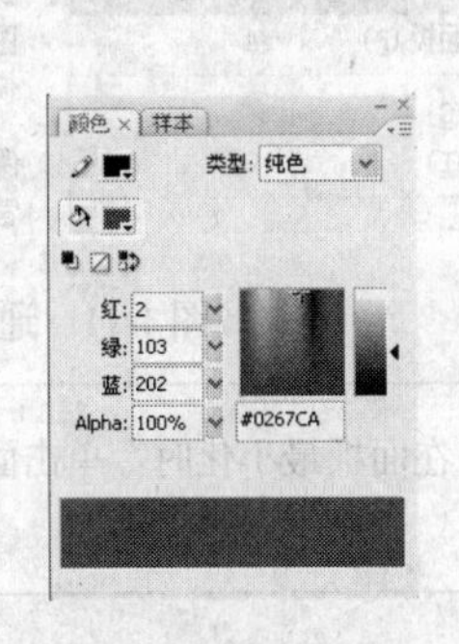

图 1-7 “颜色”面板

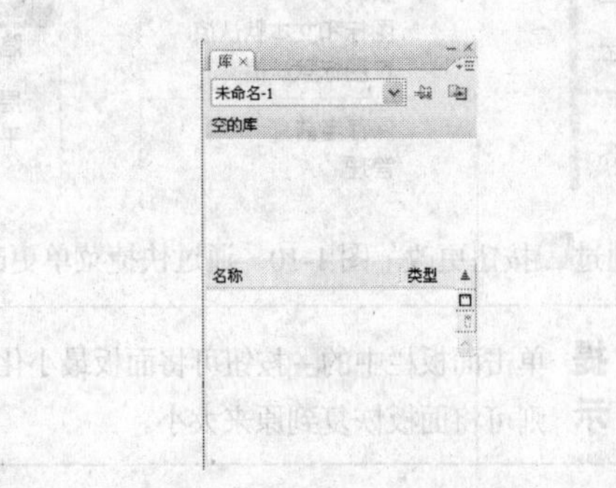

图 1-8 “库”面板

操作二 自定义 Flash CS3 的工作界面布局

在制作动画时会因为制作的需要或制作者的使用习惯，对 Flash CS3 的基本工作界面进行更改，此时便可自定义 Flash CS3 的工作界面。

1．打开和关闭面板

除了默认工作界面中的“属性”、“颜色”和“库”面板等常用面板外，在 Flash CS3 中还包括“动作”、“行为”和“组件”等众多面板。若要在工作界面中打开这些面板，只需在菜单栏的“窗口”菜单中选择相应的命令即可（如选择【窗口】→【对齐】菜单命令，即可打开“对齐”面板）。若要在工作界面中关闭相应的面板，只需单击该面板名称栏中的×按钮即可。

2．调整面板位置

若要改变工作界面中面板或界面组件的位置，只需将鼠标移动到面板或界面组件的名称栏中，然后按住鼠标左键并拖动鼠标，当拖动到要放置的新位置后，释放鼠标左键即可改变面板或界面组件在主界面中的位置。

3．改变面板显示方式

在 Flash CS3 中除了根据需要打开和关闭面板外，还可对面板的显示方式进行设置。改变面板显示方式的方法主要有以下几种：

- 通过▶▶按钮更改：在 Flash CS3 的工作界面中，单击工具箱上方的▶▶按钮，可将工具箱在单列或双列排列之间进行切换；单击面板栏上方的▶▶按钮，可将面板在图标显示和默认显示方式之间进行切换，如图 1-9 所示。
- 通过快捷菜单更改：单击工作区中的“工作区”按钮，然后在弹出的快捷菜单中选择“图标和文本默认值”或“仅图标默认值”命令即可，如图 1-10 所示。
- 通过菜单命令更改：在 Flash CS3 工作界面中选择【窗口】→【工作区】菜单命令，然后在弹出的子菜单中选择相应命令即可，如图 1-11 所示。若选择“默认”命令，则可恢复到默认的工作界面。

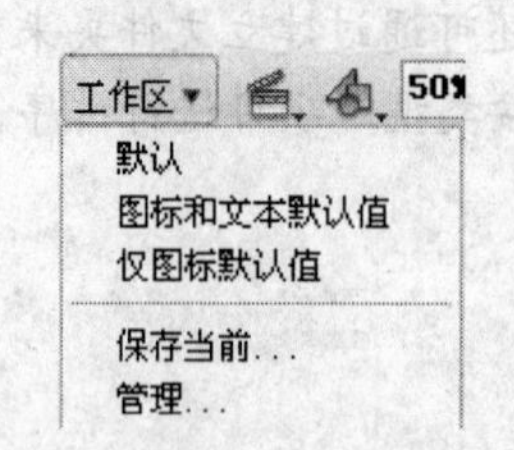

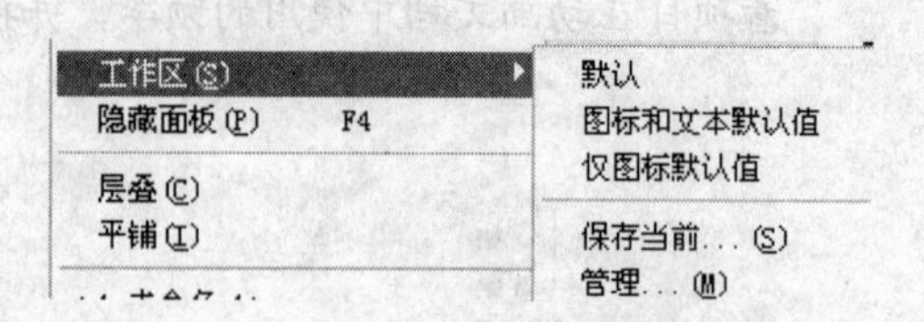

图 1-9 通过按钮更改　图 1-10　通过快捷菜单更改　图 1-11　通过菜单命令更改

提示　单击面板栏中的按钮可将面板最小化。在面板最小化时，单击面板栏中的按钮则可将面板恢复到原来大小。

4. 保存工作区布局

在自定义 Flash CS3 的工作区后，就可以将该工作区布局进行保存。其方法是：选择【窗口】→【工作区布局】→【保存当前】菜单命令，在打开的图 1-12 所示的“保存工作区布局”对话框中为当前工作区布局命名，然后单击“确定”按钮即可保存该工作区布局，并将其设置为 Flash CS3 启动时的默认工作界面。

如果定义了多个工作区布局，可通过选择【窗口】→【工作区】菜单命令，然后在弹出的子菜单中选择相应的工作界面布局名称，如图 1-13 所示，即可切换到对应的工作区布局。

图 1-12　“保存工作区布局”对话框

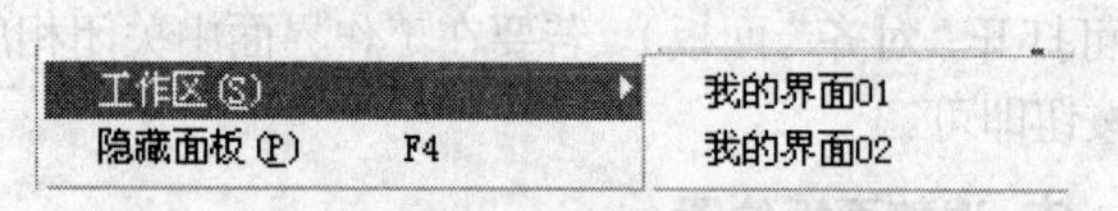

图 1-13　选择工作区布局

◆ 学习与探究

对于 Flash CS3 的初学者来说，文档的打开、保存和关闭非常重要。

1. 打开文档

若要对计算机中已经存在的动画文档进行制作或编辑，首先需要将动画文档打开，然后才能进行编辑和修改操作。

在 Flash CS3 中打开动画文档的方法是：选择【文件】→【打开】菜单命令，打开“打开”对话框，如图 1-14 所示，在“查找范围”下拉列表框中选择要打开的文档路径，在“文件名”文本框中输入相应的文件名（或直接用鼠标单击要打开的动画文档图标）后，单击“打开”按钮即可。

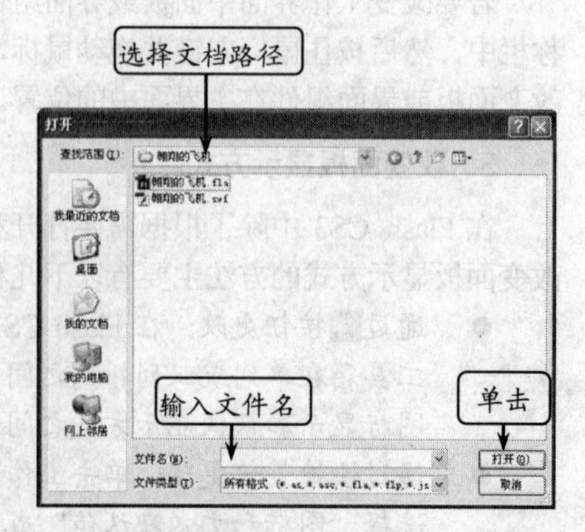

图 1-14　打开文档

2．保存文档

在制作动画或对动画文档进行编辑后，就需要对动画文档进行保存。保存动画文档的方法是：选择【文件】→【保存】菜单命令，打开“另存为”对话框，如图 1-15 所示，在“保存在”下拉列表框中选择文档保存的路径，在“文件名”文本框中输入动画文档的名称，在“保存类型”下拉列表框中选择文档的保存类型，然后单击“保存”按钮即可。

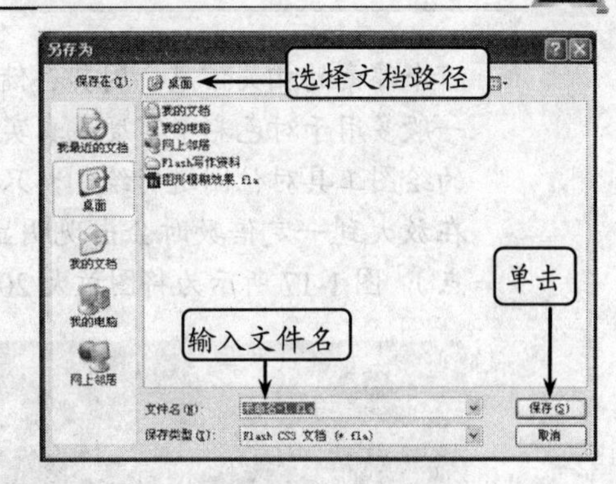

图 1-15　保存文档

3．关闭文档

在保存动画文档后，若不再需要对其进行编辑，便可关闭该动画文档，关闭动画文档的方法主要有以下几种：

- 关闭单个文档：选择【文件】→【关闭】菜单命令（或按“Ctrl+W”组合键），可关闭当前编辑的动画文档。
- 通过☒按钮关闭文档：单击动画文档标题栏右侧的☒按钮，可关闭当前编辑的动画文档。
- 关闭全部文档：选择【文件】→【全部关闭】菜单命令（或按“Ctrl+Alt+W”组合键），可关闭 Flash CS3 中打开的所有动画文档。

任务二　认识 Flash CS3 中的图形概念

◆ 任务目标

在 Flash CS3 中制作和编辑动画，实际上就是对帧、图层和场景，以及对帧、图层和场景中的动画要素进行的编排和调整。为了便于更好地对 Flash 中图形的相关基础知识进行了解，下面分别对 Flash CS3 中的图形概念、帧和图层进行简要介绍。本任务的目标是认识 Flash CS3 中的位图与矢量图，以及掌握帧和图层的基本操作方法。

（1）认识与了解位图与矢量图。

（2）掌握帧的基本操作方法。

（3）掌握图层的基本操作方法。

操作一　认识位图与矢量图

在 Flash CS3 中，根据图形显示和存储原理的不同将其分为位图和矢量图两种。

- 位图：位图是根据图像中每一点的信息生成的，如图 1-16 所示，存储和显示位图就需要对图像中每一个点的信息进行处理，这样的一个点就是像素，一幅 400×400 像素的位图有 160000 个像素，计算机要存储和显示这幅位图就需要处理 16

万个像素的相关信息。因其存储和显示原理，使得位图具有丰富的色彩表现力，一般多用于对色彩丰富度或真实感要求比较高的场合。在 Flash 中无法通过提供的绘图工具对位图进行绘制，只有通过导入素材的方式来获取相应的位图。位图在放大到一定倍数时会出现明显的马赛克现象（马赛克实际上就是放大的像素点），图 1-17 所示为将图放大 200 倍后的效果。

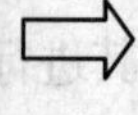

图 1-16　位图　　　　图 1-17　放大后的位图

- 矢量图：矢量图是由计算机根据存储的矢量数据，通过相应的计算后生成的，如图 1-18 所示，它主要通过包含颜色和位置属性的直线或曲线数据来描述图像，因此计算机在存储和显示矢量图时，不需要对每一个像素进行处理，只需记录图形的线条属性和颜色属性等数据信息即可。利用 Flash 中绘图工具绘制的图形都为矢量图形。相对于位图，矢量图所占用的存储空间较小，并且无论放大多少倍都不会出现马赛克现象，图 1-19 所示为将图放大 200 倍后的效果，因此在 Flash 动画中使用的图形多为矢量图形，这样不但可以有效地减少文件的大小，而且还能保证图形在缩放变化时的画面质量。

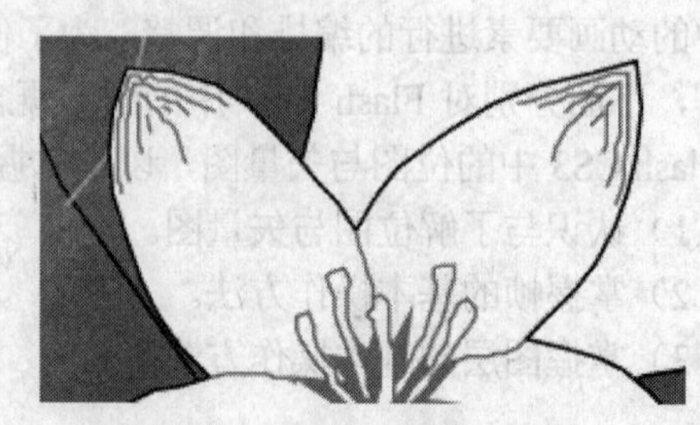

图 1-18　矢量图　　　　图 1-19　放大后的矢量图

操作二　帧的操作

帧是组成 Flash 动画最基本的单位，通过在不同的帧中放置相应的动画元素（如位图、文字、矢量图、应用声音或视频等），完成动画的基本编辑，然后通过对这些帧进行连续的播放，最终实现 Flash 动画效果。

1. 帧的类型

在 Flash CS3 中，根据帧的不同功能和含义，可将帧分为空白关键帧、关键帧和普通帧 3 种，如图 1-20 所示。

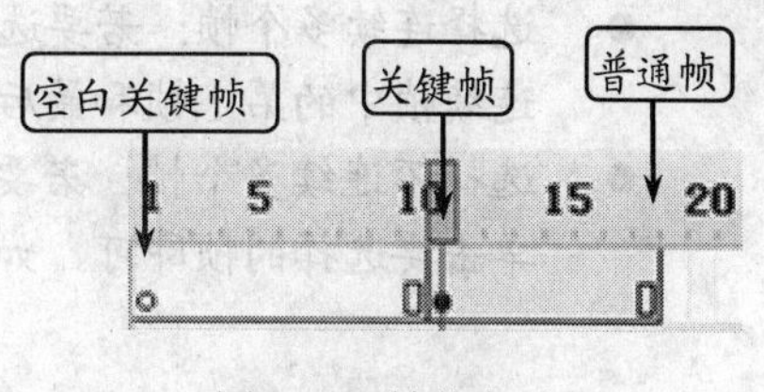

图 1-20 帧的类型

- 空白关键帧：在时间轴中以一个空心圆（ ）表示，该关键帧中没有任何内容，这种帧主要用于结束前一个关键帧的内容或用于分隔两个相连的补间动画。
- 关键帧：在时间轴中以一个黑色实心圆（ ）表示，关键帧是指在动画播放过程中，表现关键性动作或关键性内容变化的帧。关键帧定义了动画的变化环节，一般的动画元素都必须在关键帧中进行编辑。
- 普通帧：在时间轴中以一个灰色方块（ ）表示，通常处于关键帧后方，普通帧只是作为关键帧之间的过渡，用于延长关键帧中动画的播放时间，因此不能对普通帧中的图形进行编辑。一个关键帧后的普通帧越多，该关键帧的播放时间就越长。

如果将关键帧中的内容全部删除，就可以将关键帧转换为空白关键帧。同样，如果在空白关键帧中添加内容，就可将空白关键帧转换为关键帧。

2. 帧的标志状态

在 Flash CS3 中，除了前面 3 种帧在时间轴中的基本标识外，还可以通过创建不同的动画类型，或为帧添加标签，可使相应的帧在时间轴中以不同的方式标识出来，制作者也可通过相应的标识来了解该帧当前所处于的状态。

- ：关键帧之间为浅蓝色背景并有从左至右的黑色箭头标识，表示对应的帧创建了动作补间动画。
- ：关键帧之间为浅绿色背景并有从左至右的黑色箭头标识，表示对应的帧创建了形状补间动画。
- ：关键帧上有小写的“a”符号，表示为帧指定了 ActionScript 动作脚本，该帧可实现相应的交互动作。
- ：关键帧之间为浅蓝色背景且关键帧之间以虚线连接，表示对应的帧创建了动作补间动画，但该动画没有创建成功，或在创建时操作出现错误。
- ：关键帧之间为浅绿色背景且关键帧之间以虚线连接，表示对应的帧创建了形状补间动画，但该动画没有创建成功，或在创建时操作出现错误。
- ：关键帧上有一个小红旗，并有相应的文字，表示在该帧上设定了帧标签或注释。

3. 帧的选择

若要对帧进行编辑和操作，首先必须选中要进行操作的帧，在 Flash CS3 中选择帧的方法主要有选中单个帧、选择连续多个帧和选择不连续多个帧 3 种方法。

- 选中单个帧：若要选中单个帧，只需使用鼠标左键在时间轴中单击该帧即可，如图 1-21 所示。

- 选择连续多个帧：若要选择连续的多个帧，只需按住“Shift”键，然后分别单击连续帧中的第 1 帧和最后一帧即可，如图 1-22 所示。
- 选择不连续多个帧：若要选择不连续的多个帧，只需按住“Ctrl”键，然后依次单击要选择的帧即可，如图 1-23 所示。

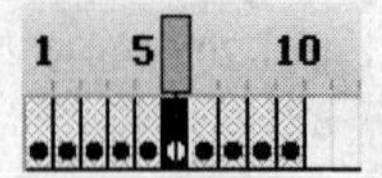

图 1-21　选中单个帧

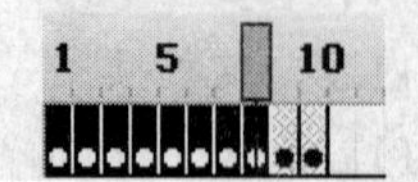

图 1-22　选择连续多个帧

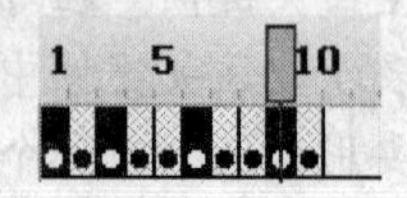

图 1-23　选择不连续多个帧

若要选择某个图层中的所有帧，只需在图层区中单击该图层即可。

4．帧的移动

在 Flash CS3 中移动帧的方法主要有通过拖动的方式移动和利用快捷菜单移动两种。

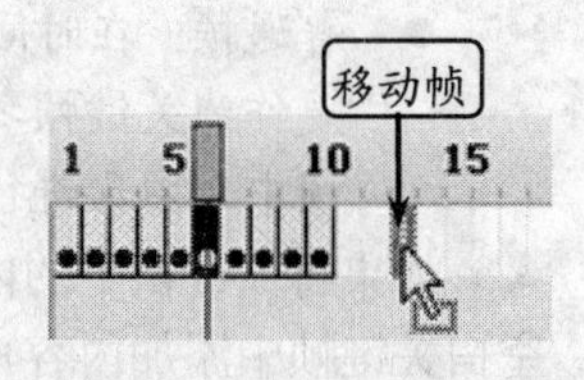

图 1-24　拖动方式移动帧

- 通过拖动的方式移动：在时间轴中选中要移动的帧，按住鼠标左键将其拖到要移动到的新位置，然后释放鼠标左键即可，如图 1-24 所示。
- 利用快捷菜单移动：在时间轴中选中要移动的帧，单击鼠标右键，在弹出的快捷菜单中选择“剪切帧”命令，然后在目标位置处再次单击鼠标右键，在弹出的快捷菜单中选择“粘贴帧”命令即可。

5．帧的复制

若动画中需要使用多个内容完全相同的帧，通过复制帧可在保证帧内容完全相同的前提下，快速完成这些帧的制作。在 Flash CS3 中复制帧的方法有以下两种：

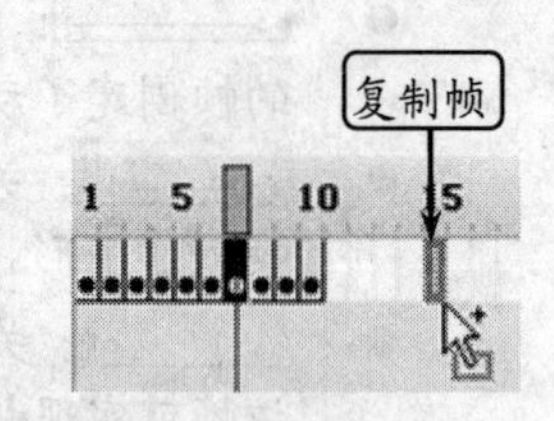

图 1-25　复制帧

- 通过拖动的方式复制：在时间轴中选中要复制的帧，按住“Alt”键将其拖动到要复制的位置，然后释放鼠标左键即可，如图 1-25 所示。
- 利用快捷菜单复制：在时间轴中选中要复制的帧，单击鼠标右键，在弹出的快捷菜单中选择“复制帧”命令，然后在目标位置处再次单击鼠标右键，在弹出的快捷菜单中选择“粘贴帧”命令即可。

复制帧时，无论复制的是普通帧还是关键帧，复制后的目标帧都为关键帧。

6．插入帧

通过在动画中插入不同类型的帧，可实现延长关键帧的播放时间、添加新动画内容和分隔两个补间动画等操作。

- 插入普通帧：在时间轴中要插入普通帧的位置单击鼠标右键，在弹出的快捷菜单中选择“插入帧”命令，可在当前位置插入普通帧。在关键帧后插入普通帧或在已沿用的帧中插入普通帧都可延长动画的播放时间。
- 插入关键帧：在时间轴中要插入关键帧的位置处单击鼠标右键，在弹出的快捷菜单中选择“插入关键帧”命令，可在当前位置处插入关键帧。插入关键帧之后即可对插入的关键帧中的内容进行修改和调整。

- 插入空白关键帧：在时间轴中要插入空白关键帧的位置处单击鼠标右键，在弹出的快捷菜单中选择“插入空白关键帧”命令，可在当前位置处插入空白关键帧。插入空白关键帧可将关键帧后沿用帧中的内容清除，或对两个补间动画进行分隔。

在 Flash CS3 中也可通过快捷键的方式插入所需的帧。方法是：在时间轴中选中要插入帧的位置，然后按下相应的快捷键即可（“F5”键用于插入普通帧；“F6”键用于插入关键帧；“F7”键用于插入空白关键帧）。

7．清除帧

清除帧用于将选中帧中的所有内容清除，继续保留该帧在时间轴中所占用的位置。在 Flash CS3 中清除帧的方法是：在时间轴中选中要清除的帧，然后单击鼠标右键，在弹出的快捷菜单中选择“清除帧”命令即可清除所选帧的内容，如图 1-26 所示。

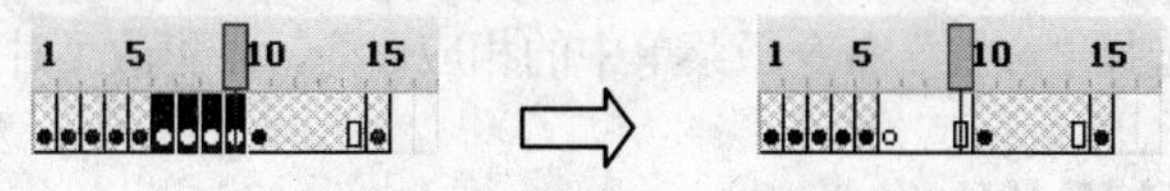

图 1-26 清除帧及其效果

8．删除帧

删除帧用于将选中的帧从时间轴中完全清除，执行删除帧操作后，被删除帧后方的帧会自动前移并填补被删除帧所占位置。在 Flash CS3 中删除帧的方法是：在时间轴中选中要删除的帧，单击鼠标右键，在弹出的快捷菜单中选择“删除帧”命令即可。

9．翻转帧

翻转帧可将选中的帧的播放顺序进行颠倒。在 Flash CS3 中翻转帧的方法是：在时间轴中选中要翻转的多个帧，单击鼠标右键，在弹出的快捷菜单中选择“翻转帧”命令。

10．添加帧标签

在制作动画的过程中，若需要注释帧的含义、为帧标记或使 Action 脚本能够调用特定的帧，就需要为该帧添加帧标签。在 Flash CS3 中添加帧标签的方法是：在时间轴中选中要添加标签的帧，在“属性”面板的“帧”文本框中输入帧的标签名称，然后在其下方的“标签类型”下拉列表框中选择一种标签类型，随后即可为选中的帧添加相应的标签了，如图 1-27 所示。

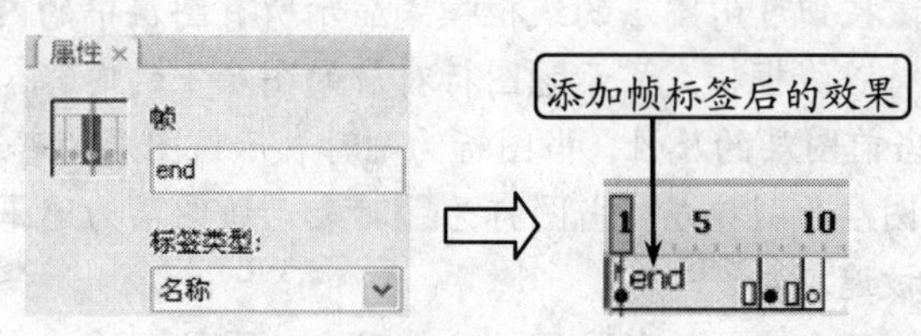

图 1-27 添加帧标签及其效果

11. 更改帧显示

在时间轴中通过更改帧的显示方式，可以根据需要调整帧在时间轴中的显示状态，从而更好地对帧进行查看和编辑。在 Flash CS3 中更改帧显示方式的操作是：单击时间轴右上角的按钮，在弹出的图 1-28 所示的快捷菜单中选择一种显示方式，即可对时间轴中的帧的显示方式进行更改，图 1-29 所示为选择"预览"方式后的效果。

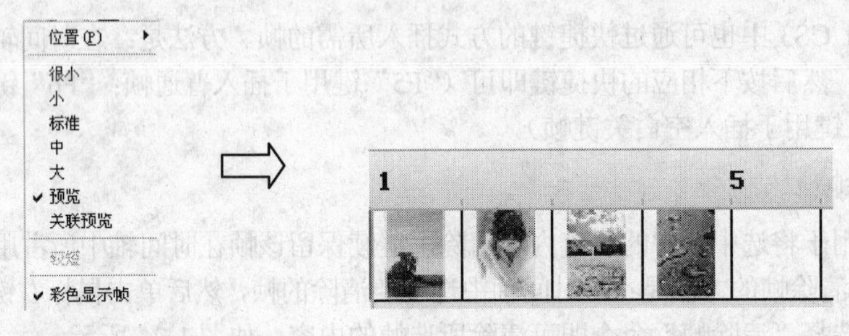

图 1-28 选择显示方式 图 1-29 选择"预览"方式后的效果

在快捷菜单中选择"位置"命令子菜单中的相应命令，可更改"时间轴"面板的位置。

操作三 图层的操作

Flash 中的图层就像一张透明的纸，而动画中的多个图层就相当于一叠透明的纸，通过调整这些纸张的上下位置，可以改变纸张中图形的上下层次关系。在 Flash CS3 中每个图层都拥有独立的时间轴，在编辑与修改图层中的内容时，都不会影响到其他图层。对于较为复杂的动画，用户可以将其进行合理的划分，把动画元素分布在不同的图层中，然后分别对各图层中的元素进行编辑和管理，这样既可以简化烦琐的工作，又可以有效地提高工作效率，图 1-30 所示为 Flash CS3 中的图层区。

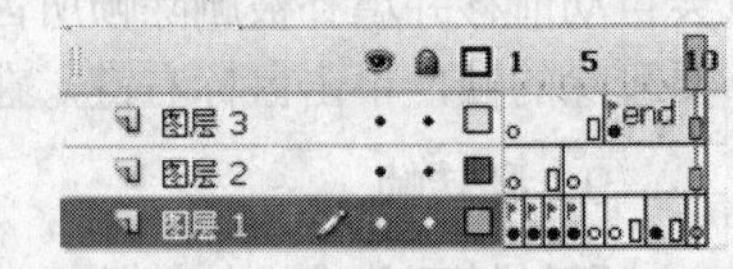

图 1-30 图层区

1. 图层区中各按钮的功能及含义

在图层区中各按钮的功能及含义如下：

- ：该按钮用于隐藏或显示所有图层，单击该按钮即可在隐藏和显示状态之间进行切换。单击该按钮下方的•图标可隐藏•图标对应的图层，图层隐藏后会在•图标的位置上出现✕图标。
- □：单击该按钮可用图层的线框模式显示所有图层中的内容，单击该按钮下方的■图标，将以线框模式显示■图标对应的图层中的内容。
- ：表示当前图层的属性，当图标为时表示该图层为普通图层，当该图标为时表示该图层为引导层，当图标为时表示该图层为遮罩层，当图标为时表示该图层为被遮罩层。
- ：该按钮用于锁定所有图层，防止用户对图层中的对象进行误操作，再次单击该按钮可解锁图层。单击该按钮下方的•图标可锁定•图标对应的图层，锁定后会在●图标的位置出现🔒图标。

- 图层 1：表示当前图层的名称，双击该名称可对图层名称进行更改。
- ✏：表示该图层正处于编辑状态的当前图层。
- ：单击该按钮可新建一个普通图层。
- ：单击该按钮可新建一个引导层。
- ：单击该按钮可新建图层文件夹。
- ：单击该按钮可删除选中的图层。

2．图层的类型

在 Flash CS3 中，根据图层的功能和用途，可将图层分为普通图层、引导层、遮罩层和被遮罩层 4 种。

- 普通图层：普通图层是 Flash CS3 中最常见的图层，主要用于放置动画中所需的动画元素。
- 引导层：引导层是 Flash CS3 中的特殊图层之一，在引导层中可绘制作为运动路径的线条，然后在引导层与普通图层之间建立链接关系，使普通图层中动作补间动画中的对象沿绘制的路径运动。
- 遮罩层：遮罩层是 Flash CS3 中的另一种特殊图层，在遮罩层中用户可绘制任意形状的图形或创建动画，实现特定的遮罩效果。
- 被遮罩层：被遮罩层通常位于遮罩层下方，主要用于放置需要被遮罩层遮罩的图形或动画。

3．图层的新建

在 Flash CS3 中新建图层的方法是：单击图层区中的按钮，即可在当前图层上方新建一个普通图层。若单击图层区中的按钮，则可在当前图层上方新建一个引导层。

4．移动图层

在编辑动画的过程中，有时需要对图层的上下位置进行调整，在 Flash CS3 中移动图层的方法是：在图层区中选中要移动的图层，按住鼠标左键将其拖动到要移动到的目标位置，然后释放鼠标左键，即可完成图层的移动，如图 1-31 所示。

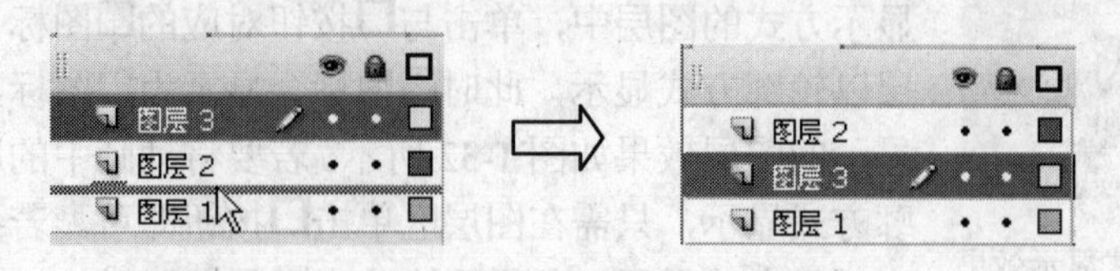

图 1-31　移动图层

5．图层的重命名

Flash CS3 中对于新建的图层，其名称都以默认名称命名，为了便于区分各图层的作用，并对图层中的内容进行管理，就需要对各图层重新命名，方法是：在图层区中双击要重命名的图层名称，使其进入编辑状态，然后在名称区域中输入图层的新名称，然后用鼠标左键单击名称区域外的任意位置确认修改。

6. 图层的删除

在 Flash CS3 中删除图层主要有以下 3 种方法：

- 通过按钮删除：选中要删除的图层，然后单击图层区中的按钮即可。
- 通过菜单命令删除：选中要删除的图层，单击鼠标右键，在弹出的快捷菜单中选择“删除图层”命令。
- 通过拖动删除：选中要删除的图层，按住鼠标左键并将其拖动到图层区中的按钮上，即可将该图层删除。

7. 图层的锁定

在对多个图层进行编辑时，为了防止对未编辑图层中的内容进行误操作，便于对当前图层中的内容进行编辑，可对这些图层进行锁定。锁定图层主要有以下两种方式：

- 锁定所有图层：在图层区中单击按钮，即可将动画中的所有图层锁定，并在被锁定图层中显示图标。
- 锁定特定图层：在要锁定的图层中，单击与按钮对应的•图标，即可将该图层锁定，并将•图标显示为图标。

8. 图层的隐藏

在对多个图层进行编辑时，为了便于在舞台中对当前图层中的内容进行编辑，并防止其他图层中的显示内容对当前图层造成干扰，可将暂时不需要操作的图层进行隐藏。隐藏图层主要有以下两种方式：

- 隐藏所有图层：在图层区中单击按钮，即可将动画中的所有图层隐藏，并在所有被隐藏的图层中显示✕图标。
- 隐藏特定图层：在要隐藏的图层中，单击与按钮对应的•图标，即可将该图层隐藏，并将•图标显示为✕图标。

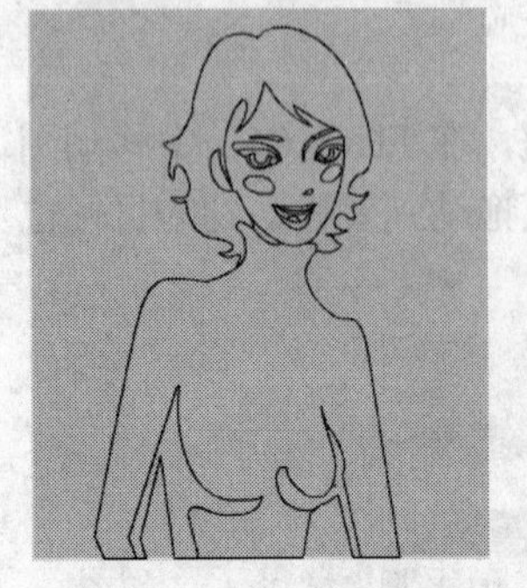

图 1-32 轮廓方式显示效果

9. 图层的显示属性的设置

在编辑图层时，除了隐藏和锁定图层外，还可对图层的显示属性进行设置，使图层中的内容以正常方式或轮廓方式显示。在 Flash CS3 中设置图层显示属性的方法是：在要设置为轮廓显示方式的图层中，单击与□按钮对应的■图标，即可将该图层以轮廓方式显示，此时■图标会显示为□图标，以轮廓方式显示的图层效果如图 1-32 所示。若要将动画中的所有图层以轮廓方式显示，只需在图层区单击□按钮即可。若要将图层恢复为正常方式显示，只需再次单击□图标即可。

10. 图层属性的设置

除了通过图层区中的相应按钮对图层进行隐藏、锁定和显示属性设置外，在 Flash CS3 中还可通过“图层属性”对话框对图层的更多属性进行设置和更改，其操作步骤如下：

（1）在图层区中选中要设置属性的图层，单击鼠标右键，在弹出的快捷菜单中选择“属性”命令。

（2）打开图 1-33 所示的“图层属性”对话框。在该对话框中可对图层的名称、隐藏和锁定状态、图层类型及图层的轮廓颜色等属性进行设置。

（3）然后单击“确定”按钮即可。

11．利用图层文件夹管理图层

如果动画中应用了较多的图层，就可利用图层文件夹对动画中的图层进行分类和管理。在 Flash CS3 中利用图层文件夹管理图层的操作步骤如下：

（1）在图层区中单击按钮，新建一个空白图层文件夹，并为该文件夹命名。

（2）选中要进行管理的图层，按住鼠标左键将其拖动到图层文件夹中，释放鼠标左键后即可将该图层放置到图层文件夹中。

（3）用相同的方法新建其他图层文件夹，并将相应的图层放置到与之对应的图层文件中，即完成对图层的分类和管理，如图 1-34 所示。

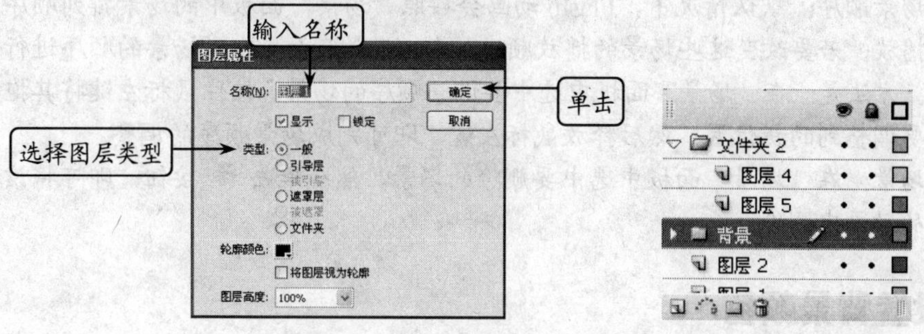

图 1-33　“图层属性”对话框　　　图 1-34　管理图层

若要将图层移出图层文件夹，只需选中该图层，然后按住鼠标左键将其拖动到图层文件夹外即可。另外，在对图层文件夹中的图层进行编辑后，可单击按钮将图层文件夹关闭，以便在图层区域中显示更多的图层。

任务三　设置 Flash 动画制作环境

◆ 任务目标

本任务的目标是了解 Flash CS3 中场景的概念，掌握在场景中设置背景颜色、设置场景尺寸、调整场景显示大小、设置标尺网格和辅助线的方法。

（1）了解 Flash CS3 中场景的概念。

（2）掌握 Flash CS3 设置场景背景颜色、设置场景尺寸的方法。

（3）掌握在 Flash CS3 调整场景显示大小及设置标尺网格和辅助线的方法。

操作一　场景的基本操作

Flash CS3 中的场景就好比是动画中用于放置舞台的场地。一个动画可以由一个独立的场景组成，也可由多个场景组成，动画中应用的场景数量与动画的难易程度和制作者的主观因素有着很大的关系。当动画中有多个场景时，动画会按照场景的顺序进行播放。当然，也可以通过 Action 脚本对场景的播放顺序进行交互控制。

在 Flash CS3 中场景的基本操作主要包括创建场景、重命名场景、复制场景、调整场景顺序和删除场景。

- 新建场景：选择【窗口】→【其他面板】→【场景】菜单命令，或按“Shift+F2”组合键，打开“场景”面板，单击面板中的 + 按钮，即可新建名为“场景 2”的新场景。
- 重命名场景：在“场景”面板中双击要重命名的场景，使其进入编辑状态，然后输入场景的新名称，完成后用鼠标左键单击名称区域外的任意位置确认修改。
- 复制场景：在“场景”面板中选中要复制的场景，然后单击按钮，即可在该场景的下方复制一个与其内容完全相同的场景副本。
- 调整场景顺序：默认情况下，Flash 动画会按照“场景”面板中的场景排列顺序进行播放。若要改变这些场景的播放顺序，在“场景”面板中对场景的顺序进行调整。方法是：在“场景”面板中选中要调整顺序的场景，按住鼠标左键将其拖动到要调整到的新位置，然后释放鼠标左键，即可完成场景顺序的调整。
- 删除场景：在“场景”面板中选中要删除的场景，然后单击按钮，即可将该场景从动画中删除。

操作二　设置背景颜色

在 Flash CS3 中为动画文档设置背景颜色的操作步骤如下：

（1）在打开动画文档的情况下，单击“属性”面板中的按钮，在打开图 1-35 所示的颜色列表中选择某一个色块，即可将该颜色设置为动画文档的背景颜色。

（2）若在颜色列表中没有适合的颜色，可单击颜色列表右上角的按钮，打开图 1-36 所示的对话框。在该对话框的颜色选择框中，用鼠标单击某一个颜色区域，可选择该区域的颜色样本，在右侧的颜色深度调节框中按住鼠标左键拖动滑块调整颜色的深度。

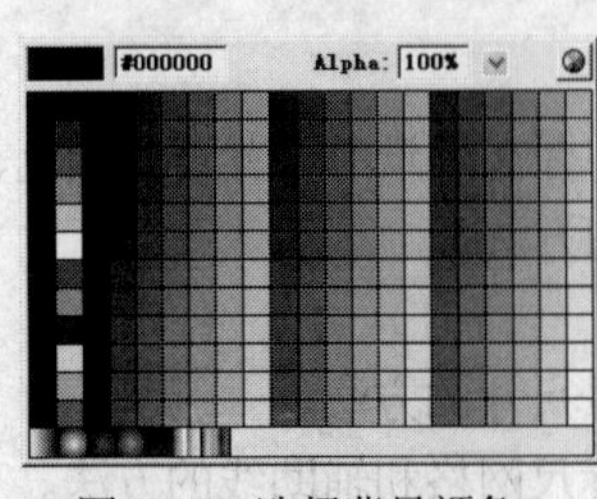

图 1-35　选择背景颜色

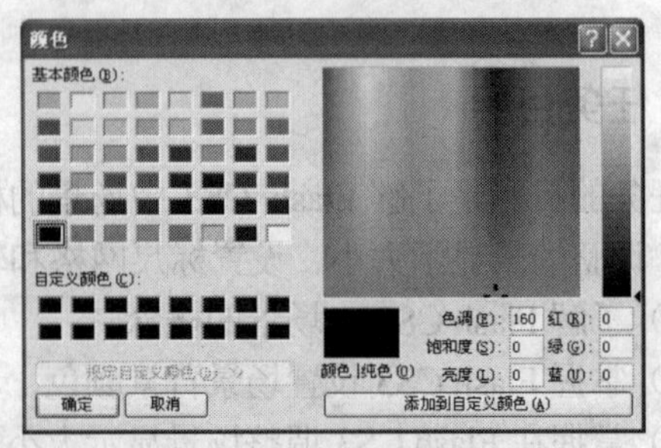

图 1-36　“颜色”对话框

（3）调整好颜色后单击“确定”按钮，动画文档的背景颜色即变更为前面设置的颜色。

操作三　设置场景尺寸

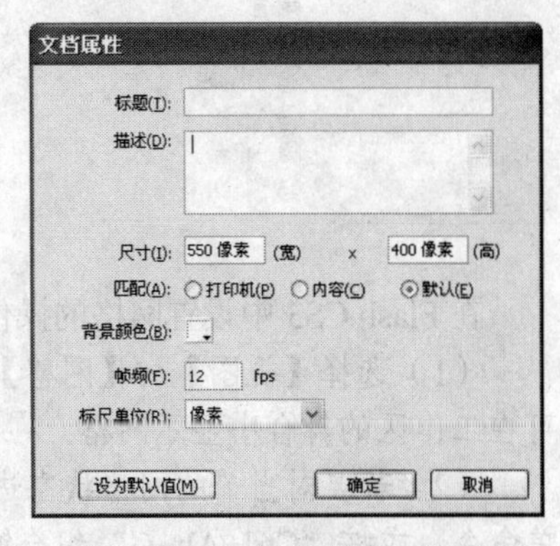

图 1-37 “文档属性”对话框

场景尺寸决定了动画文档中工作区的大小，也决定了动画作品的最终尺寸。在 Flash CS3 中设置场景尺寸的操作步骤如下：

（1）在打开动画文档的情况下，单击“属性”面板中的 550 x 400 像素 按钮，打开图 1-37 所示的“文档属性”对话框。

（2）在“尺寸”栏的“宽”和“高”文本框中修改数值，即可设置舞台的新尺寸；在“标尺单位”下拉列表框中可选择标尺的度量单位（通常选择“像素”选项）。

（3）设置完成后单击“确定”按钮，动画文档的舞台尺寸即变更为设置的新尺寸。

操作四　调整场景显示比例

在利用 Flash CS3 绘制图形或编辑动画时，常需要将工作区中的图形对象进行缩放，以便对其进行修改和编辑。在 Flash CS3 中调整工作区显示比例的操作步骤如下：

（1）在工作区右上角的 100% 下拉列表框中选择相应的显示比例（如选择 50%），随后即可将工作区以该比例进行显示。

（2）若要将工作区中的图形进行缩放显示，可在工具箱中单击按钮选择缩放工具，在下方区域中单击或按钮，然后将鼠标移动到工作区中的图形上方，单击鼠标左键即可对图形进行放大或缩小。

（3）若要查看图形中的某一个细节，可在选择缩放工具的情况下，按住鼠标左键将要查看的图形部分框选，框选图形后，释放鼠标左键，即可将选定的细节部分放大到整个工作区显示。

（4）若要对图形中无法显示的其余部分进行查看，可在工具箱中单击按钮，然后在工作区中按住鼠标左键向相应方向拖动即可。

（5）若在 100% 下拉列表框中找不到需要的显示比例，可直接在其中输入所需比例对应的值。

使用缩放工具对图形进行缩放时，每单击一次鼠标左键，图形就将在前一次放大或缩小的基础上，再次进行缩放。

操作五　设置标尺、网格与辅助线

在 Flash CS3 中为了准确定位舞台中的图形对象，还需要设置标尺、网格和辅助线等。设置标尺的方法很简单，只需选择【视图】→【标尺】菜单命令，或按“Ctrl+Alt+Shift+R”组合键，即可在工作区左侧和上方显示出标尺，如图 1-38 所示。

图 1-38　标尺效果

在 Flash CS3 中设置网格的操作步骤如下：

（1）选择【视图】→【网格】→【显示网格】菜单命令，或按“Ctrl+’”组合键，即可在工作区的舞台中显示网格。

（2）若要对当前的网格状态进行更改，可选择【视图】→【网格】→【编辑网格】菜单命令，或按“Ctrl+Alt+G”组合键，在打开如图 1-39 所示的“网格”对话框中设置网格颜色、水平和垂直间距及贴紧精确度等。

（3）设置完成后单击“确定”按钮，即可在场景中看到图 1-40 所示的设置网格后的效果。

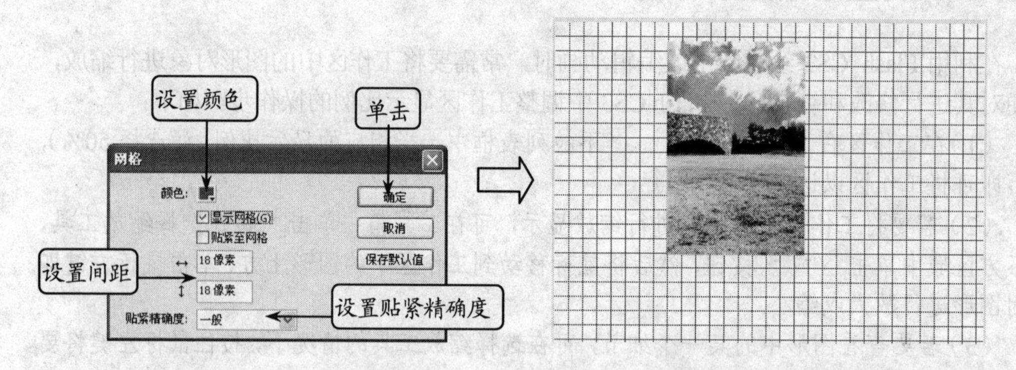

图 1-39　“网格”对话框　　图 1-40　设置网格后的效果

辅助线主要与标尺配合使用，其作用除了定位舞台中的图形对象外，还可在用户绘制图形时，提供线条位置和比例参考。在 Flash CS3 中设置辅助线的操作步骤如下：

（1）选择【视图】→【辅助线】→【显示辅助线】菜单命令。或按“Ctrl+;”组合键，使辅助线呈可显示状态，然后在工作区上方标尺中按住鼠标左键向场景中拖动，制作出工作区中的水平辅助线。

（2）用相同的方法，在工作区左侧标尺中按住鼠标左键向场景中拖动，可制作出工作区中的垂直辅助线。

（3）选择【视图】→【辅助线】→【编辑辅助线】菜单命令。或按“Ctrl+Alt+Shift+G”组合键打开图 1-41 所示的“辅助线”对话框，可对辅助线的颜色、贴紧和锁定等属性进行设置。

（4）设置完成后，单击“确定”按钮即可看到图 1-42 所示的效果。

若不需要某条辅助线，只需按住鼠标左键将其拖动到工作区外即可清除。

在同一个工作区中，可根据需要同时制作出多条水平辅助线和垂直辅助线，并可随时通过鼠标拖动的方式，调整辅助线的位置。

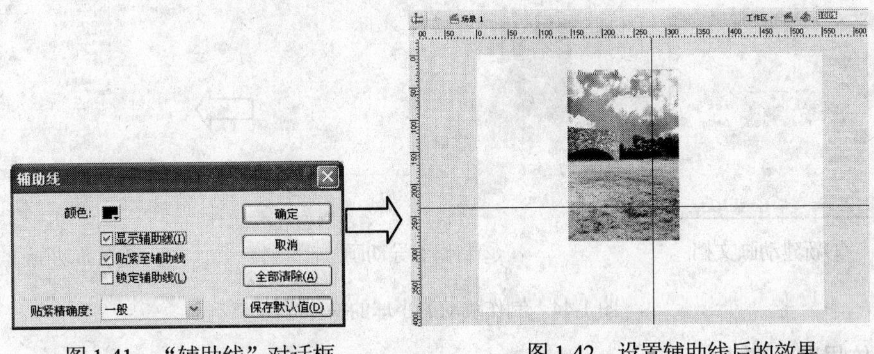

图 1-41　“辅助线”对话框　　　　图 1-42　设置辅助线后的效果

任务四　制作并发布“跳动的小球”动画

◆ 任务目标

本任务的目标是通过制作图 1-43 所示的小动画“跳到的小球”熟悉 Flash CS3 的工作界面，并掌握本模块中所学的部分重要知识点。具体目标要求如下：

（1）熟悉 Flash CS3 的工作界面，掌握新建动画文档的方法。

（2）掌握制作简单动画的一般步骤。

（3）了解测试和发布动画的方法

素材位置：模块一\素材\沙地.jpg

效果图位置：模块一\源文件\跳动的小球. Fla、跳动的小球.html、跳动的小球场景 1.swf

图 1-43　跳动的小球效果

◆ 操作思路

本例的操作思路如图 1-44 所示，涉及的知识点有新建动画文档、制作引导动画、测试和发布动画等。

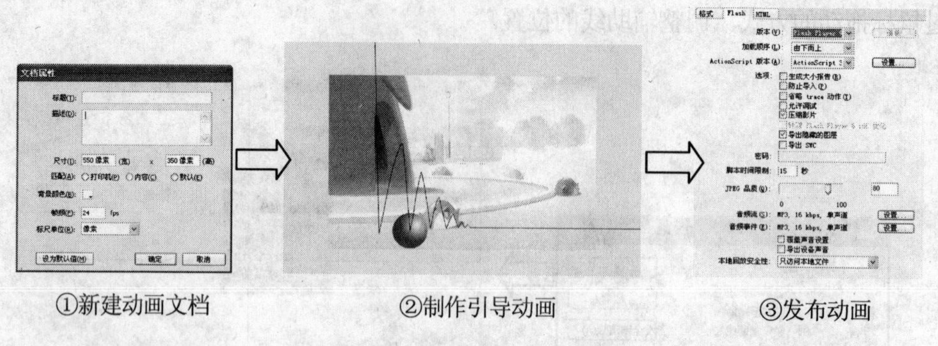

图 1-44　制作跳动的小球的操作思路

具体思路及要求如下：

（1）新建动画文档。绘制小球图形元件并为其填充颜色。

（2）制作小球跳到的引导动画。

（3）测试并发布动画。

操作一　新建动画文档

（1）双击桌面上的 Flash CS3 快捷方式图标，打开图 1-45 所示的"新建文档"对话框。

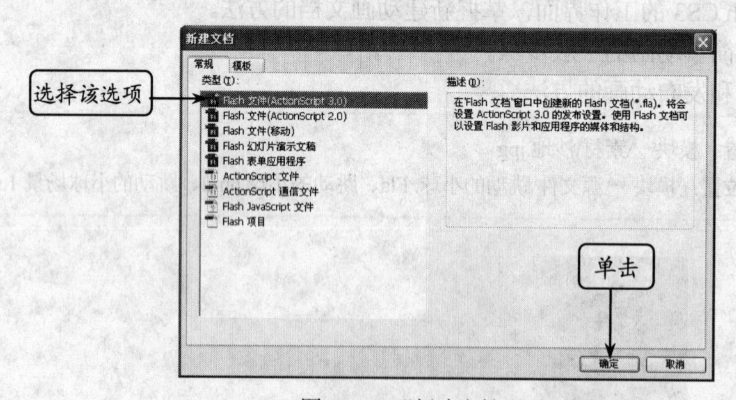

图 1-45　"新建文档"对话框

（2）在该对话框中选择"常规"选项卡中的第一个选项后单击"确定"按钮。

（3）此时文档的名称为"未命名"，选择【文件】→【保存】菜单命令，打开图 1-46 所示的"另存为"对话框。

（4）在该对话框的"保存在"下拉列表框中选择文件的保存位置，在"文件名"文本框中输入"跳动的小球.fla"文本，在"保存类型"下拉列表框中选择"Flash CS3 文档"选项，然后单击"保存"按钮。

（5）在"属性"面板中单击 550 x 400 像素 按钮，在打开图 1-47 所示的"文档属性"对话框中将场景大小设置为 550 × 350 像素，帧频为 24fps，单击"确定"按钮。

（6）选择【文件】→【导入】→【导入到库】菜单命令，将"沙地.jpg"图片素材导入库中。

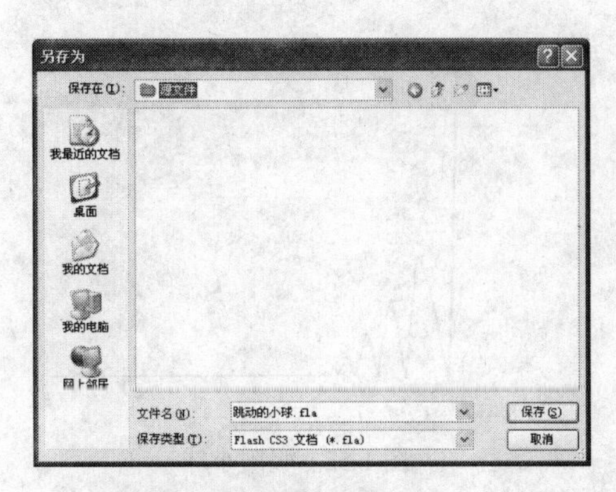

图 1-46 “另存为”对话框

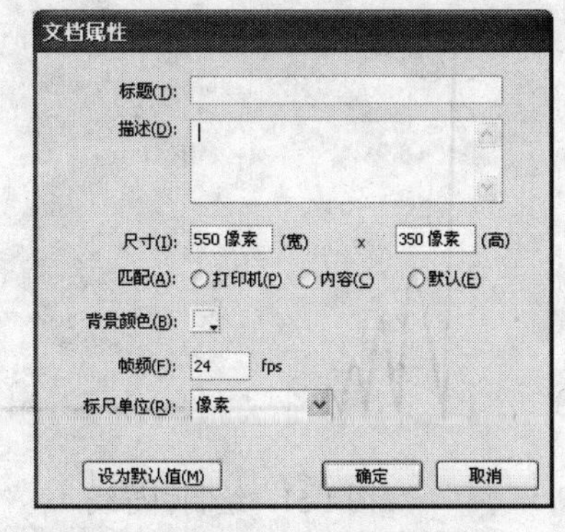

图 1-47 设置场景尺寸背景颜色

操作二 绘制小球

（1）单击工具箱中的按钮不放，在弹出的列表中选择“椭圆工具”选项，如图 1-48 所示。

（2）选择【窗口】→【颜色】菜单命令，在弹出的“颜色”面板中对小球的渐变填充颜色进行设置，在“类型”下拉列表框中选择“放射状”选项，并按照图 1-49 所示调整渐变色，其中两个滑块的颜色分别为#FFFFFF、#CD0707，Alpha 值均为 100%。

（3）然后在场景左上方的外侧绘制半径为 71 的正圆，如图 1-50 所示。

图 1-48 选择椭圆工具

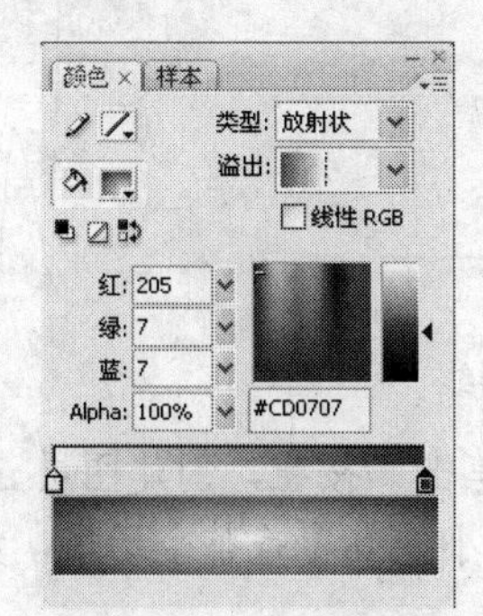

图 1-49 设置小球渐变色

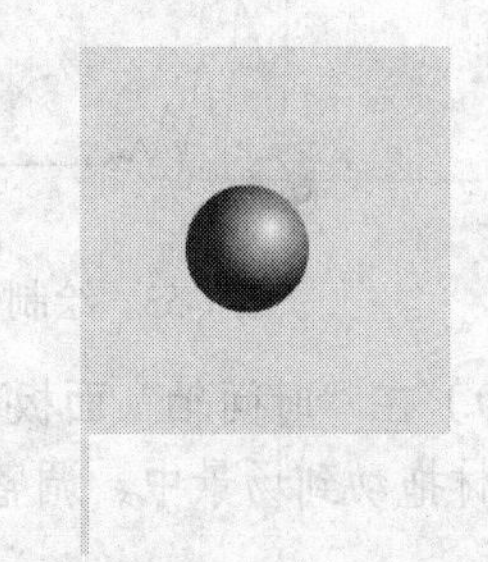

图 1-50 绘制好的小球

（4）在第 70 帧处单击鼠标右键，在弹出的快捷菜单中选择“插入帧”命令。

操作三 制作引导动画

（1）在“时间轴”面板中单击按钮，创建引导层。

（2）在引导层中选择工具箱中的铅笔工具，在“属性”面板中将笔触颜色设置为粗细为 1 的黑色实线。

（3）然后在引导层场景中绘制一条图 1-51 所示的引导线。

（4）返回图层 1，将红色小球吸附到引导线的最上方，放置在图 1-52 所示的位置。

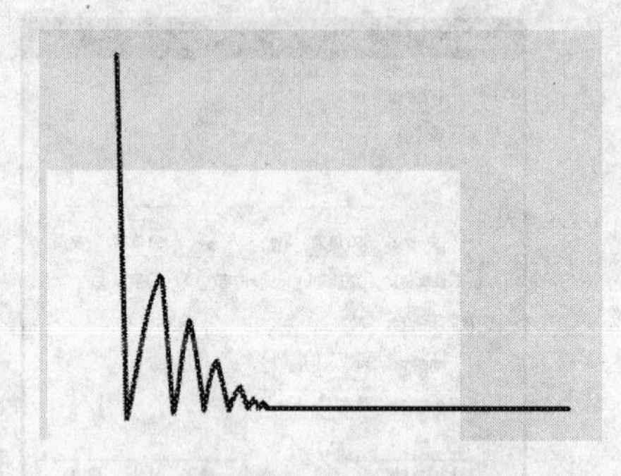

图 1-51　绘制引导线

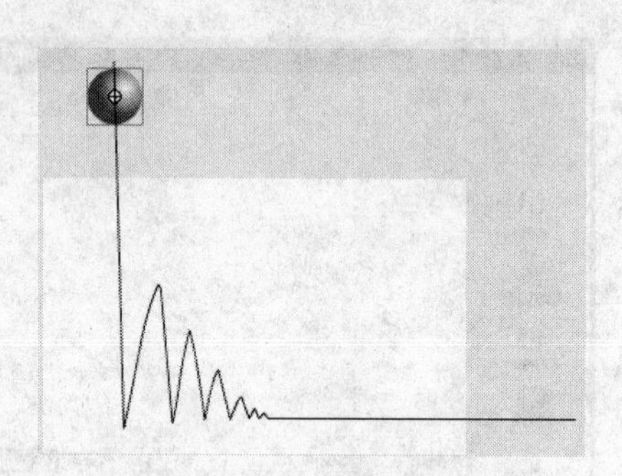

图 1-52　吸附小球

（5）在图层 1 的第 1 帧处单击鼠标右键，在弹出的快捷菜单中选择“复制帧”命令，然后在该图层的第 10 帧处单击鼠标右键，在弹出的快捷菜单中选择“粘贴帧”命令。

（6）将第 10 帧中的小球移动到图 1-53 所示的位置吸附到引导线上。

（7）在第 1 帧处单击鼠标右键，在弹出的快捷菜单中选择“创建补间动画”命令，即可创建出小球由上向下跳动的补间动画效果。

（8）用相同的方法分别在第 18 帧和第 28 帧处创建出小球在不同位置跳动的补间动画，在第 70 帧处中将小球移动到图 1-54 所示的位置吸附到引导线上。

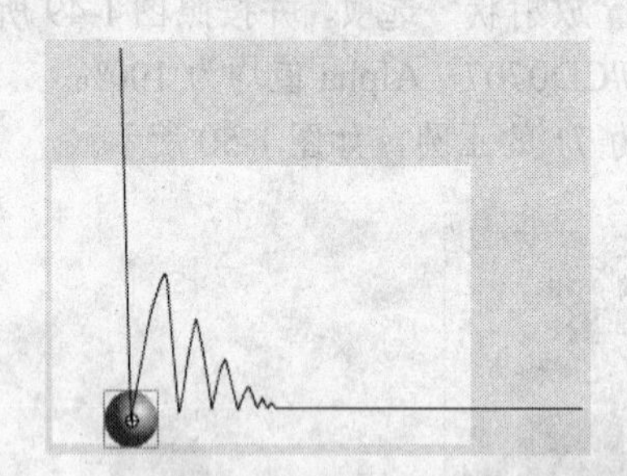

图 1-53　绘制引导线

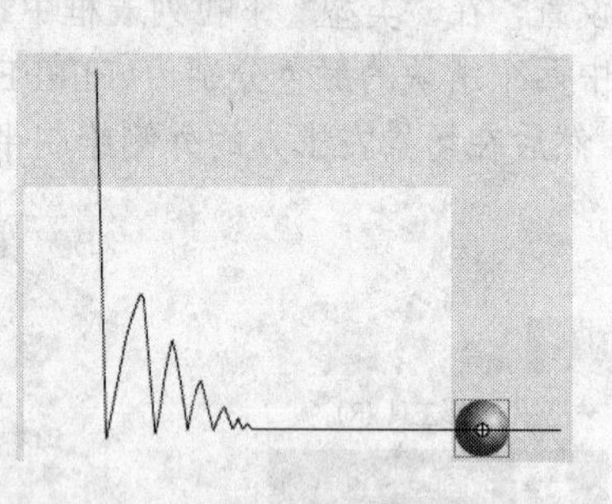

图 1-54　吸附小球

（9）在“时间轴”面板中单击按钮，创建图层 3，将“库”面板中的“沙地.jpg”图片素材拖动到场景中，调整大小使其覆盖整个场景，如图 1-55 所示。

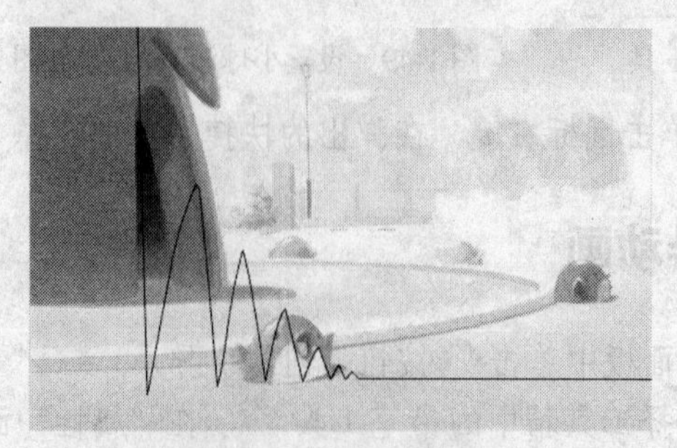

图 1-55　添加背景图层

（10）在“时间轴”面板中将图层 3 拖动到图层 1 的下方，按“Ctrl+S”组合键保存该动画，此时的时间轴状态如图 1-56 所示。

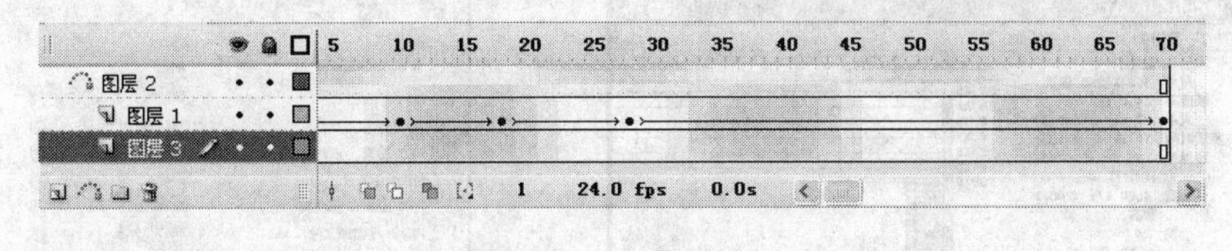

图 1-56　时间轴状态

操作四　测试与发布动画

在 Flash CS3 中，通过对动画的测试可确定动画是否达到预期的效果，并检查动画中出现的明显错误，从而确保动画的最终质量。通过设置发布参数，可以对动画的发布格式和发布质量等内容进行控制。测试与发布动画的具体操作步骤如下：

（1）选择【控制】→【测试影片】菜单命令，打开动画的测试窗口。

（2）在测试窗口中选择【视图】→【下载设置】菜单命令，在弹出的图 1-57 所示的子菜单中选择一种带宽类型。

（3）选择【视图】→【模拟下载】菜单命令，对设置带宽模式下的动画实际下载情况进行模拟测试。

提示　选择【视图】→【下载设置】→【自定义】命令，可打开图 1-58 所示的“自定义下载设置”对话框，对下载带宽做更为详尽的自定义设置。

14.4 (1.2 KB/s)
28.8 (2.3 KB/s)
✔ 56K (4.7 KB/s)
DSL (32.6 KB/s)
T1 (131.2 KB/s)
用户设置 6 (2.3 KB/s)
用户设置 7 (2.3 KB/s)
用户设置 8 (2.3 KB/s)
自定义...

图 1-57　选择带宽类型

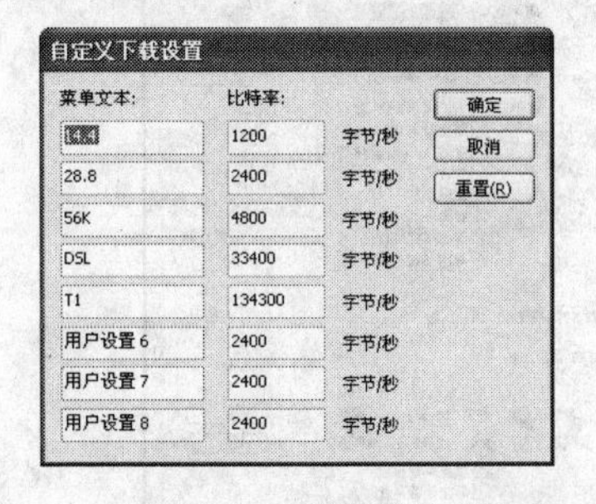

图 1-58　“自定义下载设置”对话框

（4）选择【视图】→【带宽设置】菜单命令，然后选择【视图】→【数据流图表】菜单命令打开数据流显示图表，查看动画下载和播放时的数据流情况，如图 1-59 所示。

（5）选择【视图】→【帧数图表】菜单命令打开帧数显示图表，在该图表中查看动画中各帧的数据使用情况。查看相关信息后，关闭测试窗口，完成动画的测试。

提示　若动画中应用了 Action 脚本，可选择【调试】→【开始远程调试会话】菜单命令下的子命令，打开调试界面，对动画中 Action 脚本的执行情况进行查看。

（6）选择【文件】→【发布设置】菜单命令，打开图 1-60 所示的“发布设置”对话框，在“格式”选项卡中选中相应的复选框，对动画发布的格式进行设置。

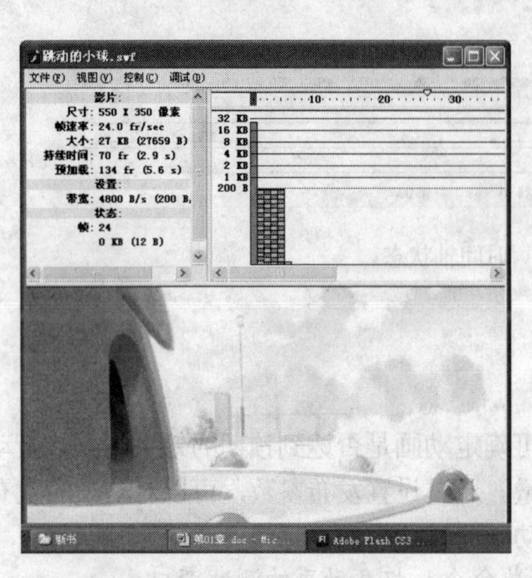

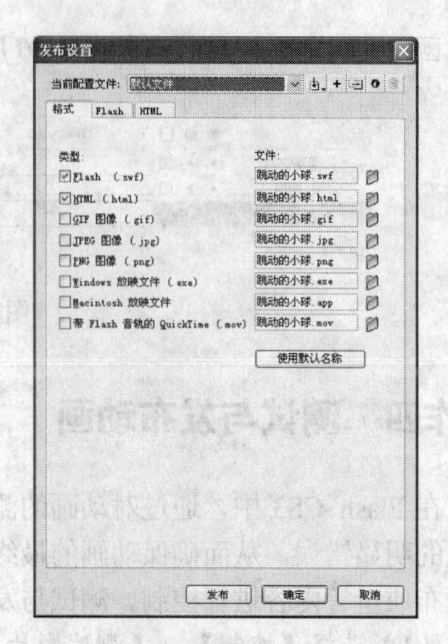

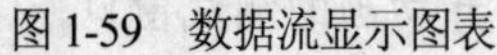
图 1-59　数据流显示图表　　　　图 1-60　发布格式的设置

（7）选择“Flash”选项卡，对发布的 Flash 动画格式进行相应参数设置，如图 1-61 所示。

（8）选择“HTML”选项卡，对发布的 HTML 网页的格式进行相应参数设置，如图 1-62 所示。设置完成后单击“确定”按钮确认设置的发布参数。

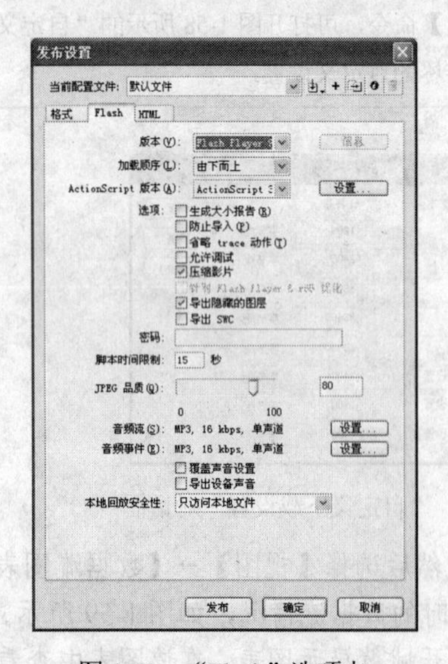

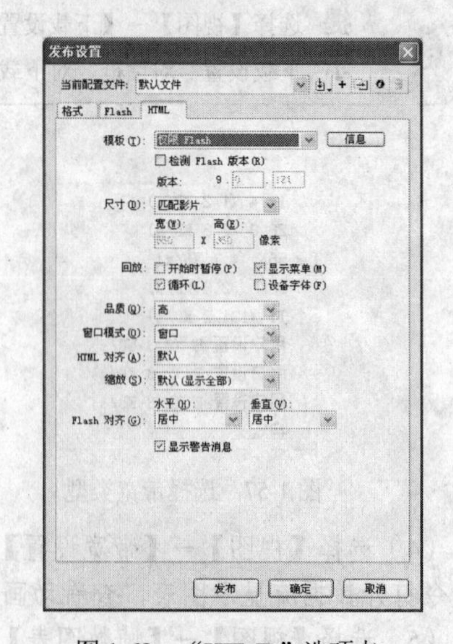

图 1-61　“Flash”选项卡　　　　图 1-62　“HTML”选项卡

（9）设置发布参数后，单击“发布设置”对话框中的“发布”按钮或按“Shift+F12”组合键发布动画。

◆ 学习与探究

在 Flash CS3 中默认的发布格式为 Flash 和 HTML 格式，只有在“格式”选项卡中选中了其他文件格式对应的复选框，才能在打开的选项卡中进行相应设置。如果要将多个动画以相同的格式和参数进行发布，可在设置相关参数后，单击“发布设置”对话框中的+按钮新建配置文件。在发布这些动画时，只需在“当前配置文件”下拉列表中选择该配置文件，即可自动应用设置的发布参数。为了大家更好的学习，在此详细介绍“Flash”选项卡和“HTML”选项卡中各主要参数的具体功能和含义。

“Flash”选项卡中各主要参数的具体功能和含义如下。

- 版本(V): Flash Player 9：用于设置Flash动画发布的播放器版本。
- ActionScript 版本(A): ActionScript 3：用于设置动画应用的ActionScript版本。
- 防止导入(P)：用于保护动画内容，防止发布的动画被非法应用和编辑。
- 允许调试：用于允许对动画进行调试。
- 密码：用于设置打开动画文档的密码。
- 音频流(S)：单击右侧的“设置”按钮，将打开“声音设置”对话框，在其中可设定导出的流式音频的压缩格式、位比率和品质等。
- 覆盖声音设置：用于覆盖所做的声音发布设置。
- 导出设备声音：用于导出设备中的声音内容。
- 加载顺序(L): 由下而上：用于设置动画的载入方式，包括“由上而下”和“由下而上”两个选项。
- 生成大小报告(R)：用于创建一个文本文件，记录最终动画文档的大小信息。
- 省略 trace 动作(T)：用于忽略当前动画中的跟踪命令。
- 压缩影片：用于压缩发布的动画文档，以减少文件的大小。
- JPEG 品质(Q)：用于设置动画中位图的压缩品质，若动画中不包含位图，则该项设置无效。
- 音频事件(E)：用于设定动画中事件音频的压缩格式、位比率和品质。
- 本地回放安全性: 只访问本地文件：用于设置本地回放的安全性，包括“只访问本地文件”和“只访问网络”两个选项。

“HTML”选项卡中各主要参数的具体功能和含义如下。

- 模板(T): 仅限 Flash：用于设置HTML所使用的模板，单击右边的“信息”按钮，可打开“HTML模板信息”对话框，显示该模板的有关信息。
- 开始时暂停(P)：用于使动画一开始就处于暂停状态，只有当用户单击动画中的“播放”按钮或从快捷菜单中选择“播放”命令后，才能开始播放动画。
- 显示菜单(M)：设置在动画中单击鼠标右键时，弹出的相应的快捷菜单。
- 尺寸(D): 匹配影片：用于设置发布的HTML的宽度和高度值，有“匹配影片”、“像素”和“百分比”3个选项。“匹配影片”选项表示将发布的尺寸设为动画的实际尺寸；“像素”选项表示用于设置影片的实际宽度和高度，选择该选项后可在“宽”和“高”文本框中输入具体的像素值；“百分比”选项表示设置动画相对于浏览器窗口的尺寸大小。
- 循环(L)：用于使动画反复进行播放。
- 设备字体(F)：用于使用设备字体取代系统中未安装的字体。
- 窗口模式(O): 窗口：用于设置HTML的窗口模式，包括“窗口”、“不透明无窗口”和“透明无窗口”3 个选项。其中“窗口”选项表示在网页窗口中播放 Flash 动画；“不透明无窗口”选项表示使动画在无窗口模式下播放；“透明无窗口”选项表示使 HTML 页面中的内容从动画中所有透明的地方显示。

- 缩放(S): 默认(显示全部)：用于设置动画的缩放方式，包括“默认”、“无边框”、“精确匹配”和“无缩放”4 个选项。
- 显示警告消息：用于设置 Flash 是否警示 HTML 标签代码中出现的错误。
- 品质(Q): 高：用于设置 HTML 的品质，包括“低”、“自动降低”、“自动升高”、“中”、“高”和“最佳”6 个选项。
- HTML 对齐(A): 默认：用于设置动画窗口在浏览器窗口中的位置，包括“左对齐”、“右对齐”、“顶部”、“底部”和“默认”5 个选项。
- Flash 对齐(G):：用于定义动画在窗口中的位置。“水平”下拉列表框中有“左对齐”、“居中”和“右对齐”3 个选项供选择；“垂直”下拉列表框中有“顶部”、“居中”和“底部”3 个选项供选择。

实训一　自定义并保存“我的界面”

◆ 实训目标

本实训要求利用前面所讲的相关知识，按照自己的使用习惯自定义图 1-63 所示的工作界面，并将其保存为“我的界面”，通过本实训熟练掌握自定义界面的方法。

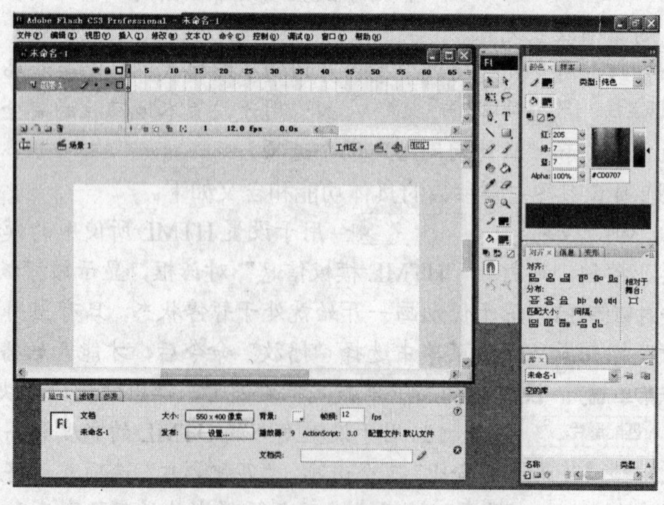

图 1-63　自定义“我的界面”效果

◆ 实训分析

本实训的制作思路如下。

（1）新建一个 Flash 文档。

（2）按照图 1-63 所示对工作界面进行调整。打开“颜色”、“属性”、“对齐”和“库”面板，然后将工具箱拖到“时间轴”面板右侧。

（3）选择【窗口】→【工作区】→【保存当前】菜单命令，在打开的对话框中将其保存为“我的界面”。

实训二　制作与测试“落叶”动画

◆ 实训目标

本实训要求仿照本模块“跳动的小球”动画制作图 1-64 所示的落叶动画，并对其进行测试。通过本实训进一步熟悉 Flash CS3 的工作界面并掌握测试动画的方法。

素材位置：模块一\素材\田园.png

效果图位置：模块一\源文件\落叶.fla、落叶.swf

图 1-64　落叶

◆ 实训分析

本实训的制作思路如图 1-65 所示，具体分析及思路如下。

（1）新建落叶文档，将场景大小设置为 550×300 像素，背景设置为白色，帧频设置为 15fps。

（2）导入素材到库，放置背景图片并绘制不同形状的落叶。

（3）为各落叶创建不同的引导层并制作不同的引导动画。对动画进行测试并进行修改。

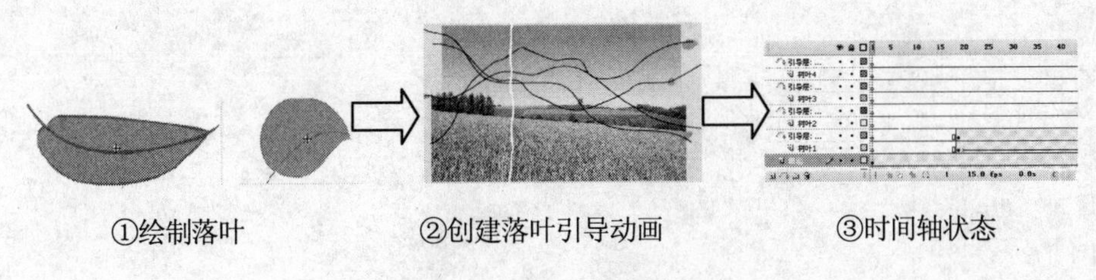

图 1-65　制作落叶的操作思路

实践与提高

根据本模块所学内容，动手完成以下实践内容。

练习 1　属性并设置专属工作界面

启动 Flash CS3，熟悉工作界面，在工作界面中分别打开“动作”面板和“组件”面板。然后根据自己的使用习惯，对 Flash CS3 的工作界面进行设置，并将其保存为“我的专属界面布局”。

练习 2　设置场景

参照本模块所学内容，新建“广告条”动画文档，将其场景大小设置为 350×150 像素，背景设置为浅蓝色，帧频设置为 15fps，网格线设置为绿色，效果如图 1-66 所示。

图 1-66　设置网格

练习 3　发布落叶动画

对本模块实训二中的落叶动画效果进行发布操作。

模块二

绘制与填充矢量图形

矢量图形是制作 Flash 动画必不可少的重要组成部分，在 Flash CS3 中提供了一系列的矢量图形绘制与填充工具，用户可通过这些工具绘制所需的矢量图形，并将绘制的矢量图形应用到动画中。本模块主要介绍绘制矢量图形与填充图形的相关工具使用方法。主要包括绘制线条的线条工具、铅笔工具、钢笔工具、刷子工具和橡皮擦工具的使用，绘制几何图形的椭圆工具、矩形工具和多角星形工具的使用，以及用于颜色填充的墨水瓶工具、颜料桶工具、滴管工具和填充变形工具的使用。

学习目标

- 了解绘制与填充矢量图形的各种工具。
- 熟练掌握绘制矢量图形工具的一般方法。
- 熟练掌握填充矢量图形工具的一般方法。

任务一　绘制卡通小鸡

◆ 任务目标

本任务的目标是运用线条工具和钢笔工具的相关知识绘制图 2-1 所示的卡通图形。通过练习掌握铅笔工具、直线工具和钢笔工具的使用方法，并掌握绘制直线、曲线和任意形状图形及擦除图形的方法。

图 2-1　绘制卡通小鸡效果

效果图位置：模块二\源文件\卡通小鸡.fla、卡通小鸡.swf

本任务的具体目标要求如下：

（1）掌握钢笔、直线工具的使用方法。

（2）掌握铅笔工具绘制不规则图形的方法。

（3）了解橡皮擦工具的几种擦除模式并掌握擦除图形的一般方法。

◆ 操作思路

本例的操作思路如图 2-2 所示，涉及的知识点有钢笔工具、铅笔工具、直线工具和橡皮差工具等。具体思路及要求如下：

（1）使用钢笔工具绘制小鸡的轮廓。

（2）使用铅笔工具绘制出小鸡的眉毛、眼睛、脚和尾巴等细部。

（3）使用直线工具绘制出小鸡嘴巴，最后使用橡皮擦工具擦除一些多余部分。

①绘制小鸡轮廓　　②绘制小鸡细部　　③擦除并修改图形

图 2-2　制作卡通小鸡的操作思路

操作一　绘制小鸡轮廓

（1）新建一个 Flash 文档，默认其文档大小和颜色，将其保存为“卡通小鸡”。

（2）在工具箱中单击按钮选择钢笔工具。将鼠标移至场景中，当鼠标指针变为形状时，在要绘制曲线的位置处单击鼠标左键，确定曲线的初始点（初始点以小圆圈显示）。

（3）将鼠标移动到曲线的终点位置，按住鼠标左键并拖动鼠标，此时会出现相应的调节杆。通过调整调节杆的长度和斜度确定曲线弧度，绘制出图 2-3 所示的一段曲线。

（4）用相同的方法绘制出小鸡轮廓线，图 2-4 所示将鼠标移动到第一个起点位置将封闭曲线。得到图 2-5 所示的效果。用相同的方法绘制出小鸡的翅膀，如图 2-6 所示。

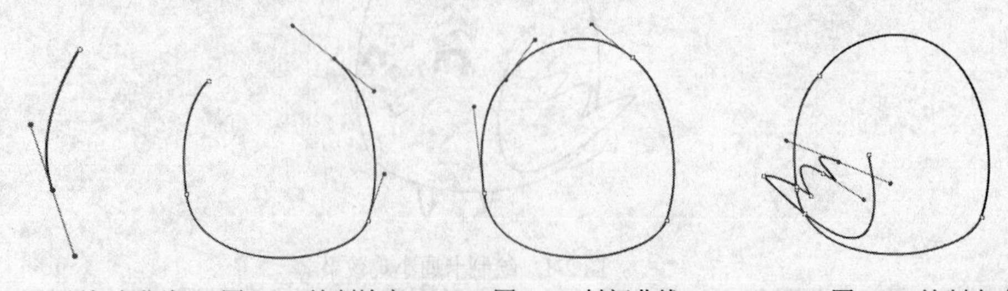

图 2-3　绘制起点曲线　　图 2-4　绘制轮廓　　图 2-5　封闭曲线　　图 2-6　绘制小鸡翅膀

操作二　绘制小鸡细部

（1）在工具箱中单击按钮选择铅笔工具。

（2）将鼠标移动到舞台中，当鼠标指针变为形状时，在小鸡适当位置处按住鼠标左键拖动绘制出小鸡的尾巴、脚和眼睛，如图 2-7 所示。

（3）在工具箱中单击按钮选择线条工具，在“属性”面板中将线条设置为“实线”，笔触高度设置为 1，笔触颜色设置为黑色。

（4）当鼠标变为十形状时，在适当位置处按住鼠标左键拖动绘制出小鸡的嘴巴，如图 2-8 所示。

图 2-7 绘制眼睛、尾巴和脚

图 2-8　绘制嘴巴

操作三　修改并完善图形

（1）在工具箱中单击按钮选中橡皮擦工具。在下方区域单击按钮，在弹出的列表中选择一种橡皮擦工具的擦除模式。

（2）单击按钮，在弹出的列表中选择橡皮擦工具的形状和大小。

（3）在场景中将翅膀与小鸡轮廓重合的地方用橡皮擦工具擦除，效果如图 2-9 所示。

（4）选中小鸡的眉毛，在工具箱中单击按钮，在弹出的列表中选择“平滑”绘图模式。

（5）选中小鸡的眼睛，在“属性”面板中将笔触大小设置为 3，在小鸡眼睛处绘制，效果如图 2-10 所示。保存该文档完成本任务的操作。

图 2-9　擦除图形多余部分

图 2-10　修改眉毛和眼睛

◆ 学习与探究

为了使大家更加快速地掌握本任务所学知识点，在此介绍如下的相关知识点。

1. 钢笔工具的附加工具

在 Flash CS3 的钢笔工具中提供的附加工具主要有以下几种：

- 添加锚点工具：用于在曲线上增加一个锚点，以便更好地控制路径，绘制出更流畅自然的线条，如图 2-11 所示。
- 转换锚点工具：用于将曲线锚点转换为直线锚点，将直线锚点转换为曲线锚点，并可调整曲线的位置和弧度，如图 2-12 所示。
- 删除锚点工具：用于删除曲线上的一个锚点，以降低曲线的复杂性，如图 2-13 所示。

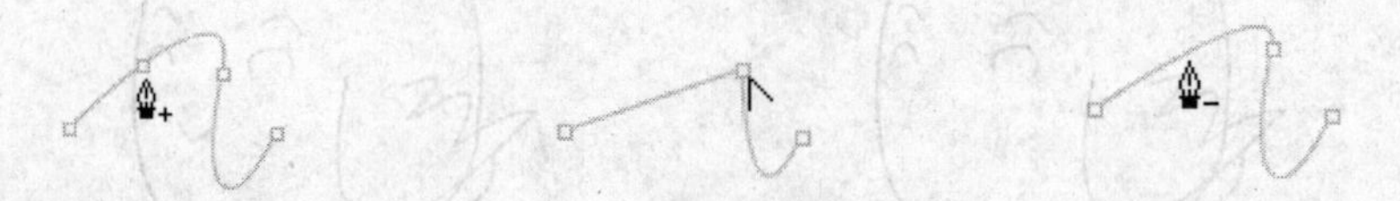

图 2-11　添加锚点工具　　图 2-12　转换锚点工具　　图 2-13　删除锚点工具

默认情况下，若没有选择附加工具，将钢笔工具定位在曲线上没有锚点的位置时，会自动变为添加锚点工具，将钢笔工具定位在锚点上时，则会自动变为删除锚点工具或转换锚点工具。

2. 钢笔工具的常见指针

在使用钢笔工具时，钢笔工具会根据当前的工作状态，显示出不同的指针形状。钢笔工具常见指针形状的功能和含义如下。

- ：在该形状状态下，单击鼠标左键可确定一个点，该形状是选择钢笔工具后指针的默认形状。
- ：将鼠标移动到绘制曲线的某个锚点上时，指针将变为此形状，此时单击鼠标左键可删除该锚点。
- ：当鼠标移动到曲线起始点时，指针将变为此形状，此时单击鼠标左键可将图形封闭并填充颜色。
- ：将鼠标移动到曲线上没有锚点的任意位置时，指针将变为此形状，此时单击鼠标左键可添加一个锚点。
- ：将鼠标移动到曲线锚点上时，指针将变为此形状。此时单击鼠标左键可将曲线锚点变化为直线锚点。
- ：选择转换锚点工具后的指针形状，此时可转换直线锚点或曲线锚点，也可调整曲线的位置和弧度。

3. 橡皮擦工具的擦除模式

橡皮擦工具主要用于对图形中绘制失误或不满意的部分进行擦除，以便重新绘制。橡皮擦工具的 5 种擦除模式的具体功能及含义如下。

- 标准擦除：此模式为橡皮擦工具默认的擦除模式，在该模式下，可同时擦除矢量色块和矢量线条，如图 2-14 所示。
- 擦除填色：此模式下橡皮擦工具只能擦除填充的矢量色块而不能擦除图形中的矢量线条，如图 2-15 所示。
- 擦除线条：此模式下橡皮擦工具只能擦除图形中的矢量线条，而不会擦除图形中的矢量色块，如图 2-16 所示。

图 2-14　标准擦除

图 2-15　擦除填色

图 2-16　擦除线条

- 擦除所选填充：此模式下橡皮擦工具只能擦除图形中选中区域的矢量线条和色块，图 2-17 所示为擦除选中的头发部分色块后的效果。
- 内部擦除：此模式下只能擦除封闭图形区域内的色块，但擦除的起点必须在封闭图形内，否则不能进行擦除，如图 2-18 所示。

图 2-17　擦除所选填充

图 2-18　内部擦除

在下方区域中单击按钮开启水龙头工具，可通过单击图形中的矢量色块和线条，对其进行快速擦除。

提示　橡皮擦工具只能对矢量图形进行擦除。如果要擦除文字或位图，必须先按“Ctrl+B”组合键将文字或位图打散，然后才能使用橡皮擦工具进行擦除。

任务二　绘制房子

◆ 任务目标

本任务的目标是运用矩形工具、椭圆工具、多角星形工具、墨水瓶工具和任意变形工具的相关知识绘制图 2-19 所示的房子。通过练习掌握矩形工具、椭圆工具和多角星形工具的使用方法，并掌握绘制椭圆、多边形、矩形和任意变形工具的方法与技巧。

图 2-19　绘制房子

效果图位置：模块二\源文件\绘制房子图形.fla、绘制房子图形.swf

本任务的具体目标要求如下：

（1）掌握矩形工具、椭圆工具和多角星形的使用方法。

（2）掌握任意变形工具的使用方法。

（3）掌握墨水瓶工具的使用方法。

◆ 操作思路

本例的操作思路如图 2-20 所示，涉及的知识点有矩形工具、椭圆工具、多角星形工具、墨水瓶工具和任意变形工具等。具体思路及要求如下：

（1）使用矩形工具和多角星形工具绘制房子轮廓。

（2）使用墨水瓶工具为房子填充颜色。

（3）使用矩形工具和椭圆工具为房子添加树丛、栅栏和小窗，并对房子进行修饰。

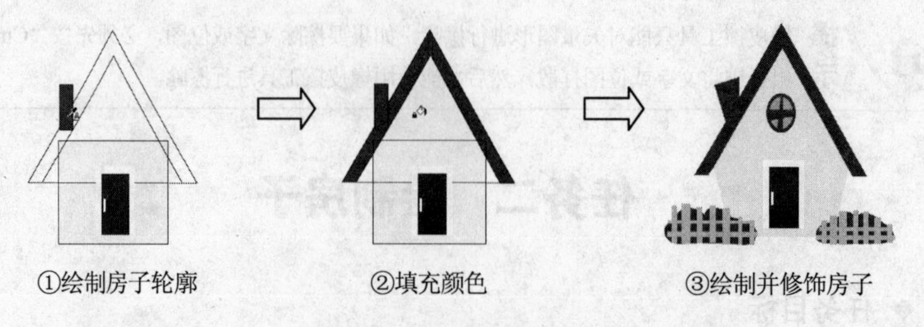

图 2-20　绘制房子的操作思路

操作一　绘制房子轮廓

（1）新建一个 Flash 文档，默认其文档大小和颜色，将其保存为“绘制房子图形”。

（2）在工具箱中单击▭按钮选择矩形工具，在“属性”面板中将笔触颜色设置为黑色，将填充颜色设置为浅绿色，然后在场景中绘制出图 2-21 所示的房子墙体。

提示 若要绘制出圆角的矩形，只需在“属性”面板中对圆角弧度进行设置即可。另外，如果将边角半径设置为负值，还可绘制出边角内凹的特殊矩形。

（3）在工具箱中按住▭按钮，在弹出的列表中选择“多角星形按钮工具”选项，在“属性”面板中将笔触颜色设置为黑色，将填充颜色设置为☒。

提示 对于初学者来说，在绘制矢量图时，最好都选择一种笔触颜色，以便更好地掌握所绘的图形轮廓。最后将多余的线条删除即可。

（4）在该“属性”面板中单击“选项”按钮，在打开的“工具选项”对话框的“样式”下拉列表框中选择“多边形”选项，在“边数”文本框中输入“3”，在“星形顶点大小”文本框中输入“0.50”，单击“确定”按钮。

（5）在场景中墙体上方适当位置绘制三角形房顶，然后用相同的方法再绘制一个稍小的房顶，使图形更加真实，如图 2-22 所示。

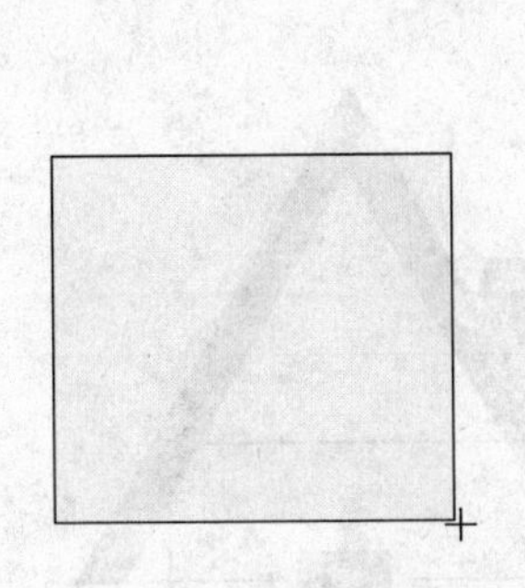

图 2-21　绘制房子的墙体

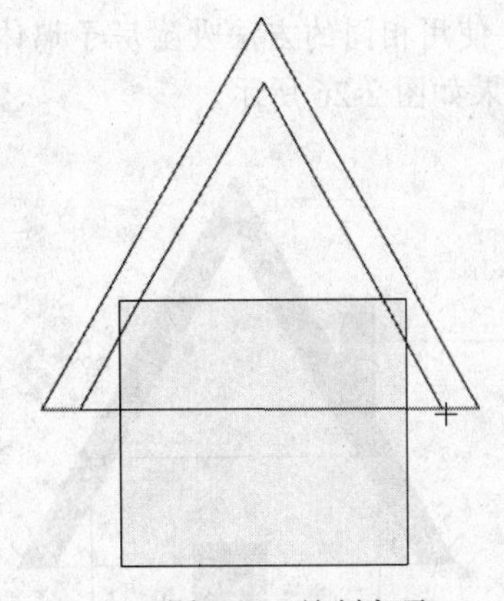

图 2-22　绘制房顶

提示 在“工具设置”对话框的“边数”文本框中只能输入介于 3～32 之间的数字；在“星形顶点大小”文本框中只能输入介于 0～1 之间的数字，用于指定星形顶点的深度，数字越接近 0，创建的星形顶点就越深。绘制多边形时，星形顶点的深度对多边形没有影响。

（6）单击工具箱中的▭按钮选择矩形工具，在“属性”面板中将笔触颜色设置为黑色，将填充颜色设置为棕色，然后在场景中绘制图 2-23 所示的房子烟囱。

（7）使用相同的方法选择矩形工具，在“属性”面板中将笔触颜色设置为☒，将填充颜色设置为白色，在场景中绘制房子的门套。

（8）使用相同的方法分别绘制红色的门和白色的门把，效果如图 2-24 所示。

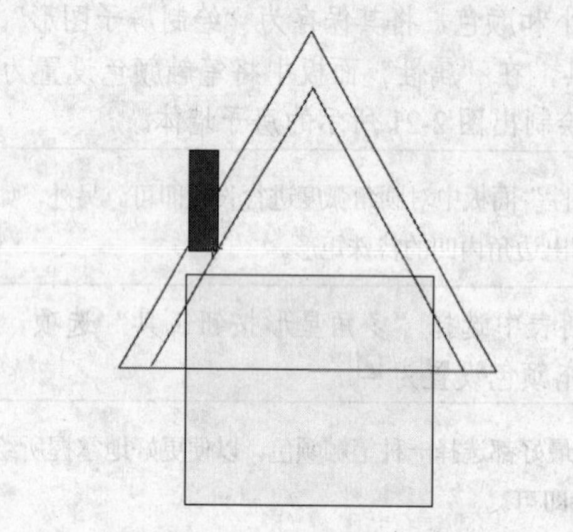

图 2-23　绘制烟囱

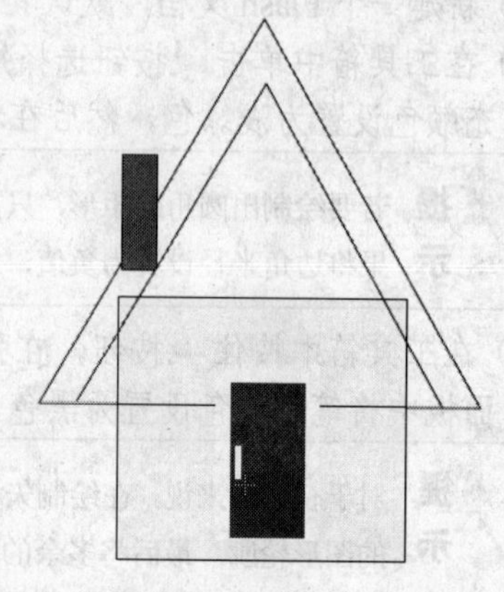

图 2-24　绘制门

操作二　填充颜色并添加草丛和栅栏

（1）在工具箱中单击按钮选择滴管工具，将鼠标移动到烟囱上，吸附烟囱的颜色，然后将鼠标移动到房梁上，将房梁填充为与烟囱相同的颜色，效果如图 2-25 所示。

（2）使用相同的方法吸附房子墙体的颜色，将房顶与墙体之间的衔接部分填充为浅绿色，效果如图 2-26 所示。

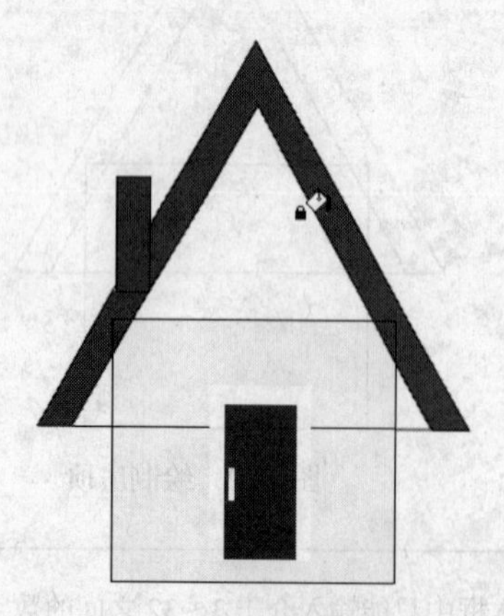

图 2-25　填充房梁颜色

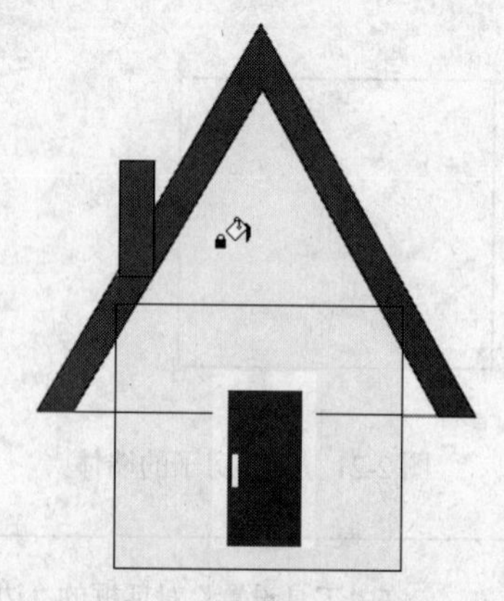

图 2-26　填充房顶颜色

（3）在工具箱中单击按钮选择刷子工具，将填充颜色设置为深绿色，选中一种刷子模式，在场景中房子的左右两边分别绘制图 2-27 所示的草丛。

（4）选择矩形工具，在草丛外绘制图 2-28 所示的浅绿色栅栏。

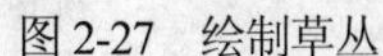
图 2-27　绘制草丛

图 2-28　绘制栅栏

操作三　修改并完善图形

（1）选中所绘图形中的黑色边框，将其删除，得到图 2-29 所示的效果。

（2）在工具箱中单击 按钮选择选择工具，将鼠标移动到墙体部分，当鼠标呈现直角符号时，拖到墙体，使墙体按照一定位置倾斜，得到图 2-30 所示的效果。

提示　若在墙体中间部分拖动鼠标，拖动出的墙体将会变为曲线，因此拖动时一定要在端点部分或颜色接触部分，待 按钮右下方出现直角形状时再拖动。

图 2-29　删除轮廓线

图 2-30　修改墙体

（3）使用相同的方法修改烟囱，使其更自然，得到图 2-31 所示的效果。

（4）在工具箱中单击 按钮选择椭圆工具，设置填充色为浅蓝色，笔触颜色为棕色的原形，然后使用刷子工具绘制出小窗，得到图 2-32 所示的效果。

（5）按“Ctrl+S”组合键保存所绘制的图形。

图 2-31　修改烟囱

图 2-32　添加小窗

◆ 学习与探究

本任务中的图形除了用上述的方法进行绘制外，随着大家对 Flash CS3 的不断熟悉，还可以按自己的习惯和方式来绘制，例如房子的墙体部分可以直接用多角星形来绘制，房梁可以用两个矩形来绘制等。除此之外还需大家掌握如下知识点。

1. Flash CS3 中的绘图模式

Flash CS3 中的绘图模式主要分为合并绘制模式和对象绘制模式两种。

- 合并绘制模式：在合并绘制模式下绘制和编辑图形时，在同一图层中的各图形之间会互相影响，当其重叠时，位于上方的图形会覆盖位于下方的图形，并对其形状造成影响。默认情况下，Flash CS3 中的大部分绘图工具都处于合并绘制模式。
- 对象绘制模式：在对象绘制模式下绘制的图形都是独立的对象，因此在该模式下绘制的图形在叠加时不会自动合并，在分离图形或重叠图形时，图形之间也不会互相影响。

2. 刷子工具的绘图模式

刷子工具中的 5 种绘图模式的具体功能及含义如下。

- 标准绘画：在此模式下，刷子工具绘制的色块会直接覆盖其下方的矢量线条和矢量色块，如图 2-33 所示。
- 颜料填充：在此模式下，刷子工具绘制的色块只覆盖其下方的矢量色块而不覆盖矢量线条，如图 2-34 所示。
- 后面绘画：在此模式下，刷子工具绘制的色块会自动位于图形的下方，而不会覆盖原图形，如图 2-35 所示。
- 颜料选择：在此模式下，色块只能绘制到已经选取的矢量色块区域。若未选择任何区域，则不能绘制色块。
- 内部绘画：在此模式下，要求色块的绘制起点必须在矢量图内部，并且必须在封闭的区域里进行绘制，如图 2-36 所示。

图 2 33　标准绘画

图 2-34　颜料填充

图 2-35　后面绘画

图 2-36　内部绘画

在绘制色块时，若按住“Shift”键，可将刷子工具限定为水平移动或垂直移动，以绘制出规则的水平或垂直色块。

提示　更改舞台的显示比例并不会更改现有刷子的笔头大小。在笔头大小相同的情况下，舞台的显示比例越低，则刷子工具绘出的色块就越大。

3．绘制圆弧、圆环

使用椭圆工具不但能绘制出正圆和椭圆图形，还能根据需要绘制出某些特殊角度的圆弧和圆环等图形，其方法如下：

（1）在工具箱中单击按钮选择椭圆工具，在“属性”面板中对笔触颜色和填充颜色进行设置。

（2）然后在“属性”面板的“起始角度”文本框中输入一个角度，或者单击文本框右侧的按钮，在其圆中选择所需角度。使用相同的方法设置结束角度。

（3）在场景中拖动鼠标即可绘制出想要的圆弧，图 2-37 所示就是“起始角度”为 219 度、“结束角度”为 309 度所得到的圆弧效果。

（4）若要绘制圆环，只需在“属性”面板的“内径”文本框中输入内径圆的大小即可，图 2-38 所示就是内径为 47 的圆环效果（此时起始角度和结束角度都为 0）。

（5）如图 2-39 所示为既设置了“起始角度”为 219 度、“结束角度”为 309 度，又设置了内径为 47 后绘制的图形效果。

图 2-37　绘制扇形

图 2-38　绘制圆环

图 2-39　绘制圆弧

提示 在绘制特殊角度的圆环或圆弧时，也可以不用设置起始角度，等绘制完成后再按自己的时间需要进行旋转、缩放等操作即可。

任务三　绘制桃树图形

◆ 任务目标

本任务的目标是运用刷子工具、选择工具、文本工具、渐变变形工具和墨水瓶工具等相关知识，绘制图 2-40 所示的桃树形状。通过练习进一步巩固前面所学的知识点，并掌握为图形添加渐变色、轮廓线条和文本的方法。

图 2-40　绘制桃树图形效果

效果图位置：模块二\源文件\绘制桃树图形.fla、绘制桃树形状.swf

本任务的具体目标要求如下：

（1）巩固刷子工具、选择工具和各种绘图工具的使用方法。

（2）掌握填充渐变色的方法。

（3）掌握使用墨水瓶工具添加图形轮廓线条的方法。

◆ 操作思路

本例的操作思路如图 2-41 所示，涉及的知识点有刷子工具、文本工具、墨水瓶工具、渐变变形工具和选择工具等，具体思路及要求如下：

（1）使用刷子工具绘制桃树的树干，然后使用选择工具对树干进行拉伸。

（2）使用墨水瓶工具为房子填充颜色。

（3）使用文本工具为图片添加文字并使用墨水瓶工具添加桃树轮廓线条。

①绘制树干　②绘制桃花　③添加文本并修饰

图 2-41　绘制桃树的操作思路

操作一　绘制树干

（1）新建一个 Flash 文档，默认其文档大小和颜色，将其保存为“绘制桃树图形”。

（2）在工具箱中单击按钮选择刷子工具，将填充颜色设置为棕色，选中一种刷子模式，绘制图 2-42 所示的树干。

（3）在工具箱中单击按钮选择选择工具，将鼠标放置在树干上，当鼠标呈现弧线符号时，拖动鼠标调整树干形状，得到图 2-43 所示的效果。

图 2-42　绘制树干　　图 2-43　修改树干

（4）使用相同的方法，先用刷子工具绘制出树的枝干部分，然后使用选择工具对枝干进行适当整理，得到图 2-44 所示的效果。

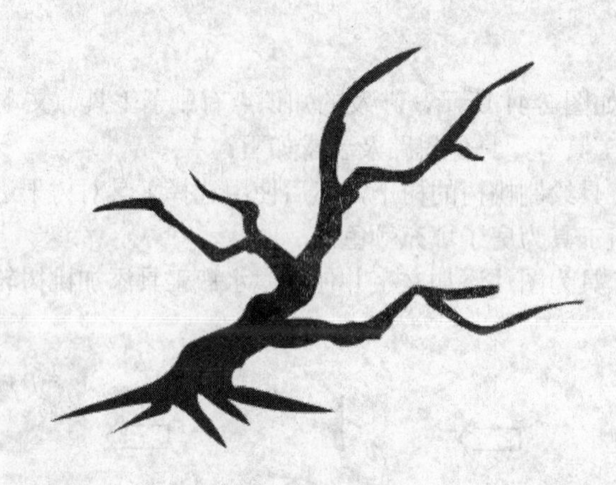

图 2-44　绘制树的枝干

操作二　绘制桃花并填色

（1）在场景左侧使用椭圆工具绘制两个大小不一的无填充色椭圆，将其按照图 2-45 所示排列。

（2）使用选择工具将两个椭圆多余部分删除，得到图 2-46 左上角所示的桃花花瓣。

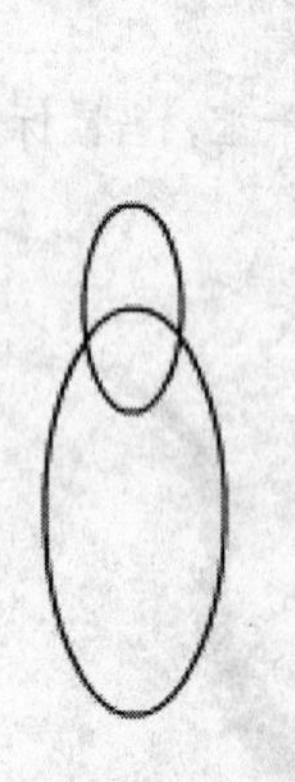

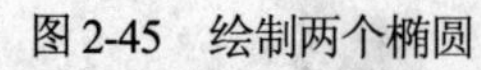

图 2-45　绘制两个椭圆

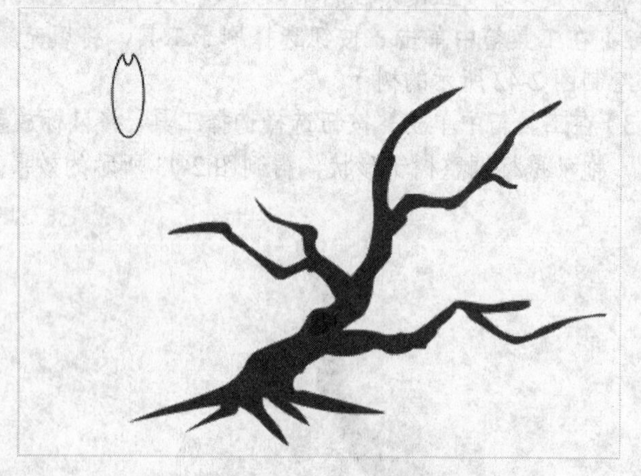

图 2-46　将椭圆修改为花瓣

（3）选择【文件】→【颜色】菜单命令，打开“颜色”面板，选中绘制好的花瓣图形，在图 2-47 所示的面板中进行相应设置。

（4）在工具箱中单击按钮选择渐变变形工具，按照图 2-48 所示调整渐变色，其中两个滑块的颜色分别为#FFFFFF、#FFAAAA，Alpha 值均为 100%。

（5）选中填充了渐变色的花瓣，按“Ctrl+C”组合键，然后再按“Ctrl+V”组合键，将其复制到场景中。

（6）选择工具箱中的任意变形工具，将复制的花瓣进行图 2-49 所示的旋转处理。

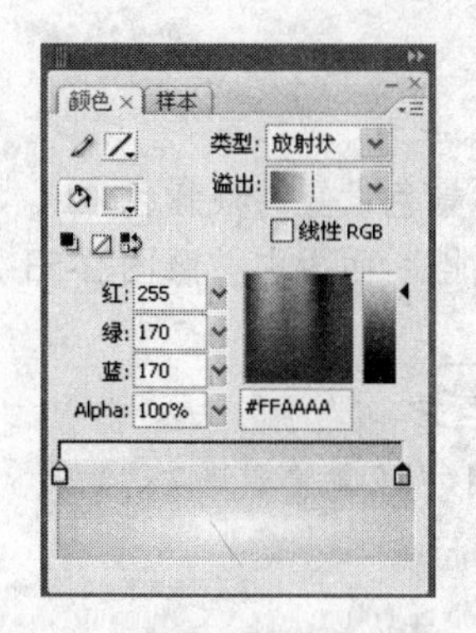

图 2-47　“颜色”面板

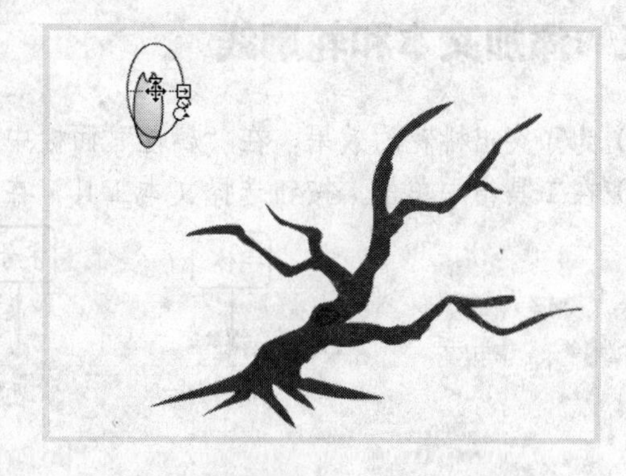

图 2-48　调整渐变色

（7）使用相同的方法复制其他花瓣，并放置到相应的位置，然后使用刷子工具，将其填充色设置为黄色，在花蕊处绘制图 2-50 所示的花蕊。

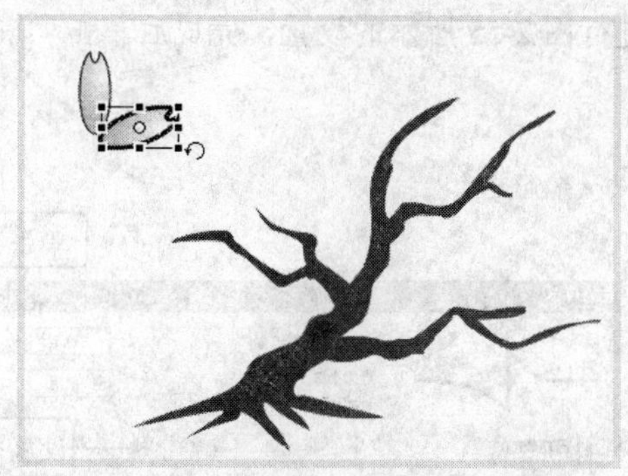

图 2-49　复制并放置其他花瓣

图 2-50　绘制桃花花蕊

（8）选中绘制好的桃花，按“Ctrl+G”组合键将桃花进行组合，并将其缩小到适当大小，得到图 2-51 所示的效果。

（9）复制组合好的花瓣若干，将其分别放置到枝头中的不同位置，效果如图 2-52 所示。

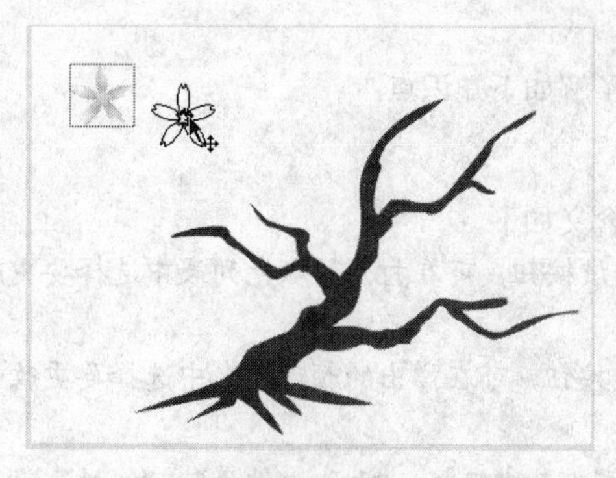

图 2-51　组合桃花花瓣并按比例缩放

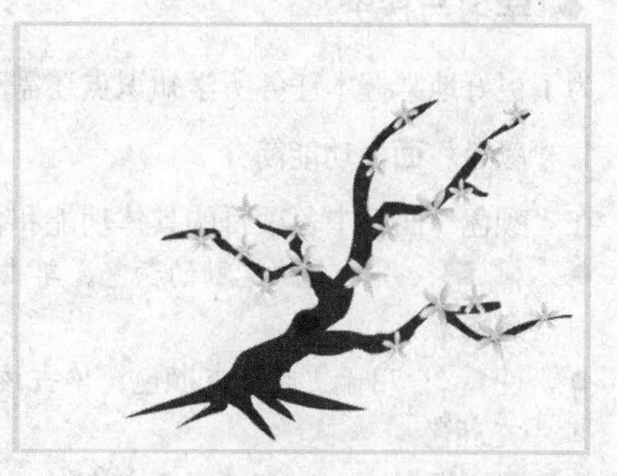

图 2-52　放置桃花到枝头

操作三　添加文本和轮廓线

（1）为了突出桃花的效果，在“属性”面板中将背景色设置为浅绿色。

（2）在工具箱中单击T按钮选择文本工具，在“属性”面板中按照图 2-53 所示进行设置。

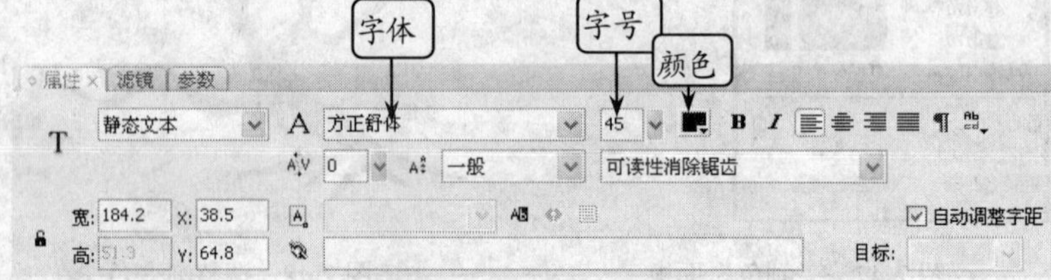

图 2-53　对字体进行设置

（3）在场景左上侧输入“三月桃花”文本，效果如图 2-54 所示。

（4）在工具箱中单击按钮选择墨水瓶工具，在打开的“属性”面板中单击“自定义”按钮，在打开的“笔触样式”对话框中进行图 2-55 所示的设置，完成后单击“确定”按钮。

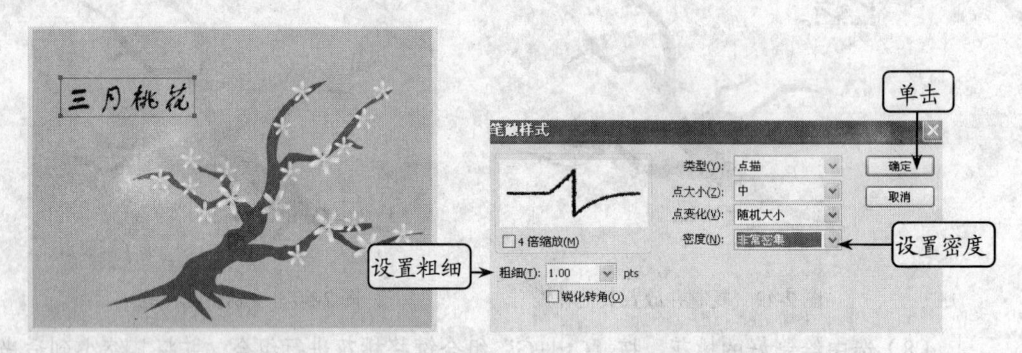

图 2-54　添加文本　　　　图 2-55　设置轮廓线笔触样式

（5）将鼠标移动到树干和树枝部分，即可得到桃树的轮廓线效果，如图 2-40 所示，按“Ctrl+S”组合键保存所绘制的图形，完成本任务的操作。

◆ 学习与探究

为了更好地掌握本任务所学知识点还需了解如下知识点：

1. “颜色”面板功能简介

在“颜色”面板中各项目的具体功能和含义如下。

- ：用于更改笔触的颜色。单击该按钮，可在打开的颜色列表中选择要更改的笔触颜色。
- ：用于更改填充颜色。单击该按钮，可在弹出的颜色列表中选择要更改的填充颜色。
- 类型: 纯色：用于设置颜色的类型。其中包括“无”、“纯色”、“线性”、“放射状”和“位图”5 个选项。

- “红、绿、蓝”调节框：用于更改颜色中红、绿和蓝 3 种颜色的颜色密度值。
- “Alpha”调节框：用于设置填充颜色的透明度。
- 颜色选择框：单击选择框中的颜色区域，可快速选择对应的颜色。
- #000000：用于显示当前颜色的十六进制值。也可通过输入新值来选择新的颜色。
- 颜色深度调节框：用于调节颜色的色彩深度。
- ■按钮：单击该按钮，可将笔触颜色和填充颜色快速设置为黑色和白色。
- ☐按钮：单击该按钮，可快速将颜色设置为无色。
- ⇄按钮：单击该按钮，可将笔触颜色和填充颜色快速交换。
- 颜色样本框：用于显示当前调节的颜色效果。
- 溢出：在类型：纯色中选择“线性”或“放射状”后会出现该项目，主要包括 3 个选项，用于控制超出线性或放射状渐变限制进行应用的颜色。
- ☐线性 RGB：选中该复选框可创建 SVG（可伸缩的矢量图形）兼容的线性或放射状渐变。

提示 在“颜色”面板中单击≡按钮，可在弹出的列表中切换 RGB 和 HSB 颜色模式，并可通过“添加样本”选项将调配出的颜色添加到“样本”选项卡中。

2．颜料桶工具的填充方式

颜料桶工具的 4 种填充方式的具体功能及含义如下。

- 不封闭空隙：使用该填充方式，填充区域必须为完全封闭状态，否则将不能对图形进行填充。
- 封闭中空隙：使用该填充方式，即使填充区域存在中等大小的缺口，仍能对图形进行填充。
- 封闭小空隙：该填充方式下，即使填充区域存在小的缺口，仍能对图形进行填充。
- 封闭大空隙：该填充方式下，即使填充区域存在较大的缺口，仍能对图形进行填充。

3．设置渐变色属性

在为图形填充渐变色后，还需利用渐变变形工具对渐变色的填充属性进行调整，以获得更好的渐变填充效果。将鼠标移动到图形中的渐变色上，当鼠标变为↖形状时，单击鼠标左键，此时图形上将出现相应的调节框，如图 2-56 所示。各调节框的具体作用如下：

- 中心点：用于调整渐变色中心点位置。
- 焦点：用于改变放射状渐变的焦点，只有当选择放射状渐变时，才会显示出焦点手柄。
- 大小：用于调整渐变色的填充大小。
- 旋转：用于调整渐变色的填充角度。
- 宽度：用于调整渐变色的填充宽度。

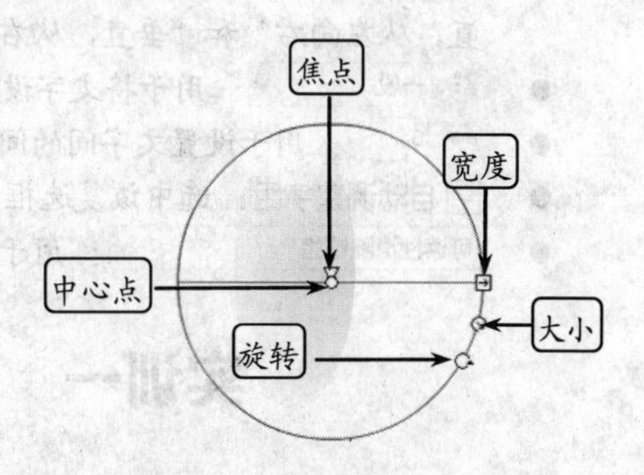

图 2-56　渐变色属性调节框

提示 利用颜料桶工具填充渐变色时，应注意对锁定填充按钮状态的切换；若要使渐变色在不同的填充区域分别具备各自的渐变范围和方式，互不影响，应将该按钮设置为未按下状态；若要将场景中的同一种渐变色应用统一的渐变范围和渐变方式，则需要在填充颜色前按下该按钮。对于这一点要注意区分，并根据实际情况合理利用。

4. 设置文本属性

在“属性”面板中各常用选项的功能及含义如下。

- 宽: 207.0 和高: 96.0 : 用于设置文字在舞台中的宽和高的长度。
- X: 171.0 和Y: 176.0 : 用于设置文字在舞台中的位置。
- 静态文本 : 用于设置文字的文本类型，其中主要有“静态文本”、“动态文本”和“输入文本”3 种文本类型选项。“静态文本”选项主要应用于动画中不需要变更的文字，是最常用的一种文字类型；“动态文本”选项通常配合 Action 动作脚本使用，使文字根据相应变量的变更而显示不同的文字内容；“输入文本”选项则通过在动画中划定一个文字输入区域，供用户在其中输入相应的文字内容。
- A 宋体 : 用于设置文字的字体。
- 36 : 用于设置文字的字号大小。
- : 用于设置文字颜色。
- *I* : 单击该按钮可倾斜文字。
- **B** : 单击该按钮可加粗文字。
- : 单击该按钮可将文字左对齐。
- : 单击该按钮可将文字居中对齐。
- : 单击该按钮可将文字右对齐。
- : 单击该按钮可将文字两端对齐。
- ¶ : 单击该按钮，可打开“格式选项”对话框对文字格式进行设置。
- : 单击该按钮，可在弹出的列表中选择文字的排列方向，其中包括“水平”、“垂直，从左向右”和“垂直，从右向左”3 个选项。
- 一般 : 用于将文字设置为上标或下标样式。
- 0 : 用于设置文字间的间距。
- 自动调整字距 : 选中该复选框，可自动调整文字间的间距。
- 可读性消除锯齿 : 用于设置文字在动画中的显示方式。

实训一　绘制时尚女郎

◆ 实训目标

本实训要求仿照本模块任务一所学知识点绘制图 2-57 所示的时尚女郎。通过本实训进一步熟悉在 Flash CS3 中绘制不规则线条的方法与技巧。

效果图位置：模块二\源文件\绘制时尚女郎.fla、绘制时尚女郎.swf

图 2-57　绘制时尚女郎

◆ 实训分析

本实训的制作思路如图 2-58 所示，具体分析及思路如下：

（1）利用钢笔工具、线条工具和铅笔工具绘制头部和身体轮廓。

（2）利用钢笔工具绘制身体中的阴影轮廓。

（3）利用钢笔工具和铅笔工具绘制五官细节。

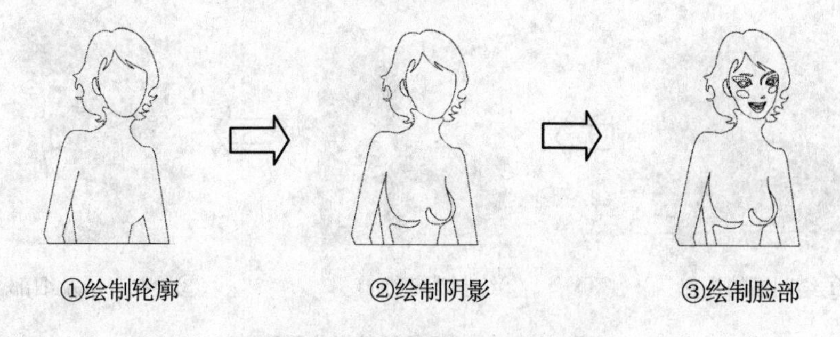

图 2-58　绘制时尚女郎的操作思路

实训二　绘制机器鼠

◆ 实训目标

本实训要求根据本模块所学知识点绘制图 2-59 所示的机器鼠。通过本实训进一步熟悉 Flash CS3 的绘图工具并掌握绘制不同形状矢量图形及填充颜色的方法。

效果图位置：模块二\源文件\绘制机器鼠.fla、绘制机器鼠.swf

图 2-59　绘制机器鼠

◆ 实训分析

本实训的制作思路如图 2-60 所示，具体分析及思路如下：

（1）利用椭圆工具和多角星形工具绘制头部轮廓，使用椭圆工具、矩形工具和多角星形工具绘制头部细节。

（2）利用矩形工具和基本椭圆工具绘制卡通的身体部分，使用矩形工具和基本椭圆工具绘制腿部和尾巴。

（3）利用矩形工具、椭圆工具和多角星形工具绘制身体细节完成绘制并保存。

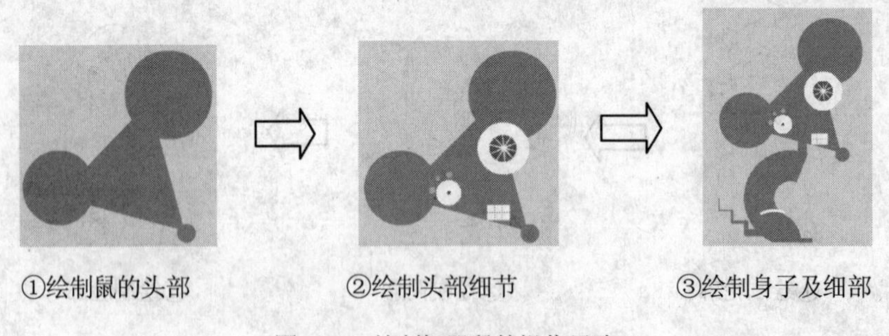

①绘制鼠的头部　　②绘制头部细节　　③绘制身子及细部

图 2-60　绘制机器鼠的操作思路

实践与提高

根据本模块所学内容，动手完成以下实践内容。

练习 1　绘制可爱小白兔

本练习将利用所学的线条工具、铅笔工具、钢笔工具和椭圆工具等基本绘图工具，绘制一个“可爱小白兔”的矢量图形，然后利用所学的滴管工具、墨水瓶工具和颜料桶工具，配合填充变形工具和“颜色”面板为绘制的卡通图形填充颜色，如图 2-61 所示。通过本练习进一步巩固在 Flash CS3 中绘制不规则图形、填充图形的方法与技巧。

效果图位置：模块二\源文件\可爱小白兔.fla、可爱小白兔.swf

图 2-61　绘制可爱小白兔并填色

练习 2　绘制骏马

本练习通过钢笔工具、铅笔工具绘制骏马，并使用油漆桶工具为骏马填充适当的颜色，得到图 2-62 所示的图形，通过本练习进一步巩固钢笔工具、铅笔工具和油漆桶工具的使用方法与技巧。

效果图位置：模块二\源文件\骏马.fla、骏马.swf

图 2-62　绘制骏马并填色

练习 3　绘制动物卡通文字

本练习将利用所学的文本工具、椭圆工具和铅笔工具绘制图 2-63 所示的"动物卡通文字"的矢量图形，第 1 个字母和第 4 个字母直接由文本工具绘制所成，第 2 个和第 3 个文字是使用椭圆工具在文字中央绘制两个不同颜色椭圆，然后使用绘图工具绘制狗和猫的轮廓图形，将其分别组合，最后放置到椭圆上方得到的。通过本练习进一步巩固在 Flash CS3 中文本工具与其他绘图工具结合使用的方法与技巧。

效果图位置：模块二\源文件\动物卡通文字.fla、动物卡通文字.swf

图 2-63　绘制动物卡通文字

练习 4　提高绘制与填充矢量图形的能力

要想快速提高绘制与填充矢量图形的能力，除了本模块的学习内容外，课后还应多加练习，在此补充以下几点供大家参考和探索：

- 钢笔工具是较难掌握的一种绘图工具。而使用钢笔工具绘制流畅的曲线段又是本例的难点所在，在这一步操作时可能一时无法顺利绘制出上述线条，此时建议反复练习这一步操作。也可将轮廓看成多条曲线的组合，然后分别绘制各条曲线，最终构成相同的轮廓图形。
- 在 Flash CS3 中，相同的图形可使用不同的工具绘制，其方法也不止一种。因此读者在绘制图形时，应根据实际情况合理地选择和使用工具。在绘制矢量图形时应先在心里打好腹稿，看使用哪种方法更为方便省时。
- 多观察一些著名网站上他人绘制的经典矢量图片，并模仿这些图片不断练习，做到熟能生巧。

模块三

编辑矢量图形

在制作动画的过程中，除了绘制和填充动画中所需的图形外，有时还需根据动画的需要，对图形进行编辑。选择工具、部分选取工具、套索工具和任意变形工具都是 Flash CS3 中常用的图形编辑工具，利用这些工具，制作者可以方便地对图形进行选择、移动、复制、变形和扭曲等操作。本模块主要介绍在 Flash CS3 中编辑矢量图形的操作，主要包括选择工具、部分选取工具、任意变形工具、套索工具等的使用。对于本模块所学知识点应全部掌握并反复练习，为后面的学习打下坚实的基础。

学习目标

- 了解编辑矢量图形的工具。
- 熟练掌握选择、移动、复制、变形、组合、对齐、缩放和翻转图形的方法。
- 掌握选择工具、部分选取工具、任意变形工具和套索工具等工具的应用技巧。

任务一　制作“新年快乐”场景

◆ 任务目标

本任务的目标是运用上一模块中编辑好的文档进行复制、组合和对齐等操作，绘制图 3-1 所示的场景。通过练习掌握选择、移动、缩放、对齐和翻转图形的方法与技巧。

图 3-1　编辑新年快乐场景

素材位置：模块三\素材\绘制房子图形.fla、卡通小鸡.swf
效果图位置：模块三\源文件\编辑新年快乐场景.fla、编辑新年快乐场景.swf

本任务的具体目标要求如下：

（1）掌握选择、复制、翻转、打散和对齐图形等的操作方法。

（2）掌握编辑矢量图形各种工具的方法与技巧。

◆ 操作思路

本例的操作思路如图 3-2 所示，具体思路及要求如下：

（1）将模块二中绘制的场景分别复制到本场景中。

（2）为小鸟添加渐变色，复制一只小鸟对其进行翻转对齐处理。

（3）为场景添加文本，然后对文本进行打散处理，最后为场景添加上装饰的小星星。

图 3-2　制作新年快乐场景的操作思路

操作一　复制房子和小鸡到场景

（1）新建一个 Flash 文档，默认其文档大小和颜色，将其保存为“编辑新年快乐场景”。

（2）打开模块二中的“绘制房子图形.fla”文档，在工具箱中单击按钮选择选择工具，选中场景中的房子，单击鼠标右键，在弹出的快捷菜单中选择“复制”命令。

（3）返回新建的文档场景，单击鼠标右键，在弹出的快捷菜单中选择“粘贴”命令。然后在工具箱中单击按钮选择任意变形工具，调整房子大小放置到图 3-3 所示的位置。关闭“绘制房子图形”文档。

（4）使用相同的方法打开模块二中绘制好的“卡通小鸡.swf”文档，将场景中绘制好的小鸡复制到场景中，放置到本场景图 3-4 所示的位置。关闭“卡通小鸡”文档。

图 3-3　放置房子

图 3-4　放置小鸡

操作二　填充小鸡颜色

（1）选中场景中的小鸡，在“颜色”面板中按照图3-5所示对其进行设置。

（2）在工具箱中单击按钮选择颜料桶工具，将鼠标移动到场景中小鸡图案上，为其填充颜色，得到图3-6所示的效果。

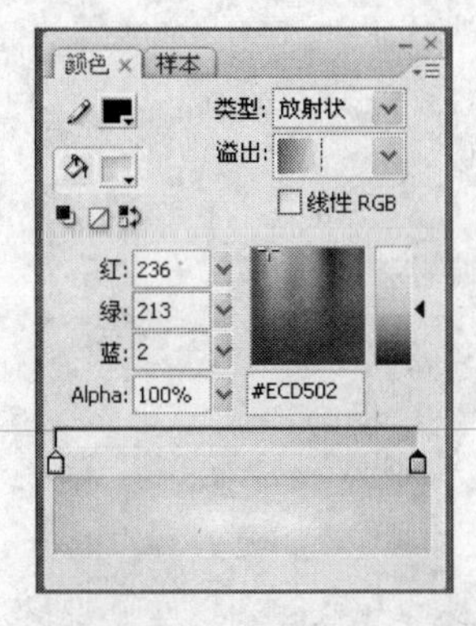

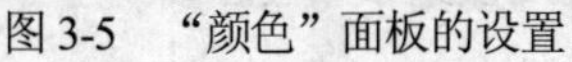

图3-5　“颜色”面板的设置

图3-6　填充小鸡颜色

（3）单击工具箱中的按钮选择渐变变形工具，将鼠标移动到场景中，在填充了颜色的小鸡图形上方单击，在弹出的渐变色调节框中对渐变色进行调整，如图3-7所示。

（4）调整完成后，选中小鸡，按“Shift”键对小鸡进行等比例缩放，得到图3-8所示的大小。

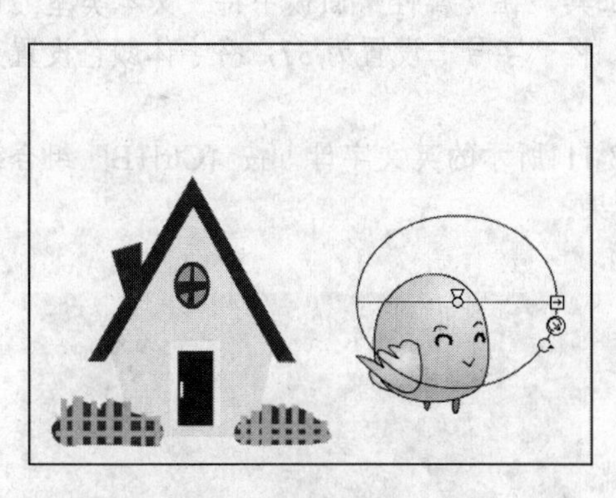

图3-7　调整小鸡的渐变色

图3-8　缩放小鸡

（5）在工具箱中单击按钮选择选择工具，然后选中小鸡图形，按住“Alt”键的同时拖动鼠标左键，在场景的右侧释放鼠标后，即可复制另外一只小鸡到场景中。

（6）选中新复制的小鸡，选择【修改】→【变形】→【水平翻转】菜单命令，即可将新复制的小鸡进行水平翻转。

（7）选择【窗口】→【对齐】菜单命令，在打开的“对齐”面板中对两只小鸡进行对齐设置，得到图3-9所示的效果。

提示　在翻转图形时，应确保预览效果的外框与原图形外框对齐，否则图形在翻转后会出现一定程度的变形。另外，选择【修改】→【变形】→【垂直翻转】菜单命令（或“水平翻转”命令），也可对图形进行翻转。

（8）在“属性”面板中单击■按钮，在弹出的颜色选项框中选择绿色作为背景色，得到图 3-10 所示的效果。

图 3-9　翻转并复制小鸡

图 3-10　重设背景颜色

操作三　添加文本并修饰场景

（1）在工具箱中单击T按钮选择文本工具，在“属性”面板中将“文本类型”设置为静态文本，将“字体”设置为 Arial Black，将“字号”设置为 37，将字体颜色设置为白色，其他保持默认设置。

（2）在场景左上方适当位置处输入图 3-11 所示的英文字母。按“Ctrl+B”组合键，将文本进行打散处理，得到图 3-12 所示的效果。

图 3-11　添加文本

图 3-12　打散文本

（3）将单个字母移动到场景任意位置处放置，得到图 3-13 所示的效果。

（4）在工具箱中单击○按钮选择多角星形工具，在“属性”面板中单击“选项”按钮，在打开的“工具设置”对话框中进行图 3-14 所示的设置。

（5）将笔触颜色设置为无，填充颜色设置为白色，在场景中任意位置拖动得到大小不一的小星星，最终效果如图 3-1 所示。

（6）按 “Ctrl+S” 组合键保存所绘图形完成本任务的操作。

图 3-13　重新排列文本位置　　　　图 3-14　设置小星星样式

◆ 学习与探究

下面对本任务中用到的一些知识点进行深入讲解，以便大家更好的学习。

1. 选择图形

在 Flash CS3 中对图形的选择主要是通过使用选择工具和套索工具来完成的。

- 选择单个图形：通常情况下都使用选择工具进行选择。当选择的图形为元件或已组合的图形时，单击鼠标左键可将该图形全部选中，如果图形为未组合的矢量图形，则只会选中鼠标单击的线条或矢量色块。
- 选择多个相邻的图形：一般采用框选的方法，在工具箱中单击按钮选择选择工具，然后将鼠标移动到舞台中要选择的多个图形左上方。按住鼠标左键并拖动鼠标，将要选取的图形进行框选，然后释放鼠标左键即可选中这些图形。
- 选择不相邻或无法通过框选方式选择的多个图形：在工具箱中单击按钮选择选择工具，并将鼠标移动到舞台中要选择的图形上，按住 “Shift” 键不放，然后依次单击要选择的图形。单击所需的多个图形后释放 “Shift” 键，即可选中这些图形。使用这种方法也可选择未组合矢量图形中所需的部分色块和线条。

技巧　选取多个图形时，如果不慎选择了不需要的图形，只需在按住 “Shift” 键的情况下，再次单击该图形即可。

2. 使用选择工具调整图形形状

在 Flash CS3 中，利用选择工具和部分选取工具可以对图形进行形状的调整。使用选择工具调整图像形状的方法如下：

（1）在工具箱中单击按钮选择选择工具。将鼠标移动到场景中要调整图形的边缘，当鼠标变为形状时，如图 3-15 所示，可对图形的弧度进行调整，按住鼠标左键并拖动鼠标即可，形状调整后的效果如图 3-16 所示。

（2）鼠标变为形状时，如图 3-17 所示，可对图形的长度进行调整，得到图 3-18 所示的效果。

图 3-15 调整弧度光标

图 3-16 调整弧度后的效果

图 3-17 调整长度光标

图 3-18 调整长度后的效果

（3）选择选择工具的同时选中下方的贴紧至对象按钮，将使选中的图形具有自动吸附到其他图形对象的功能，可使图形自动搜索线条的端点和图形边框，并吸附到该图形上。

（4）选择选择工具的同时选中下方的平滑按钮，可使选中图形的形状趋于平滑。

（5）选择选择工具的同时选中下方的伸直按钮，可使选中图形的形状趋于直线化。

3．使用部分选取工具调整图形形状

使用部分选取工具调整图像形状的方法如下：

（1）在工具箱中单击按钮选择部分选取工具。将鼠标光标移动到场景中要调整图形的边缘双击鼠标，此时在图形边缘将出现相应的节点，如图 3-19 所示。

（2）将鼠标移动到要修改位置的节点上，当鼠标变为形状时，如图 3-20 所示，按住鼠标左键并拖动鼠标，可对节点的位置进行调整，如图 3-21 所示。

图 3-19 图形的节点

图 3-20 调整节点

图 3-21 调整节点后的效果

（3）若要调整图形的弧度，将鼠标移动到要调整的图形位置，单击该位置的节点，此

时出现相应的调节句柄。将鼠标移动到调节句柄上，当鼠标变为形状时，如图 3-22 所示，按住鼠标左键并拖动鼠标，即可得到图 3-23 所示的效果。

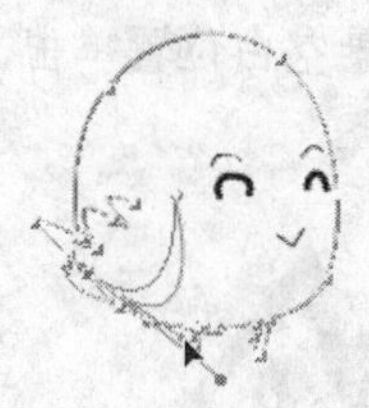
图 3-22　调整弧度

图 3-23　调整图形弧度后的效果

（4）调整到所需的形状后，在场景的空白位置单击鼠标左键完成调整。

4．任意变形工具

在 Flash CS3 中，使用任意变形工具可以对选中的图形进行旋转、倾斜、缩放、翻转、扭曲和封套等操作。

1）旋转图形

使用任意变形工具旋转图形的具体操作如下：

（1）在工具箱中单击按钮选择任意变形工具。在场景中选中要旋转的图形，此时图形周围将出现图 3-24 所示的控制点。

（2）在工具箱中单击旋转与倾斜按钮，然后将鼠标移动到图形四角的控制点上，当鼠标变为形状时，按住鼠标左键并拖动鼠标，即可看到图形旋转的预览效果，如图 3-25 所示。

（3）旋转到适当角度后，释放鼠标左键即可得到旋转后的效果。

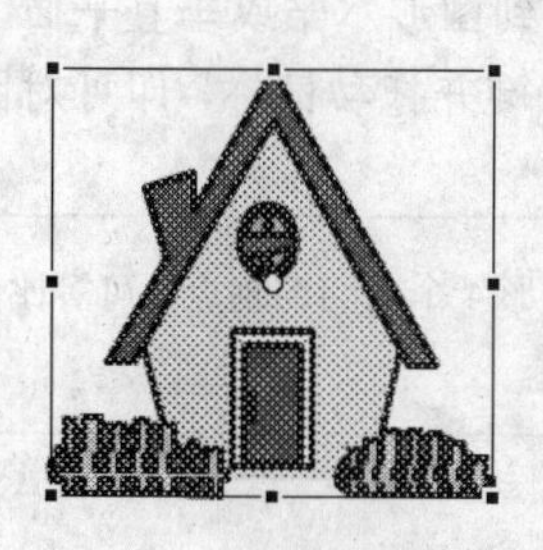
图 3-24　选中图形

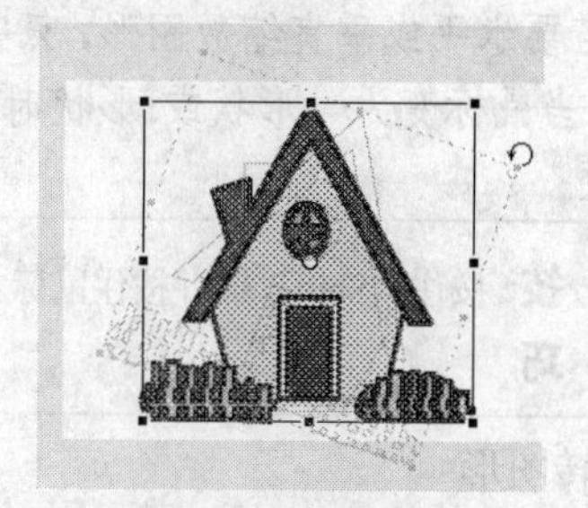
图 3-25　旋转预览效果

技巧　按住 “Shift” 键并拖动鼠标，可使图形沿中心点做规则角度旋转（如 45° 和 90° 等）；按住 “Alt” 键并拖动鼠标，可使图形以鼠标光标拖动的控制点的对角为中心旋转。

2）倾斜图形

使用任意变形工具倾斜图形的具体操作如下：

（1）在工具箱中单击按钮选择任意变形工具。使用任意变形工具在场景中选中要倾斜的图形，此时图形周围将出现相应的控制点。

（2）在工具箱中单击旋转与倾斜按钮，将鼠标移动到要倾斜图形的水平或垂直边缘上，当鼠标变为⇌形状时，按住“Alt”键，然后按住鼠标左键并拖动鼠标，可将图形沿鼠标拖动的方向倾斜，同时看到图形倾斜的预览效果，如图 3-26 所示。

（3）调整到适当倾斜状态后，释放鼠标左键并在场景空白位置单击，即可得到图 3-27 所示的效果。

图 3-26　倾斜图形

图 3-27　图形倾斜后的效果

3）缩放图形

使用任意变形工具缩放图形的具体操作如下：

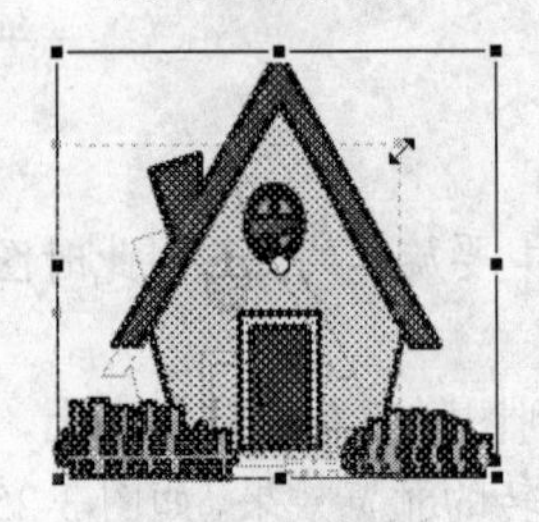

图 3-28　缩放图形

（1）在工具箱中单击按钮选择任意变形工具。使用任意变形工具在场景中选中要缩放的图形，此时图形周围将出现相应的控制点。

（2）在工具箱中单击缩放按钮，将鼠标移动到要缩放图形四角的任意一个控制点上，当鼠标变为↘形状或↗形状时，按住鼠标左键并拖动鼠标，此时可看到图形缩放的预览效果，如图 3-28 所示。

（3）将图形缩放到适当大小后，释放鼠标左键并在场景空白位置单击即可得到缩放后的效果。

（4）若要水平或垂直缩放图形，只需将鼠标移动到图形水平或垂直平面上的任意一个控制点上，当鼠标变为↔形状或↕形状时，按住鼠标左键并拖动鼠标，即可对图形进行水平或垂直缩放。

技巧　按住“Shift”键并按住鼠标左键拖动位于图形 4 个角的控制点，可等比例缩放图形。

4）翻转图形

使用任意变形工具翻转图形的具体操作如下：

（1）在工具箱中单击按钮选择任意变形工具，使用任意变形工具在场景中选中要翻转的图形，此时图形周围将出现相应的控制点。

（2）在工具箱中单击缩放按钮，将鼠标移动到图形水平或垂直平面上的任意一个控制点上，当鼠标变为↔形状或↕形状时，按住鼠标左键并拖动鼠标，此时即可看到图形翻转的预览效果，如图 3-29 所示。

（3）将图形翻转后，释放鼠标左键并在场景任意空白位置单击，即可得到图 3-30 所示的翻转效果。

提示 在拖动鼠标时，若按住“Alt”键，可将图形以其对角点为中心进行对称翻转，效果如图 3-31 所示。

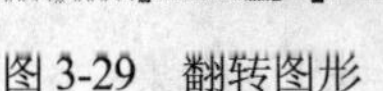

图 3-29　翻转图形

图 3-30　翻转后的效果

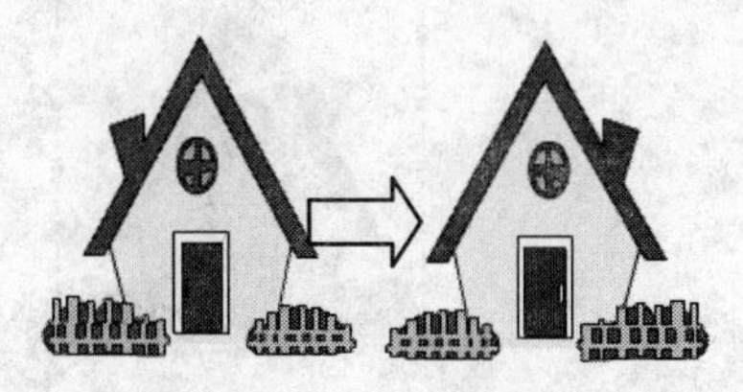

图 3-31　对称翻转图形

5）扭曲图形

使用任意变形工具扭曲图形的具体操作如下：

（1）在工具箱中单击按钮选择任意变形工具，使用任意变形工具在场景中选中要扭曲的图形，此时图形周围将出现相应的控制点。

（2）在工具箱中单击扭曲按钮，然后将鼠标移动到图形 4 个角的任意一个控制点上，当鼠标变为形状时，按住鼠标左键并拖动鼠标，此时即可看到图形的扭曲预览效果，如图 3-32 所示。

（3）将控制点拖动到适当位置后，释放鼠标左键并在场景空白位置单击，即可得到图 3-33 所示的扭曲效果。

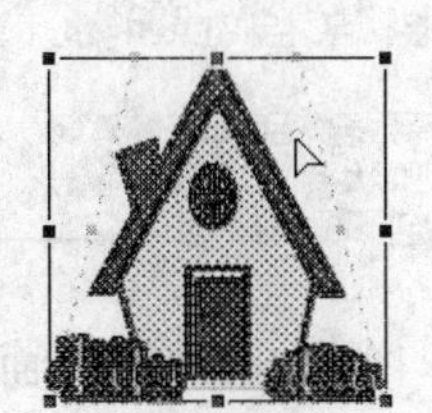

图 3-32　扭曲图形

图 3-33　图形扭曲后的效果

提示 在拖动鼠标时，按住“Shift”键，可使拖动控制点的对角点同时进行扭曲操作。另外，按钮和按钮只能在所选对象为矢量图像时才能使用，对于组合图形、文字、元件和位图，则需要将其打散之后才能进行相关操作。

6）封套图形

使用任意变形工具封套图形的具体操作如下：

（1）在工具箱中单击按钮选择任意变形工具，使用任意变形工具在场景中选中要封套的图形，此时图形周围将出现相应的控制点。

（2）在工具箱中单击封套按钮，然后将鼠标移动到图形的任意一个控制点上，当鼠标变为形状时，按住鼠标左键并拖动鼠标，此时即可看到图形的封套预览效果，如图 3-34 所示。

（3）使用相同的方法对图形周围的其他控制点进行调整，完成后在场景空白位置单击，即可得到图 3-35 所示的封套效果。

图 3-34　封套图形

图 3-35　图形封套后的效果

5．对齐图形

在编辑多个图形时，如果需要对图形之间的间距和图形的排列方式进行精确调整，就需要对图形进行对齐操作，其具体操作如下：

（1）使用选择工具在场景中选中要进行对齐操作的多个图形，如图 3-36 所示。

（2）选择【窗口】→【对齐】菜单命令或按“Ctrl+K”组合键，打开“对齐”面板，如图 3-37 所示。

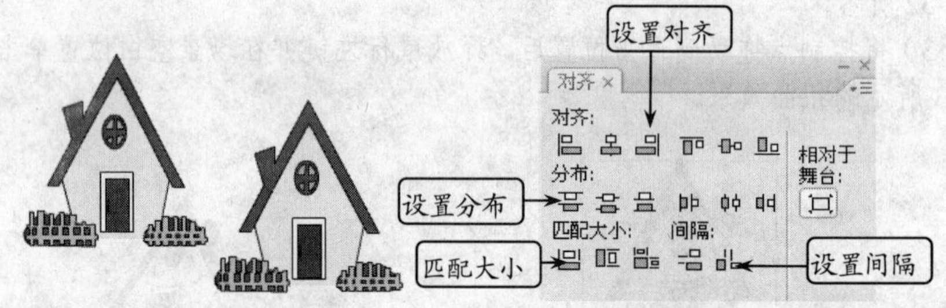

图 3-36　选中需要对齐的图形　　图 3-37　“对齐”面板

（3）在该面板中的“对齐”、“分布”、“匹配大小”和“间隔”类型下分别单击相应按钮，对图形的具体对齐方式进行设置，此时即可在场景中看到设置后的效果。图 3-38 所示就是选择了“对齐”类型下的“垂直中齐”按钮和“间隔”类型下的“水平平均间隔”按钮后的效果。

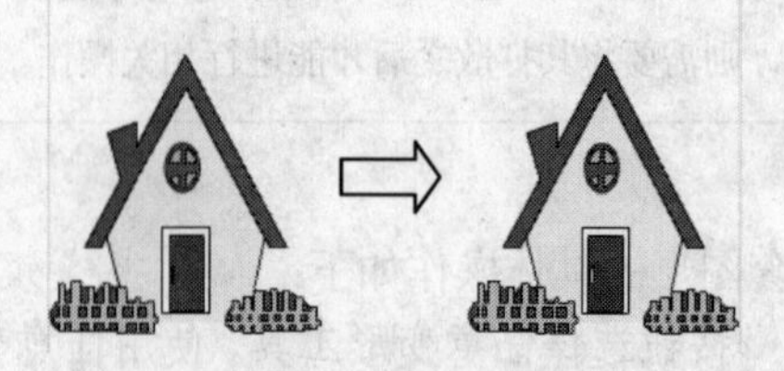

图 3-38　对齐后的效果

提示　通常情况下，对选中图形的对齐和排列操作是以图形之间的间距和相对位置为基准进行的；而当单击面板中的相对于舞台按钮后，相应的操作都将以场景为基准进行。

6. 组合图形

在编辑图形的过程中，如果其中的多个图形需要作为一个整体进行移动、变形或缩放等编辑操作时，可以通过组合图形的方式将其组合为一个图形，然后再对其进行相应的编辑，从而提高编辑的工作效率。在 Flash CS3 中组合图形的具体操作如下：

（1）使用选择工具选择要组合的多个图形，如图 3-39 所示。

（2）选择【修改】→【组合】菜单命令或按“Ctrl+G”组合键，即可将选中的图形进行组合，效果如图 3-40 所示。

图 3-39　选中要组合的图形

图 3-40　图形组合后的效果

提示　如果要取消对图形的组合，可在选中组合图形的状态下，选择【修改】→【取消组合】菜单命令或按“Ctrl+Shift+G”组合键。另外，通过按“Ctrl+B”组合键打散图形的方式，也可取消对图形的组合。

对图形进行移动、复制和删除的操作相对简单，在此就不赘述了。

任务二　编辑“圣诞快乐”场景

◆ 任务目标

本任务的目标是利用现有的图片素材，并使用套索工具和选择工具等相关知识绘制出图形，最终效果如图 3-41 所示。通过练习掌握套索工具、选择工具和文本工具的使用方法，并掌握利用套索工具抠取所要图形的方法与技巧。

图 3-41　编辑圣诞快乐场景

素材位置：模块三\素材\“圣诞 01.jpg”、“圣诞 02.jpg”
效果图位置：模块三\源文件\圣诞快乐.fla、圣诞快乐.swf

本任务的具体目标要求如下：

（1）掌握套索工具抠取位图的一般方法。

（2）掌握选择工具的使用方法。

◆ 操作思路

本例的操作思路如图 3-42 所示，涉及的知识点有套索工具、选择工具和文本工具等。具体思路及要求如下：

（1）设置场景的背景色。然后使用套索工具抠取得到圣诞老人图形，将其缩放放置到场景的适当位置。

（2）用相同的方法抠取房屋图形，将其缩放到适当大小并放置到场景最下方位置。

（3）用文本工具输入文字，将其打散，并将不同字母放置到不同位置。将抠取的拐杖、礼物图形缩放后放置到场景不同位置。

①抠取图形　　②放置抠取图形及文本　　③组合图形

图 3-42　编辑“圣诞快乐”场景的操作思路

操作一　抠取素材图形

（1）新建一个 Flash 文档，默认其文档大小，颜色选择浅蓝色，将其保存为“圣诞快乐.fla”。

（2）选择【文件】→【导入】→【导入到库】菜单命令，将图片素材“圣诞 01.jpg”和“圣诞 02.jpg”导入库中。

（3）将“圣诞 01.jpg”图片拖入工作区中远离舞台的位置，使用选择工具选中该图片，按“Ctrl+B”组合键，将位图进行打散处理，如图 3-43 所示。

（4）在工具箱中单击按钮选择套索工具，精确选取月亮和圣诞老人。

（5）在勾勒的图形中单击鼠标右键，在弹出的快捷菜单中选择“复制”命令，在场景中单击鼠标右键，在弹出的快捷菜单中选择“粘贴”命令，将勾勒的图形按原比例复制到场景中。

（6）在工具箱中单击按钮选择任意变形工具，在场景中选中复制的图形，按住“Shift”键对图形进行等比例缩放。缩小到一定比例后使用选择工具将其拖动到场景左上角放置。

（7）使用相同的方法分别抠取出图 3-43 所示的手杖和黄色和紫色礼盒。并将其复制到工作区的其他位置备用。选中工作区中已被抠取图形的“圣诞 01.jpg”图片，将其删除。

图 3-43　抠取图片

（8）使用相同的方法抠取出图 3-44 所示的选取部分。将其复制到场景中，进行等比例缩放后放置到图 3-45 所示的位置。

图 3-44　抠取“圣诞 02”图片中的图形

图 3-45　放置从“圣诞 02”抠取的图形

操作二　添加文本效果

（1）在工具箱中单击 T 按钮选择文本工具，然后在“属性”面板中对文本的字体、字号和颜色等进行设置，如图 3-46 所示。

图 3-46　设置文字

（2）在场景中输入文本如图 3-47 所示，在工具箱中单击 按钮选择选择工具，选中输入的文本，按“Ctrl+B”组合键，将文本进行打散处理，如图 3-48 所示。

图 3-47　输入文本

图 3-48　打散文本

（3）将每个字母移动到不同的位置，并对每个字母进行细微的旋转角度处理，效果如图 3-49 所示。

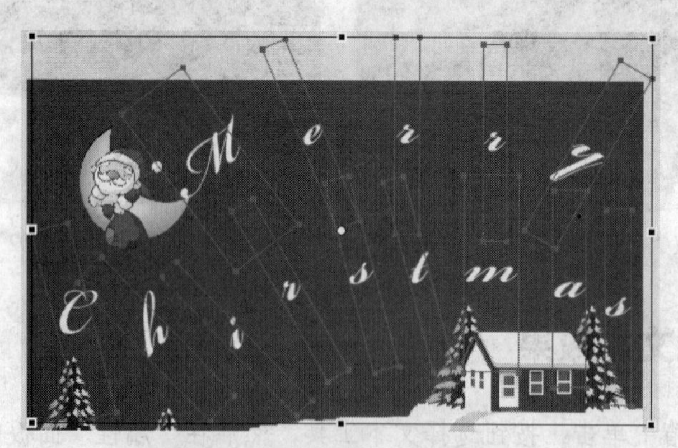

图 3-49　调整位置后的文本效果

操作三　修饰与组合图形

（1）选中工作区中前面抠取的圣诞手杖，将其缩小到合适大小，移动到字母“M”左边位置，对其进行适当缩放，如图 3-50 所示。

（2）使用相同的方法放置其他两个礼盒，效果如图 3-51 所示。

图 3-50 放置圣诞手杖

图 3-51 放置礼盒

（3）在工具箱中单击按钮选择多角星形工具，在“属性”面板中单击“选项”按钮，打开“工具设置”对话框。

（4）在“样式”下拉列表框中选择“星形”选项，在“边数”文本框中输入“10”，在“星形顶点大小”文本框中输入“0.1”，单击“确定”按钮。

（5）返回“属性”面板，将笔触颜色设置为无，填充颜色设置为白色，在场景中任意位置拖动得到大小不一的小星星。

（6）在工具箱中单击按钮选择选择工具，将鼠标移动到场景中，选中所有的图形和文本，然后选择【修改】→【组合】菜单命令或按“Ctrl+G”组合键，将图形进行组合。

（7）按“Ctrl+S”组合键保存所绘图形完成本任务的操作，最终效果如图 3-41 所示。

◆ 学习与探究

本任务中在抠取图片时用到了套索工具，Flash CS3 中的套索工具通常用于选取不规则的图形部分，或用于对图形中的某一部分进行选取。为了大家更好地掌握套索工具，下面对套索工具进行更深入的讲解。

1. 使用套索工具选取大致范围图形区域

使用套索工具选取大致范围图形区域的方法如下：

（1）在工具箱中单击按钮选择套索工具，将鼠标移动到要选取图形的上方，当其变为形状时，按住鼠标左键并拖动鼠标，在图形上勾勒要选择的大致图形范围，如图 3-52 所示。

（2）将选择范围全部勾勒后，释放鼠标即可将勾勒的图形范围全部选取，选择的图形区域如图 3-53 所示。

提示 套索工具只能对矢量图形进行选取，如果对象为文字、元件或位图，则需要按“Ctrl+B”组合键将其打散，然后才能利用套索工具进行相应操作。

图 3-52　勾勒图形范围

图 3-53　选择的图形区域

2. 使用套索工具精确选取图形

使用套索工具精确选取图形区域的方法如下：

（1）在工具箱中单击按钮选择套索工具，然后在下方区域单击按钮开启套索工具的多边形模式。

（2）将鼠标移动到图形中黄色月亮的边缘，当鼠标指针变为形状时，单击鼠标左键建立一个选择点，将鼠标沿月亮轮廓移动并再次单击鼠标左键，以建立第 2 个选择点，使用相同的方法，建立其他选择点，如图 3-54 所示。

（3）将选择范围全部勾勒后，双击鼠标左键封闭选择区域，得到精确勾勒的图形如图 3-55 所示。

图 3-54　精确勾勒图形

图 3-55　精确勾勒得到的图形

3. 使用套索工具选择色彩范围

使用套索工具选择色彩范围的方法如下：

（1）在工具箱中单击按钮选择套索工具，在“选项”区域中单击“魔术棒设置”按钮。

（2）在打开的“魔术棒设置”对话框中对“阈值”和“平滑”参数进行相应设置，如图 3-56 所示。

（3）在工具箱中单击按钮选择魔术棒工具，并将鼠标移动到图形中要选取的色彩上方，当其变为形状时单击鼠标左键，即可选取指定颜色及在阈值设置范围内的相近颜色区域，选择的颜色区域如图 3-57 所示。

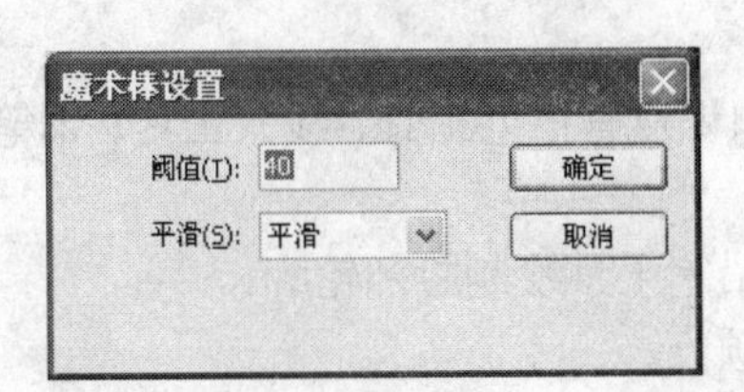

图 3-56　设置参数

图 3-57　选择的色彩范围

提示　“魔术棒设置”对话框中的“阈值”文本框用于定义选取范围内的颜色与单击处像素颜色的相近程度，输入的数值越大，选取的相邻区域范围就越大。“平滑”下拉列表框用于指定选取范围边缘的平滑度，主要包括“像素”、“粗略”、“正常”和“平滑”4 个选项。

任务三　制作个性签名

◆ 任务目标

本任务的目标是利用工具箱中的各种工具绘制出图 3-58 所示的个性签名。通过练习掌握各种绘画工具和文本工具的使用方法。

图 3-58　个性签名

效果图位置：模块三\源文件\个性签名.fla、个性签名.swf

本任务的具体目标要求如下：

（1）掌握铅笔工具、线条工具和钢笔工具等的结合使用方法。

（2）掌握填充颜色的方法与技巧。

◆ 操作思路

本例的操作思路如图 3-59 所示，涉及的知识点有铅笔工具、线条工具、钢笔工具和颜料桶工具等。具体思路及要求如下：

（1）设置场景大小和背景色。然后使用铅笔工具绘制脸部轮廓。

（2）用钢笔工具绘制帽子和耳朵并填充颜色。

（3）用文本工具输入文字，完成制作。

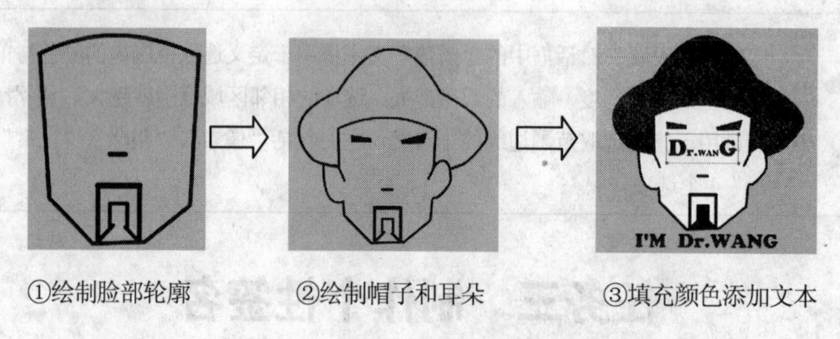

①绘制脸部轮廓　　②绘制帽子和耳朵　　③填充颜色添加文本

图 3-59　制作个性签名的操作思路

操作一　绘制脸部

（1）新建一个 Flash 文档，默认其文档大小，颜色选择橘黄色，帧频设置为 32fps，并将该文档保存为“个性签名.fla”。

（2）在工具箱中单击╲按钮选择线条工具，在“属性”面板中将线条的“笔触颜色”设置为黑色，“填充颜色”设置为无，“笔触高度”设置为 4 “笔触样式”设置为实线。

（3）将鼠标移动到场景中，绘制图 3-60 所示的脸、鼻子、嘴巴和胡子图形。

（4）在工具箱中单击按钮选择选择工具，将鼠标放置到额头所在直线上，当鼠标变为形状时，拖动该直线，得到图 3-61 所示的弧线效果。

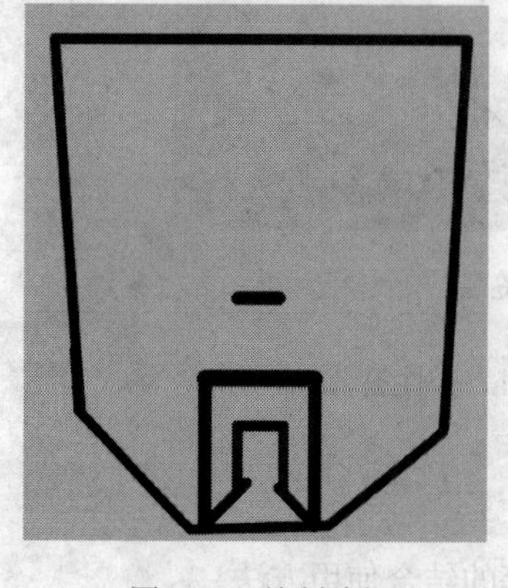

图 3-60　绘制脸部

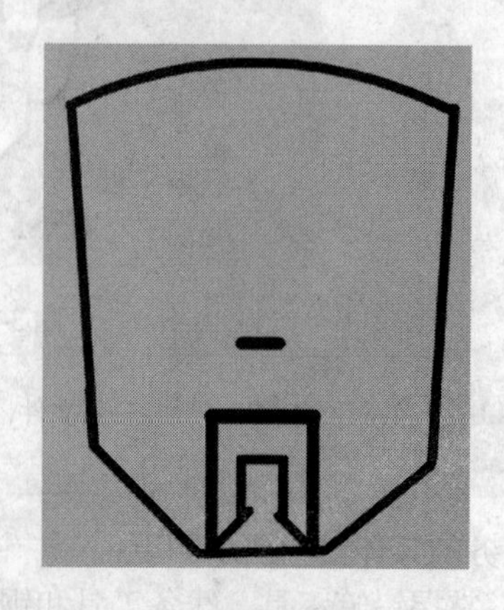

图 3-61　修改额头线条

操作二　添加帽子和耳朵

（1）在工具箱中单击按钮选择钢笔工具，在“属性”面板中将线条的“笔触颜色”设置为黑色，“填充颜色”设置为无，“笔触高度”设置为4，“笔触样式”设置为实线。

（2）在场景中使用钢笔工具拖动绘制出图3-62所示的帽子轮廓图形。

（3）继续使用钢笔工具绘制出图3-63所示的耳朵轮廓。

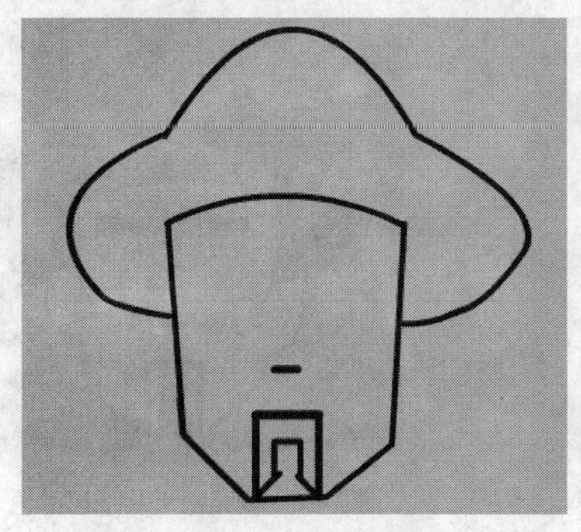

图3-62　绘制帽子

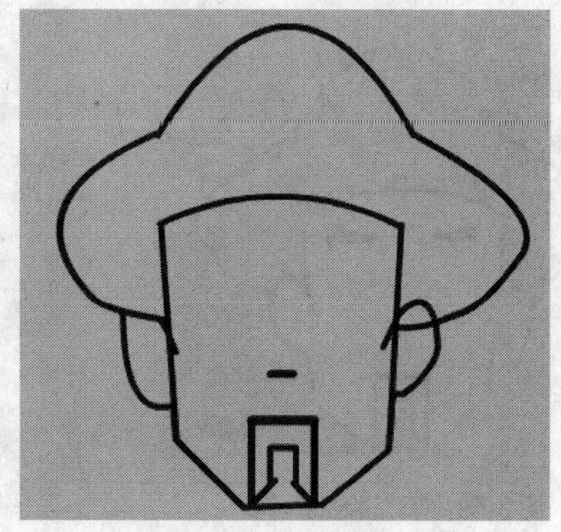

图3-63　绘制耳朵

（4）在工具箱中单击按钮选择选择工具，将脸部轮廓和耳朵重合的地方进行修饰删除，得到图3-64所示的效果。

（5）在工具箱中单击按钮选择矩形工具，在“属性”面板中将矩形的“笔触颜色”设置为无，“填充颜色”设置为黑色，“笔触样式”设置为实线。然后在场景中绘制出两个适当大小的矩形。

（6）在工具箱中单击按钮选择矩形工具，将鼠标放置到矩形上方，当其变为形状时，拖动该矩形，得到图3-65所示的眉毛。

图3-64　删除多余线条

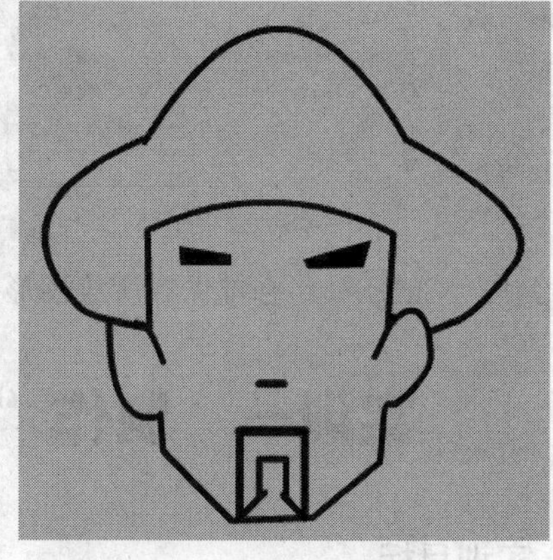

图3-65　绘制眉毛

操作三　填充颜色及文本

（1）在工具箱中单击按钮选择颜料桶工具，将填充颜色选择为白色，然后在场景中将面部填充为图 3-66 所示的效果。

（2）选择填充色为黑色，使用相同的方法，在场景中将帽子和下巴填充为黑色，如图 3-67 所示。

图 3-66　填充脸部颜色

图 3-67　填充帽子和下巴颜色

（3）在工具箱中单击T按钮选择文本工具，然后在“属性”面板中对其进行设置，如图 3-68 所示。

（4）在场景中眼睛下方输入图 3-69 所示的文本。当确认无误后按“Ctrl+G”组合键，将图形进行组合。

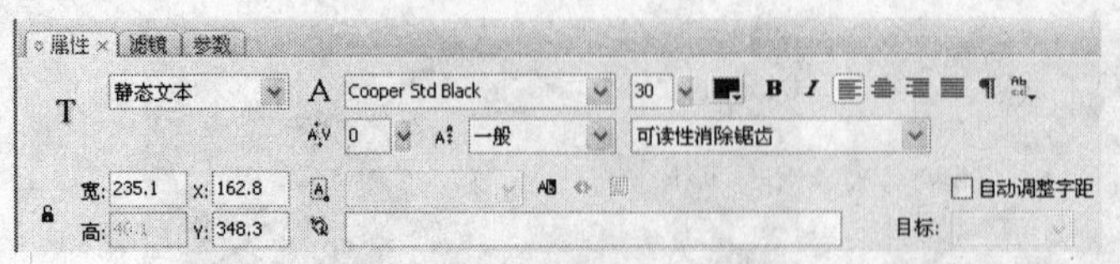

图 3-68　设置字体

图 3-69　组合图形

（5）按“Ctrl+S”组合键保存所绘图形完成本任务的操作。

实训一　制作“快乐牧场”场景

◆ 实训目标

本实训要求仿照本模块“新年快乐”动画，制作图 3-70 所示的“快乐牧场”场景。通过本实训的练习，使读者巩固前面所学的相关知识，并练习复制、缩放、翻转和组合等常用的编辑操作。

效果图位置： 模块三\源文件\快乐牧场.fla、快乐牧场.swf

图 3-70　“快乐牧场”场景效果

◆ 实训分析

本实训的制作思路如图 3-71 所示，具体分析及思路如下。

（1）新建文档，将场景大小设置为 550×300 像素，背景设置为白色，帧频为 15fps。

（2）利用矩形工具和椭圆工具绘制蓝天、白云、山脉和草场图形。

（3）绘制女孩、牛、鸡和绵羊图形，并将图形分别组合，然后复制图形，并对图形进行简单编辑。

（4）使用椭圆工具和文本工具制作文字标志，完成编辑并保存。

图 3-71　制作“快乐牧场”场景的操作思路

实训二　制作“沙滩”场景

◆ 实训目标

本实训要求仿照本模块“圣诞快乐”场景，制作出图 3-72 所示的“沙滩”场景。通过本实训练习矩形工具、套索工具、铅笔工具和选择工具的使用，进一步熟悉在 Flash CS3 中编辑各种矢量图形工具的结合使用的方法。

素材位置：模块三\素材\“椰树.jpg”、“桶.jpg”、“螺.jpg”
效果图位置：模块三\源文件\沙滩.fla、沙滩.swf

图 3-72 “沙滩”场景效果

◆ 实训分析

本实训的制作思路如图 3-73 所示，具体分析及思路如下。

（1）新建文档，将场景大小设置为 550×400 像素，背景设置为白色，帧频为 15fps。然后导入图片素材到库。

（2）使用矩形工具绘制沙滩，并为其填充上橘红色线性渐变。

（3）使用矩形工具和铅笔工具绘制海水轮廓，然后填充成蓝色渐变，用铅笔工具绘制海鸥和白云图形。

（4）选择【修改】→【位图】→【转换位图为矢量图形】菜单命令将位图转化为矢量图形，然后使用选择工具删除图中多余部分，将椰树、桶和螺图形拖动到适当位置。

①绘制沙滩和海水　　②绘制云和海鸥　　③放置矢量图形

图 3-73 制作“沙滩”场景的操作思路

实践与提高

根据本模块所学内容，动手完成以下实践内容。

练习 1 绘制欢乐鼠之家

本练习通过文本工具、椭圆工具、铅笔工具和油漆桶工具等的灵活使用，绘制图 3-74 所示的欢乐鼠之家，通过练习巩固模块二和模块三中所学知识点。

效果图位置： 模块二\源文件\欢乐鼠之家.fla、欢乐鼠之家.swf

图 3-74 绘制欢乐鼠之家

练习 2 编辑小动物学校场景

本练习通过绘图工具和各种编辑工具的灵活使用，编辑图 3-75 所示的小动物学校场景，通过练习巩固在 Flash CS3 中绘制矢量图形并对图形进行编辑的方法。制作本场景时先使用绘图工具绘制各卡通图形，然后将绘制的各图形分别进行组合，接着将其放置到场景中，并使用选择工具对相应的图形进行复制，使用任意变形工具对复制的图形进行缩放和翻转操作，最后使用文本工具输入文字，将相应文字打散并对其进行适当编辑。

效果图位置： 模块三\源文件\小动物学校.fla、小动物学校.swf

图 3-75 编辑小动物学校场景

练习 3　提高编辑矢量图形的能力

要想快速提高编辑矢量图形的能力，除了本模块的学习内容外，课后还应下足工夫，在此补充以下几点供大家参考和探索：

- 对于需要编辑的图形场景，先在头脑中打好底稿，然后在草稿纸上罗列出不同场景所需图形的放置位置，以对图形的编辑顺序做到心中有数。
- 编辑场景时多使用不同的方法，然后对比不同方法得到的不同效果，最后总结出适合自己的方法与技巧。
- 多观察一些著名网站上他人编辑的场景。摸索他人编辑图形的顺序和方法，取其精华去其糟粕。合理利用他人好的场景使其最终变为对自己有用的素材。

模块四

素材与元件的应用

素材和元件是 Flash CS3 中重要的两个基本概念。通过素材，可以将 Flash CS3 无法直接创建的图片、声音及视频等内容应用到动画中。而对于动画中需要经常调用的图形或动画片段，则可以转换为元件，从而避免重复制作，提高动画制作的效率。此外通过为元件添加 Action 语句，还可以使元件具有相应的交互功能，实现某些特定的效果。在 Flash CS3 中，主要通过库来实现素材或元件的存放和管理。本模块主要介绍“库”面板中素材和元件的基本操作，主要包括素材的类型介绍、素材的调用方法、元件的应用及库的基本操作。

学习目标

- 了解 Flash CS3 素材的类型及素材的调用等操作。
- 熟练掌握元件的应用方法与技巧。
- 熟练掌握“库”面板的使用方法。

任务一　制作“希望小学”场景

◆ 任务目标

本例将利用库中的图片素材，制作“希望小学”场景，通过本例了解素材的类型并掌握调用素材制作动画的方法与技巧，完成后的最终效果如图 4-1 所示。

图 4-1　希望小学场景

素材位置：模块四\素材\蓝天.jpg、草地.png、树.png、希望之花.png、学校.png、学校2.png
效果图位置：模块四\源文件\编辑希望小学场景.fla

本任务的具体目标要求如下：

（1）了解素材的类型。

（2）掌握调用素材和使用素材编辑场景的方法与技巧。

◆ 操作思路

本例制作过程如图 4-2 所示，涉及的知识点有导入图片和编辑图片等。具体思路及要求如下：

（1）导入图片素材。

（2）将库中的图片素材按照先后顺序放入场景中，调整其大小和位置。

①放置背景图片　②放置其他图片　③整合调整得到的场景效果

图 4-2　制作希望小学场景的操作思路

操作一　Flash CS3 的素材类型

在 Flash CS3 中，根据素材文件自身的特点及其在 Flash 动画中的用途，可将 Flash CS3 支持的素材文件分为图片素材、声音素材和视频素材 3 大类。

- 图片素材：图片素材主要指利用 Flash CS3 矢量绘制工具无法绘制和创建的位图图片，以及导入动画中的矢量图形，利用图片素材可以弥补动画在颜色过渡、画面精美程度及笔触感觉等方面的不足之处。Flash CS3 支持的图片素材格式主要有.eps、.ai、.psd、.bmp、.emf、.gif、.jpg、.png、.swf 和.wmf 等格式。
- 声音素材：声音素材是指所有被导入并应用到 Flash 动画中，为动画提供音效和背景音乐的音频文件。Flash CS3 支持的音频格式主要有.wav、.mp3、.aif、.au、.asf 和.wmv 等格式。
- 视频素材：视频素材是指被导入并应用到动画中的各类视频文件，利用视频素材可以为 Flash 动画提供 Flash CS3 无法制作的视频播放效果，以增加其表现内容和动画的丰富程度。Flash CS3 支持的视频格式主要有.mov、.avi、.mpg、.mpeg、.dv、.dvi 和.flv 等格式。

若计算机中安装了 QuickTime 4 及以上版本，Flash CS3 还可以支持.pntg、.pct、.pci、.qtif、

.sgi、.tga 和.tif 格式的图片素材。

提示 在 Flash CS3 中，可导入分层的 PSD 文件，并可决定需导入的图层和方式，同时保留图层中的样式、蒙版和智能滤镜等内容的可编辑性。对于导入的 AI 文件，则可保留其所有特性，包括精确的颜色、形状、路径和样式等。

操作二　导入并应用素材

（1）新建大小为 500×400 像素，背景颜色为白色，帧频为 30fps 的 Flash 文档。

（2）选择【文件】→【导入】→【导入到库】菜单命令，将“蓝天.jpg”、“草地.png”、“树.png”、“希望之花.png”、“学校.png”、“学校 2.png”图片素材导入到库中。

（3）此时在“库”面板中将看到导入的全部素材，如图 4-3 所示。

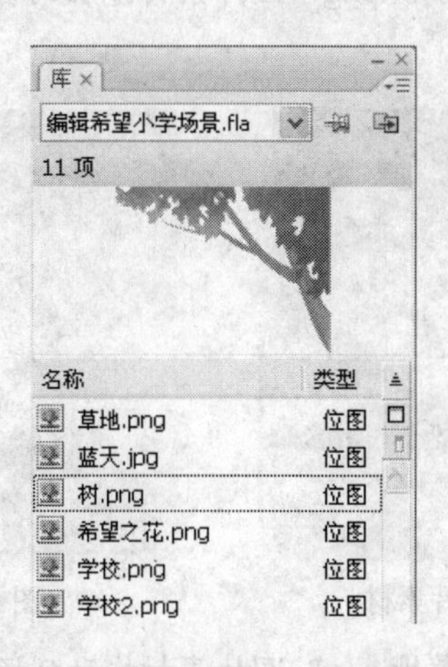

图 4-3　“库”面板中的素材

提示 在 Flash 中，“导入到舞台”命令和“导入到库”命令的区别在于选择“导入到舞台”命令，导入的素材会直接放置到当前舞台中（某些素材会同时导入到库中）；而选择“导入到库”命令，则只将素材导入到库中，使用时，在“库”面板中调用。

操作三　编辑场景位图

（1）将图层 1 重命名为“autumn”，在“库”面板中将“蓝天.jpg”图片素材拖动到场景中，调整大小使其刚好覆盖整个场景，如图 4-4 所示。

（2）在“库”面板中选择要调用的元件或素材，按住鼠标左键将选择的元件或素材向舞台中拖动，将其拖动到舞台的适当位置后，释放鼠标即可。

（3）将“库”面板中将“树.png”图片素材拖动到场景中，调整大小并放置到图 4-5 所示的位置。

图 4-4　调整蓝天图片素材

图 4-5　调整树图片素材

（4）在“库”面板中将“学校 2.png”图片素材拖动到场景中，调整大小并放置到图 4-6 所示的位置。

（5）在“库”面板中将“学校.png”图片素材拖动到场景中，调整大小并放置到图 4-7 所示的位置。

图 4-6　放置学校 2 图片素材

图 4-7　放置学校图片素材

（6）在“库”面板中将“草地.png”图片素材拖动到场景中，调整大小并放置到图 4-8 所示的位置。

（7）在“库”面板中将“希望之花.png”图片素材拖动到场景中，调整大小并放置到图 4-9 所示的位置。

图 4-8　放置草地图片素材

图 4-9　放置希望之花图片素材

（8）按“Ctrl+S”组合键将该文档保存为“编辑希望小学场景.fla”。

◆ 学习与探究

本模块任务介绍了图片素材的应用，视频和声音素材的导入方法与图片素材的应用方法相同，下面主要对导入声音和视频素材的一些设置进行重点讲述。

1. 应用声音素材

在 Flash CS3 中对声音素材的应用方法主要有以下两种。

- 通过“库”面板应用：将声音素材导入后，在时间轴中选择需要添加声音的关键帧，然后在“库”面板中选择声音素材，按住鼠标左键将其拖动到场景中，即可将声音素材应用到该关键帧中。
- 通过“属性”面板应用：将声音素材导入后，在“时间轴”面板中选择需要添加声音的关键帧，在“属性”面板中的“声音”下拉列表框中选择要添加的声音素材，如图 4-10 所示，即可将声音素材应用到选择的关键帧中。

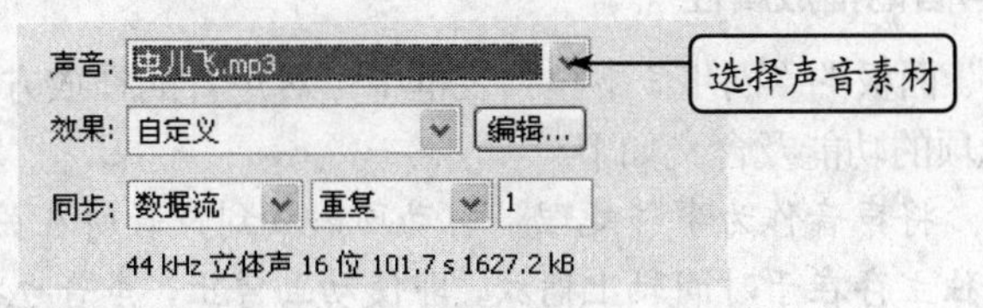

图 4-10　通过“属性”面板调用声音

2. 编辑声音素材

在 Flash CS3 中对声音素材的编辑主要包括音量大小、声音起始位置和声音长度及声道切换效果等方面，具体操作如下：

（1）将声音素材应用到场景后，选中声音素材所在的关键帧，然后在“属性”面板中单击“编辑”按钮，打开“编辑封套”对话框。

（2）在“编辑封套”对话框中显示了声音的波形，其中位于上方和下方的波形分别代表声音的左、右声道，在两个声道波形之间的标尺表示声音的长度，如图 4-11 所示。

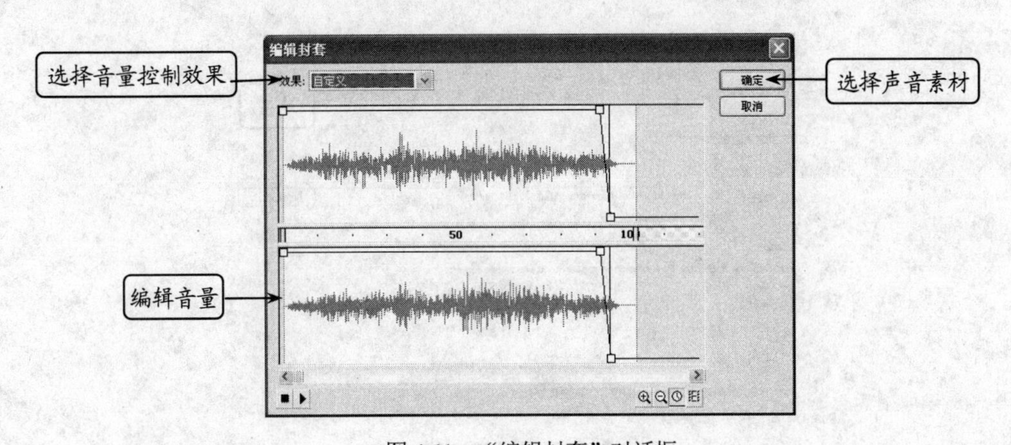

图 4-11　“编辑封套”对话框

提示 如果对话框中的☷按钮为选中状态，则表示声音长度的刻度单位是帧；如果◷按钮为选中状态，则表示声音长度的刻度单位是秒。另外，单击⊕和⊖按钮可以放大和缩小显示的刻度，便于用户对声音进行查看和编辑。

（3）拖动标尺中的滑块可以设定声音的起始位置，拖动音量控制线的位置，可以调整左、右声道中声音的音量大小（音量控制线的位置越低，该声道的音量越小），在音量控制线上单击鼠标左键，增加控制句柄，通过调节句柄位置，可对音量的起伏进行更细致的调节。

（4）若只需对音量大小进行淡入或淡出等编辑，可在对话框的"效果"下拉列表框中选择一种音量控制效果，如果选择了特定的音量控制效果，则会将用户自定义的音量控制设置覆盖。

（5）对声音进行适当编辑后，单击对话框中的▶按钮预览编辑效果。若编辑无误，单击"确定"按钮确认对声音的编辑，并关闭"编辑封套"对话框。

3．设置声音的播放属性

在"属性"面板的"同步"下拉列表框中可对声音的播放方式进行设置。"同步"下拉列表框中各选项的功能及含义如下。

- 事件：将声音作为事件处理。当动画播放到声音所在关键帧时，将声音作为事件音频独立存在于时间轴上播放，即使动画停止，声音也将继续播放直至播放完毕。
- 开始：当播放到声音所在的关键帧时，开始播放该声音。
- 停止：停止播放指定的声音。
- 数据流：Flash 自动调整动画和音频，使其同步播放，在输出动画时，数据流式音频将混合在动画中一起输出。

4．导入视频素材

在 Flash CS3 中导入视频素材的操作步骤如下：

（1）选择【文件】→【导入】→【导入视频】菜单命令，打开"导入视频"对话框的"选择视频"页面，如图 4-12 所示，选中"在您的计算机上"单选按钮后单击"浏览"按钮。

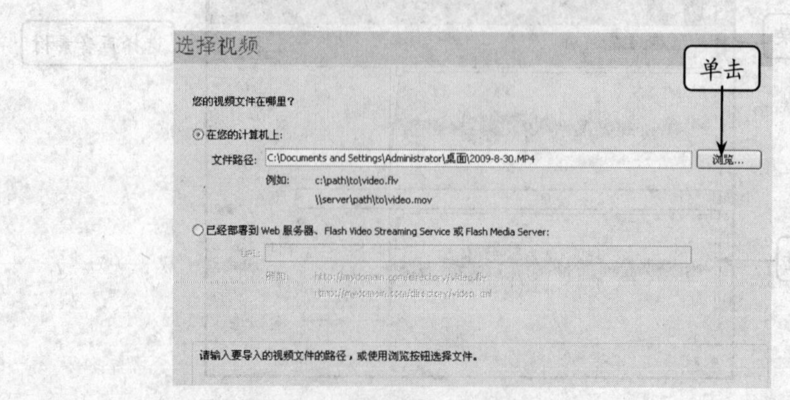

图 4-12 "选择视频"页面

（2）在"打开"对话框中选择视频素材所在的路径，选中要导入的视频文件，单击"打开”按钮，返回“选择视频”页面。

（3）此时该页面中列出了视频文件的路径和名称，单击“下一个”按钮进入“部署”页面，如图 4-13 所示。在该页面中选择相应单选按钮后单击“下一个”按钮。

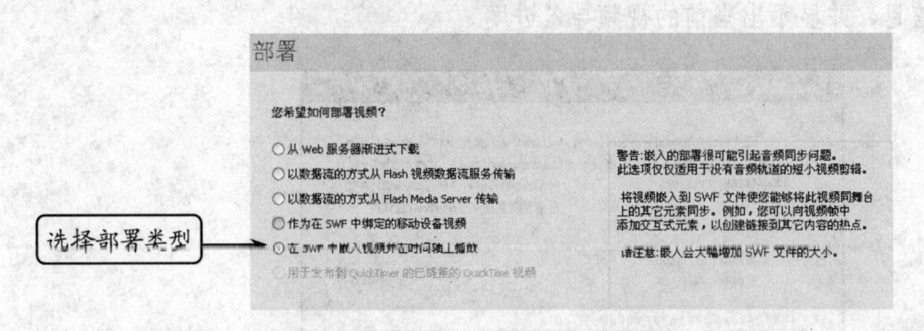

图 4-13　“部署”页面

（4）打开图 4-14 所示的页面，在“符号类型”下拉列表框中选择相应的选项，主要包括“嵌入的视频”、“影片剪辑”和“图形”3 个选项。选择“嵌入的视频”选项，Flash CS3 会将视频素材作为视频处理，如果选择“影片剪辑”和“图形”选项，则将视频素材作为元件处理。在“音频轨道”下拉列表框中选择“集成”选项，然后选中“嵌入整个视频”单选按钮。

提示　若不需对视频文件进行编辑，只需在“嵌入”页面中选中“嵌入整个视频”单选按钮即可，此时将跳过“拆分视频”页面中的操作，直接进入“编码”页面中。

（5）单击“下一个”按钮进入图 4-15 所示的“编码”页面，使用鼠标拖动▽滑块对视频进行预览。

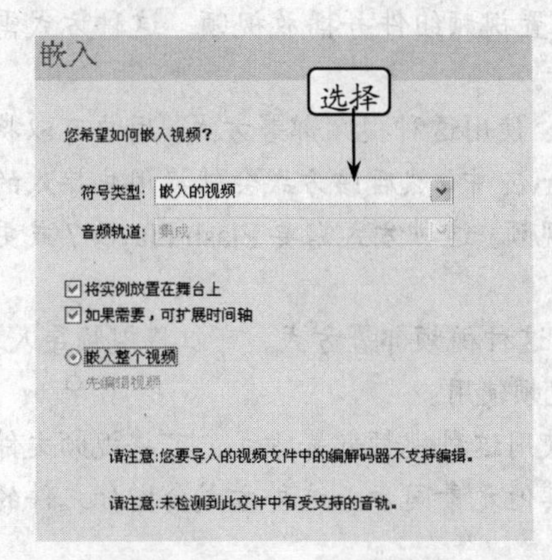

图 4-14　“嵌入”页面

图 4-15　“编码”页面

提示　若要将视频素材同时导入到舞台和库中，可在“嵌入”页面中选中“将实例放置在舞台上”复选框。若只将视频素材导入到库中，只需取消选中该复选框即可。

（6）若对 Flash CS3 提供的视频编码配置文件不满意，可通过“视频”、“音频”和“裁切与调整大小”选项卡对视频的编码器、品质、音频格式和数据速率及视频大小进行设置，单击“下一个”按钮。

（7）在“完成视频导入”页面中，单击“完成”按钮，将打开图 4-16 所示的“Flash 视频编码进度”对话框，在该对话框中列出了视频文件的路径、编解码器、音频数据速率及预计处理时间等信息，并显示出当前的视频导入进度。

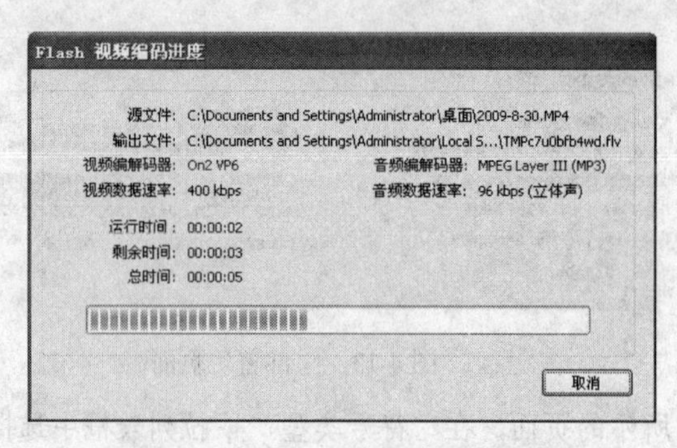

图 4-16　“Flash 视频编码进度”对话框

（8）当进度条完成后，视频素材就被导入到 Flash 中。

在“部署”页面中各视频部署方式的具体功能及含义如下：

- 从 Web 服务器渐进式下载：使用这种视频部署方式，用户可以先把视频文件上传到相应的 Web 服务器上，然后通过渐进式的视频传递方式，在 Flash 中使用 HTTP 视频流播放该视频。这种方式需要 Flash Player 7 或更高的播放器版本的支持。
- 以数据流的方式从 Flash 视频数据流服务传输：使用这种视频部署方式，用户需要拥有支持 Flash Communication Server 服务的服务商提供账户，并将视频上传到该账户中，然后才能使用这种方式配置视频组件并播放视频。这种方式需要 Flash Player 7 及以上播放器版本的支持。
- 以数据流的方式从 Flash Media Server 传输：使用这种视频部署方式，用户可以将视频上传到托管的 Flash Communication Server 中，然后该方式会转换用户导入的视频文件，并配置相应的视频组件以播放视频。这种方式需要 Flash Player 7 或更高的播放器版本的支持。
- 作为在 SWF 中绑定的移动设备视频：使用这种视频部署方式，可以将视频导入，并将其作为与 SWF 绑定的移动设备中的视频使用。
- 在 SWF 中嵌入视频并在时间轴上播放：使用这种视频部署方式，可将视频文件嵌入到 Flash 动画中，并使视频与动画的其他元素同步。这种方式会增加文件的大小，通常只应用于短小的视频文件。
- 用于发布到 QuickTime 的已链接的 QuickTime 视频：这种视频部署方式需要在计算机中安装 QuickTime 才能应用，这种方式可以将发布到 QuickTimer 的 QuickTime 视频文件链接到 Flash 动画中。

5. 编辑视频素材

在 Flash CS3 中对视频素材的编辑，主要包括调整视频基本属性及调整视频播放长度两种方式。

- 调整视频基本属性：在 Flash CS3 中利用选择工具和任意变形工具可对视频在舞台中的位置、大小、倾斜及旋转等属性进行调整，调整方法与利用任意变形工具调整图片素材的方法类似。
- 调整视频播放长度：如果在动画中只需播放视频的前半部分，可在时间轴中选中超过所需视频长度的所有帧，然后将其删除即可。使用这种方法，无论删除视频所对应帧中的哪一部分，其结果都是去掉视频中多于帧长度的部分。

任务二　制作家庭影院

◆ 任务目标

本例将利用库中的图片素材和新建的元件制作“家庭影院”动画，通过本例掌握库的灵活使用及制作各种元件的方法与技巧，完成后的最终效果如图 4-17 所示。

图 4-17　家庭影院

素材位置：模块四\素材\家庭影院.jpg、IceClimbing.avi
效果图位置：模块四\源文件\家庭影院.fla、家庭影院.swf

本任务的具体目标要求如下：

（1）掌握创建按钮元件的方法与技巧。

（2）掌握创建影片剪辑元件的方法与技巧。

◆ 操作思路

本例制作过程如图 4-18 所示，涉及的知识点有影片剪辑元件的创建、按钮元件的创建及库的应用等。具体思路及要求如下：

（1）导入图片及视频素材。

（2）制作按钮元件和影片剪辑元件。

（3）在场景中适当位置放置图片、视频素材和按钮元件及影片剪辑元件，并对元件进行相应设置后添加播放语句。

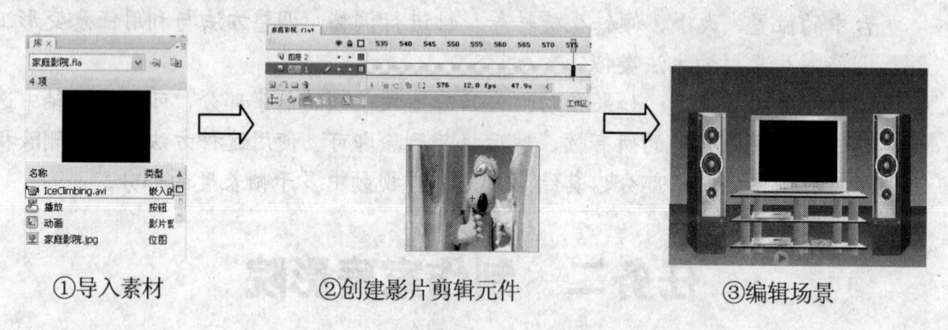

图 4-18　制作家庭影院的操作思路

操作一　导入素材并制作元件

（1）新建大小为 550×400 像素、背景颜色为白色、帧频为 12fps、名为"家庭影院.fla"的 Flash 文档。

（2）选择【文件】→【导入】→【导入到库】菜单命令，分别将"家庭影院.jpg"、"动画短片.avi"素材导入到库中。

（3）选择【插入】→【新建元件】菜单命令，在打开的对话框中进行图 4-19 所示的设置，单击"确定"按钮。

（4）在"播放"按钮场景的"弹起"帧中单击工具箱中的按钮选择椭圆工具，在场景中央绘制一个填充色为浅灰色的正圆。

（5）选择多角星形工具，利用相同的方法在正圆中央绘制填充色为蓝色的三角形，得到图 4-20 所示的效果。

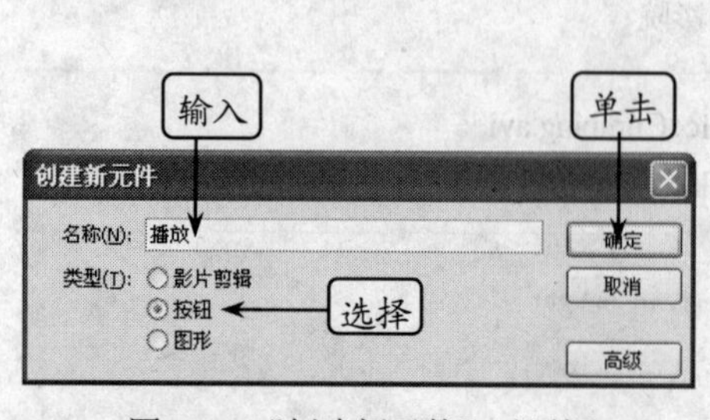

图 4-19　"创建新元件"对话框

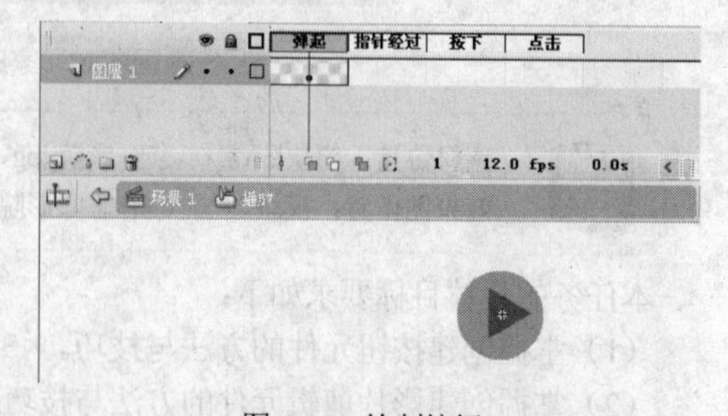

图 4-20　绘制按钮

（6）在"点击"帧处单击鼠标右键，在弹出的快捷菜单中选择"插入帧"命令。

（7）选择【插入】→【新建元件】菜单命令，在打开的"创建新元件"对话框的"名称"文本框中输入"动画"文本，在"类型"选项组中选中"影片剪辑"单选按钮，单击"确定"按钮。

（8）将"库"面板中的"IceClimbing.avi"拖动到"动画"影片剪辑场景中央，此时系统将弹出图 4-21 所示的提示对话框，单击“是”按钮。

（9）在该场景中新建图层 2，并在第 1 帧处按“F9”键，在打开的“动作-帧”面板中输入图 4-22 所示的脚本语句。

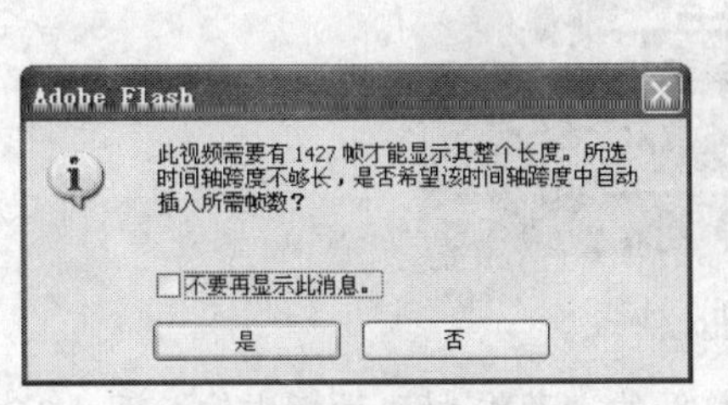

图 4-21　系统提示对话框

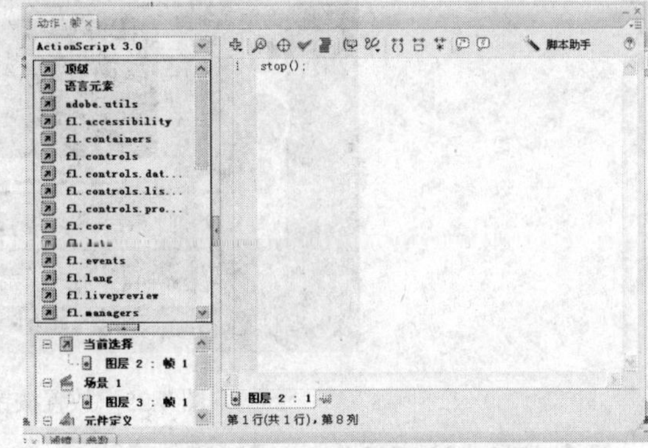

图 4-22　输入语句

（10）在该图层第 2 帧处插入普通帧，创建即可完毕。

操作二　编辑场景

（1）单击“场景 1”按钮，返回主场景，将图层 1 重命名为“背景”图层。

（2）将“库”面板中的“家庭影院.jpg”拖动到场景中央，调整其大小使其覆盖整个场景，得到图 4-23 所示的效果。

（3）新建“动画”图层，将“库”面板中的“动画”影片剪辑拖到场景中，调整其大小和位置，得到图 4-24 所示的效果。

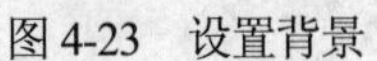

图 4-23　设置背景

图 4-24　放置影片剪辑元件

（4）新建“播放”图层，将“库”面板中的“播放”按钮拖到场景中最下方的位置，得到图 4-25 所示的效果。

图 4-25　放置按钮元件

（5）然后在该图层第 1 帧处按“F9”键，在打开的“动作-帧”面板中输入图 4-26 所示的脚本语句。

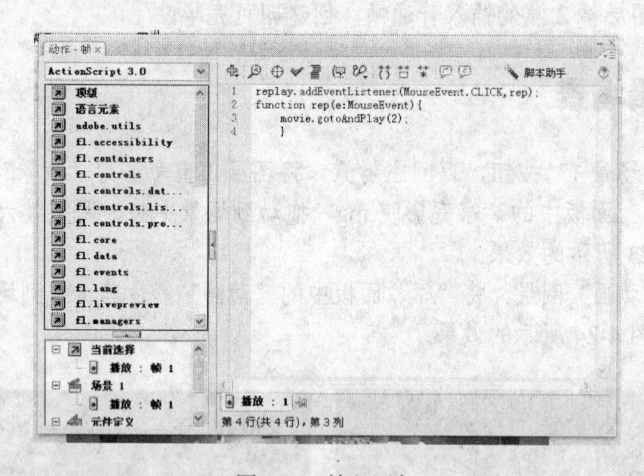

图 4-26　输入语句

（6）按“Ctrl+S”组合键保存该动画，至此完成动画的创建，其时间轴状态如图 4-27 所示，按“Ctrl+Enter”组合键后单击“播放”按钮即可预览创建的动画效果。

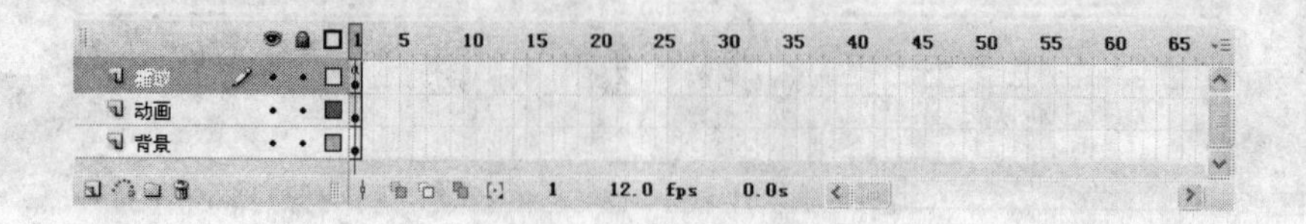

图 4-27　时间轴状态

◆ 学习与探究

本例主要介绍了按钮元件、影片剪辑的应用，下面还将对元件的类型、元件的混合模

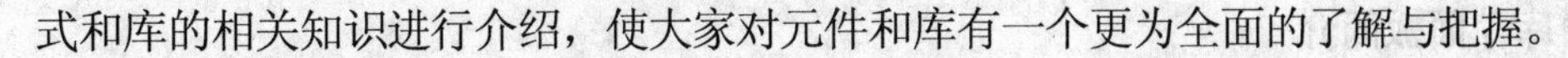

式和库的相关知识进行介绍，使大家对元件和库有一个更为全面的了解与把握。

1. Flash CS3 的元件类型

在 Flash CS3 中，元件主要有图形元件、影片剪辑元件和按钮元件 3 种类型。

- 图形元件：图形元件主要用于创建动画中可反复使用的图形，图形元件中的内容可以是静止的图片，也可以是由多个帧组成的动画。
- 影片剪辑元件：影片剪辑元件通常用于创建动画片段，影片剪辑调用到主动画中时，影片剪辑中的动画片段可独立于主动画进行播放。在 Flash CS3 中可对影片剪辑元件添加 ActionScript 脚本，使其呈现出更丰富的效果。
- 按钮元件：按钮元件主要用于创建动画中的各类按钮，用于响应鼠标的滑过、单击等操作。通过为按钮元件添加 ActionScript 脚本，可以使其具备特定的交互效果。

2. 元件的混合模式

在 Flash CS3 中通过为元件使用混合模式，可改变两个或两个以上重叠元件的透明度和相互之间的颜色关系，从而获得特殊的画面效果。在 Flash CS3 中为元件添加混合模式的操作步骤如下：

（1）在舞台中将要添加混合模式的影片剪辑放置到要叠加的图形上方或下方。

（2）选择影片剪辑，在“属性”面板的“混合”下拉列表框中选择一种混合模式即可。

提示　混合模式只能应用于影片剪辑和按钮元件，对于图形元件、文字、矢量图形和图片则不能应用该模式。另外，若要取消添加的混合模式，只需在“混合”下拉列表框中选择“一般”选项即可。

Flash CS3 中提供了 14 种混合模式，各模式的具体功能和含义如下。

- 一般：正常模式，即没有应用混合模式的效果。
- 变暗：用于替换元件中比混合颜色亮的颜色区域，比混合颜色暗的区域不变。
- 图层：用于层叠各元件，且不影响元件的颜色。
- 色彩增值：用于将叠加对象的颜色混合，从而产生较暗的颜色。
- 变亮：用于替换比混合颜色暗的像素，比混合颜色亮的像素颜色不变。
- 叠加：用于对色彩进行增值或滤色，具体情况取决于对象的基准颜色。
- 荧幕：用于将混合颜色的反色与基准颜色混色，从而产生漂白颜色的效果。
- 强光：用于对色彩进行增值或滤色，类似于用点光源照射对象的效果，具体情况取决于对象的混合颜色。
- 增加：用于将叠加对象中相同的颜色相加，从而产生同一颜色加深的效果。
- 减去：用于将叠加对象中相同的颜色相减，从而产生除去该颜色后的效果。
- 差异暗：用于从对象的基准颜色中减去混合的颜色，或从混合的颜色减去基准颜色，该效果类似于彩色底片，具体情况取决于对象中亮度值较大的颜色。
- 反转：用于获得对象基准颜色的反色。
- Alpha：用于为对象应用透明效果。
- 擦除：用于删除对象中所有基准颜色像素，包括背景图像中的基准颜色像素。

3．“库”面板简介

库主要用于存放和管理创建的元件，以及导入到动画中的各类素材。当用户需要使用某个元件或素材时，可通过“库”面板从库中调用该元件或素材，此外，通过“库”面板，还可对库的元件或素材的属性进行更改，并利用文件夹对其进行更加规范有效的管理。

在 Flash CS3 中，“库”面板位于默认工作界面的右下角（如果没有打开“库”面板，可选择【窗口】→【库】菜单命令或按“Ctrl+L”组合键打开“库”面板）。

在“库”面板中的各按钮功能及含义如下。

- ：用于固定当前选定的库。
- ：用于新建一个“库”面板。
- ：用于改变“库”面板中元件和素材的排列顺序。
- ：用于展开“库”面板，以便显示元件和素材的名称、类型、使用次数和最后一次改动的时间等详细信息。
- ：用于将展开的“库”面板恢复到原大小。
- ：用于打开“创建新元件”对话框，创建新的元件。
- ：用于在“库”面板中新建文件夹，对元件和素材进行分类和管理。
- ：用于查看选中元件或素材的属性。
- ：用于删除选中的元件、素材或文件夹。

4．更改元件属性

在“库”面板中更改元件属性的具体操作如下：

（1）在“库”面板中选中要修改属性的元件，然后单击按钮。打开“元件属性”对话框。

（2）在“名称”文本框中输入元件的新名称，在“类型”选项组中选中要更改的类型单选项。

（3）在“元件属性”对话框中单击“高级”按钮，将打开“链接”和“源”选项组（如图 4-28 所示），在其中可为元件添加链接等高级属性，以便 Action 脚本调用该元件。

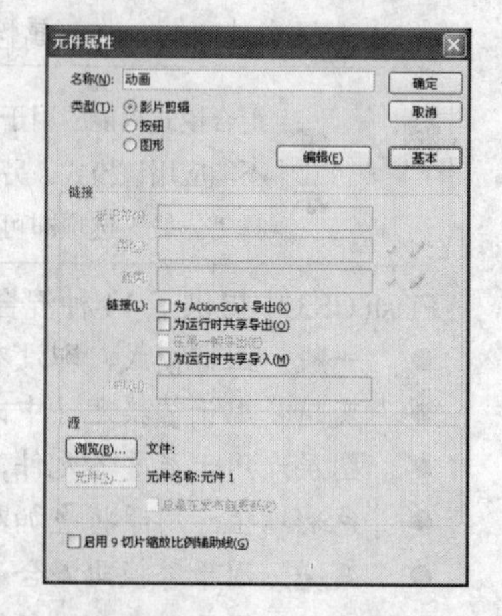

图 4-28　更改元件属性

（4）在“元件属性”对话框中单击“编辑”按钮，可直接进入元件的编辑界面对其进行编辑。单击“确定”按钮即可完成对元件属性的修改。

5．利用文件夹管理元件和素材

若库中的元件和素材较多，可以在“库”面板中新建文件夹，并将相同类型的元件和素材放置到同一个文件夹中，以便更好地进行管理，其操作步骤如下：

（1）单击“库”面板中的按钮，新建一个文件夹，并将其重新命名。

（2）选择要放置到文件夹中的元件或素材，按住鼠标左键将该元件拖动到文件夹中。

（3）利用相同的方法，将其他需要放置的元件和素材拖动到该文件夹中。在放置元件和素材后，双击文件夹，即可看到文件夹中放置的项目。

（4）通过新建不同名称的文件夹，并将不同类型和用途的元件和素材放置到相应的文件夹中，即可对这些元件和素材进行分类管理。

（5）对于动画文档中不再需要的元件、素材和文件夹，可在“库”面板中选中要删除的元件、素材或文件夹，然后单击面板中的🗑按钮即可。

6．公用库简介

在 Flash CS3 中，对于一些常用的按钮、学习交互和类等项目，可直接通过 Flash CS3 中的公用库调用，不必自行创建。公用库中的内容都直接嵌入在 Flash CS3 中，即使是新建的空白动画文档，也包含了这些公用库项目，因此在动画制作过程中，如无特殊要求，可尽量使用公用库中的相关项目，避免重复制作，以提高动画制作的效率。Flash CS3 中的公用库主要有学习交互、按钮和类 3 种，通过选择【窗口】→【公用库】子菜单下的相应命令，即可打开相应的公用库，如图 4-29~图 4-31 所示。

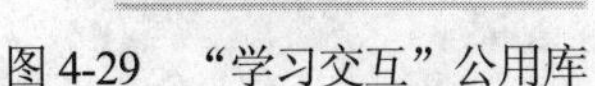
图 4-29　“学习交互”公用库

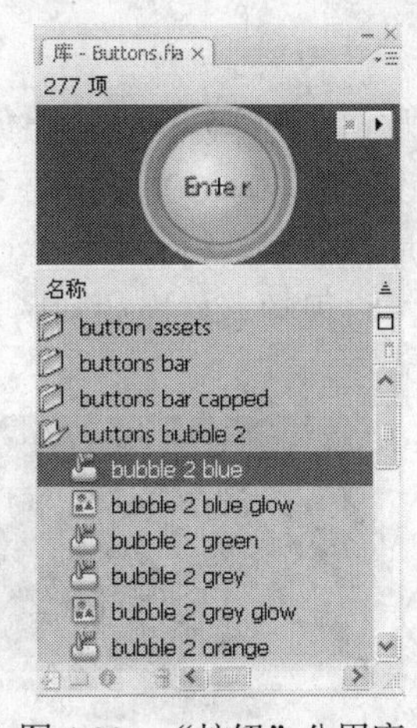

图 4-30　“按钮”公用库

图 4-31　“类”公用库

在公用库中调用项目的方法与在“库”面板中调用素材和元件的方法类似。只需将其拖动到场景中，然后对其进行适当的调整即可。但在公用库中不能执行新建项目、新建文件夹和更改属性及删除操作。

实训一　制作“液晶显示器”动画

◆ 实训目标

本实训要求利用前面所学的相关知识，制作图 4-32 所示的动画，通过本实训熟练掌握图片素材、视频素材的导入及使用方法。

素材位置：模块四\素材\显示器.png

效果图位置：模块四\源文件\液晶显示器.fla、液晶显示器.swf

图 4-32 液晶显示器

◆ 实训分析

本实训的制作思路如图 4-33 所示，具体分析及思路如下：

（1）新建文档，将场景大小设置为 400×300 像素，背景设置为白色，帧频为 12fps。

（2）在“库”面板中导入图片和视频素材。

（3）调用图片素材到场景中，将视频素材拖动到场景中调整其大小即可。

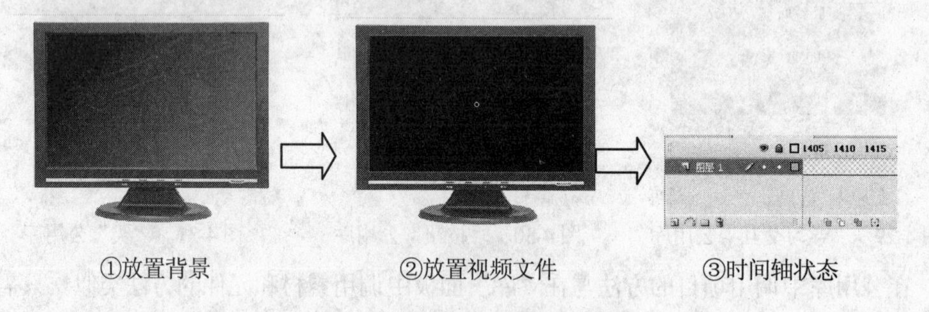

①放置背景 ②放置视频文件 ③时间轴状态

图 4-33 制作液晶显示器的操作思路

实训二 制作“公园一角”动画

◆ 实训目标

本实训要求利用本模块所学知识制作图 4-34 所示的“公园一角”动画。通过本实训进一步熟悉 Flash CS3 制作及运用元件的方法与技巧。

素材位置：模块四\素材\公园.png

效果图位置：模块四\源文件\公园一角.fla、公园一角.swf

图 4-34　公园一角

◆ 实训分析

本实训的制作思路如图 4-35 所示，具体分析及思路如下：

（1）新建文档，将场景大小设置为 400×225 像素，背景设置为白色，帧频为 12fps。

（2）导入素材到库，新建"风标"影片剪辑元件并制作风标旋转动作补间动画。

（3）将背景图片和"风标"影片剪辑元件放置到场景中的适当位置。

图 4-35　制作公园一角的操作思路

实践与提高

根据本模块所学内容，动手完成以下实践内容。

练习 1　制作静寂的夜空动画

本练习将利用图片素材和音乐素材，制作静寂的夜空动画。制作时先导入图片和音乐素材，然后在场景中放置好图片素材，并对音乐素材进行适当编辑即可。通过本练习进一步巩固并掌握素材的几种类型的应用和库的灵活调用方法，完成后的最终效果如图 4-36 所示。

素材位置：模块四\素材\钢琴曲.mp3、月下.jpg

效果图位置：模块四\源文件\静寂的夜空.fla、静寂的夜空.swf

图 4-36　静寂的夜空

练习 2　制作带音效的按钮元件

本练习将运用导入的声音素材，为“PLAY”按钮元件添加音效，制作带音效的按钮元件。本练习主要练习声音素材的导入和应用，以及为按钮元件添加音效的基本方法，完成后的最终效果如图 4-37 所示。

素材位置：模块四\素材\ Button19.wav、Button25.wav

效果图位置：模块四\源文件\带音效的按钮元件.fla、带音效的按钮元件.swf

图 4-37　带音效的按钮元件

练习 3　收集和整理素材技巧

对于 Flash 动画制作爱好者来说，养成良好的素材收集整理习惯，可以有效提高动画制作的效率：

- 在计算机中建立专门的素材库，将下载的图片、音乐和视频素材分门别类整理好。
- 在不影响动画效果的前提下，最好使用经过压缩的视频文件。
- 在动画制作过程中，如无特殊要求，可尽量使用公用库中的相关项目，避免重复制作，以提高动画制作的效率。

模块五

制作基本动画

在 Flash CS3 中，主要包括逐帧动画、动作补间动画和形状补间动画 3 种基本动画类型。熟练掌握这 3 种基本动画的应用，是制作 Flash 动画的基本前提。本模块主要介绍 Flash 动画的制作方法和技巧，使读者了解并熟练掌握制作动画的基本方法和相关操作，并能够独立制作出简单的 Flash 动画作品。

学习目标

- 了解 Flash CS3 基本动画的类型与区别。
- 熟练掌握使用 Flash CS3 制作逐帧动画的方法。
- 熟练掌握使用 Flash CS3 制作动作补间动画的方法。
- 熟练掌握使用 Flash CS3 制作形状补间动画的方法。

任务一　制作逐帧动画

◆ 任务目标

本任务的目标是运用绘制的图形制作图 5-1 所示的逐帧动画。通过练习巩固前面模块所学的绘制与填充图形的知识点，并掌握使用 Flash CS3 制作逐帧动画的方法与技巧。

图 5-1　小小粉刷匠逐帧动画

效果图位置：模块五\源文件\小小粉刷匠.fla、小小粉刷匠.swf

本任务的具体目标要求如下：

（1）巩固利用钢笔工具和铅笔工具等绘图工具绘制矢量图的一般方法。

（2）巩固利用颜料桶工具填充矢量图的一般方法。

（3）掌握使用自绘图形创建逐帧动画的一般方法。

◆ 操作思路

本例的操作思路如图 5-2 所示，涉及的知识点有钢笔工具、铅笔工具、填充工具和逐帧动画的制作等。具体思路及要求如下：

（1）使用钢笔工具和铅笔工具等绘图工具绘制小小粉刷匠的轮廓。

（2）使用绘图工具绘制粉刷匠的细节后为其填充适当颜色，再将轮廓线删除。

（3）将第 1 帧复制到其他帧，修改其他帧中相关关节的动作，制作出粉刷匠挥手并举着刷子左右摇摆的逐帧动画。

①绘制粉刷匠轮廓　　②给粉刷匠上色　　③制作逐帧动画

图 5-2　制作小小粉刷匠的操作思路

操作一　绘制图形

（1）新建一个 Flash 文档，将文档大小设置为 300 × 400 像素，文档颜色设置为白色，帧频设置为 8fps，将其保存为“小小粉刷匠.fla”。

（2）在工具箱中单击按钮选择铅笔工具或单击按钮选择钢笔工具，在“属性”面板中将“笔触颜色”设置为黑色，“笔触高度”设置为 0.1，“笔触样式”设置为实线。

（3）将鼠标移动到场景中，在场景中绘制图 5-3 所示的轮廓图形。

（4）由于粉刷匠头发、衣服的皱褶等颜色都不相同，为了达到逼真的效果，可使用铅笔工具绘制出细节的线条，得到图 5-4 所示的细节效果图。

（5）使用相同的方法绘制出油漆滴落到粉刷匠身上的线条，效果如图 5-5 所示。

（6）在工具箱中单击按钮选择颜料桶工具，在“属性”面板中将“笔触颜色”设置为无，“填充颜色”设置为黑色，为粉刷匠的眼睛填充黑色。

图 5-3　绘制粉刷匠轮廓

图 5-4　绘制粉刷匠细部线条

（7）使用相同的方法填充粉刷匠嘴巴的颜色，效果如图 5-6 所示。

图 5-5　绘制油漆线条

图 5-6　填充眼睛和嘴巴颜色

（8）使用相同的方法填充粉刷匠头发的颜色，效果如图 5-7 所示。

（9）使用相同的方法填充粉刷匠背带裤的颜色，效果如图 5-8 所示。

图 5-7　填充头发的颜色

图 5-8　填充背带裤的颜色

（10）使用相同的方法填充粉刷匠脸部、耳朵、手部、小腿和刷子的颜色，效果如图 5-9 所示。

（11）使用相同的方法填充粉刷匠衣服和头饰的颜色，效果如图 5-10 所示。

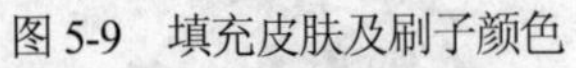

图 5-9　填充皮肤及刷子颜色

图 5-10　填充衣服和头饰颜色

（12）使用相同的方法填充粉刷匠围巾、油漆桶和油漆等粉色的颜色，效果如图 5-11 所示。

（13）在工具箱中单击按钮选择选择工具，将图形中的线条删除，效果如图 5-12 所示。

图 5-11　填充围巾、油漆及油漆桶颜色

图 5-12　删除线条轮廓线

（14）用鼠标单击场景，在“属性”面板中将场景的背景色设置为绿色，得到图 5-1 所示的左侧的图形效果。

（15）按“Ctrl+S”组合键保存所绘制的图形。

操作二　制作逐帧动画

（1）用鼠标右键单击图层 1 第 2 帧，在弹出的快捷菜单中选择“插入空白关键帧”命令。

（2）在第 1 帧使用选择工具选中绘制的图形，然后单击鼠标右键，在弹出的快捷菜单选择“复制”命令，将鼠标移动到第2帧场景中央，再次单击鼠标右键，在弹出的快捷菜单中选择“粘贴到当前位置”命令。

（3）使用选择工具或者部分选择工具，对粉刷匠的两个手、手中刷子和腿进行细小的更改，得到图5-13所示的效果。

（4）使用相同的方法更改第3帧中粉刷匠的细节，得到图5-14所示的效果。

图5-13　第2帧中的粉刷匠

图5-14　第3帧中的粉刷匠

（5）使用相同的方法更改第4帧中粉刷匠的细节，得到图5-15所示的效果。

（6）使用相同的方法更改第5帧中粉刷匠的细节，得到图5-16所示的效果。

图5-15　第4帧中的粉刷匠

图5-16　第5帧中的粉刷匠

（7）在第6帧到第8帧处分别插入空白关键帧，将第4帧复制到第6帧，将第3帧复制到第7帧，将第2帧复制到第8帧。

（8）将鼠标放到时间轴上拖动，查看动画是否有错，确认无误后保存该动画。按“Ctrl+Enter”组合键即可看到粉刷匠一只手臂摇动，另一只手臂挥舞刷子的逐帧动画效果，其时间轴状态如果5-17所示。

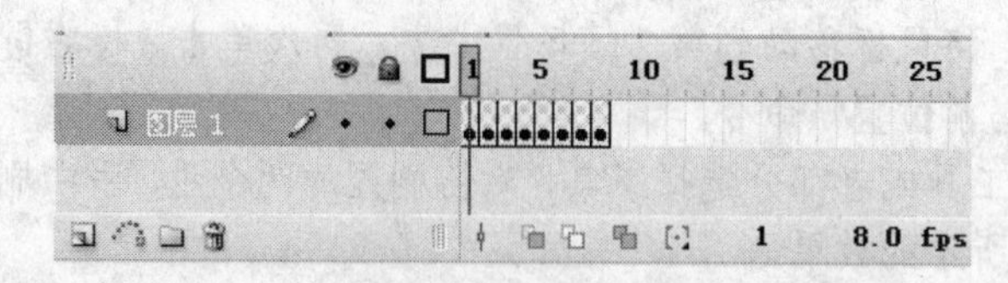

图 5-17 粉刷匠的时间轴状态

◆ 学习与探究

在制作逐帧动画的过程中，通过使用一些相关的制作技巧，可提高逐帧动画的制作品质，并大幅提高制作逐帧动画的工作效率。

1. 绘制草图

若逐帧动画中的动作变化较多，且动作变化弧度较大，把握不好就可能出现动作失真及过渡不流畅等情况，从而影响动画的最终效果。因此在制作这类动画时为了确保动作的流畅和连贯，通常应在正式制作之前，绘制各关键帧动作的草图，在草图中应大致确定各关键帧中图形的大致形状、位置和大小，以及各关键帧之间因为动作变化而需要产生变化的图形部分，在修改并最终确认草图内容后，再参照草图制作逐帧动画。

图 5-18 修改图片

2. 善用修改方式创建动画

若逐帧动画各关键帧中需变化的内容不多，且变化幅度较小，则不需要对每一个关键帧都重新绘制，只需将最基本的关键帧图形复制到其他关键帧中，使用选择工具和部分选取工具选取要修改的部分，然后结合绘图工具对关键帧中的图形进行调整和修改即可。图 5-18 所示就是使用部分选取工具修改图片中细节的操作。

3. 使用“绘图纸外观”功能

在 Flash CS3 中提供了“绘图纸外观”功能，通过使用该功能，可以在编辑动画时同时查看多个帧中的动画内容。在制作逐帧动画时，合理利用该功能可以对各关键帧中图形的大小和位置进行更好的定位，并可参考相邻关键帧中的图形，对当前帧中的图形进行修改和调整。从而在一定程度上提高制作逐帧动画的质量和效率，其操作步骤如下：

（1）在时间轴中选中要使用“绘图纸外观”功能查看的帧。

（2）单击“时间轴”面板下方的按钮，开启“绘图纸外观”功能。

（3）按住鼠标左键拖动时间轴上的游标，调整在舞台中要同时显示的帧范围。

（4）随后即可在舞台中看到选择范围内所有帧中的图形内容。

“时间轴”面板下方中各按钮的功能及含义如下。

- 绘图纸外观：按下该按钮，可将除当前帧外所有在游标范围内的帧以半透明方式显示，效果如图 5-19 所示。
- 绘图纸外观轮廓：按下该按钮，可将除当前帧外所有在游标范围内的帧以轮廓的方式显示，效果如图 5-20 所示。

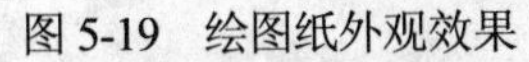

图 5-19　绘图纸外观效果

图 5-20　绘图纸外观轮廓效果

- 编辑多个帧：按下该按钮，可显示处于游标范围内所有帧中的内容，并可对相应关键帧中的内容进行编辑，效果如图 5-21 所示。
- 修改绘图纸标记：单击该按钮将打开相应的快捷菜单，如图 5-22 所示，在快捷菜单中可对“绘图纸外观”是否显示标记、是否锚定绘图纸和对绘图纸外观所显示的帧范围等选项进行设置。

图 5-21　编辑多个帧效果

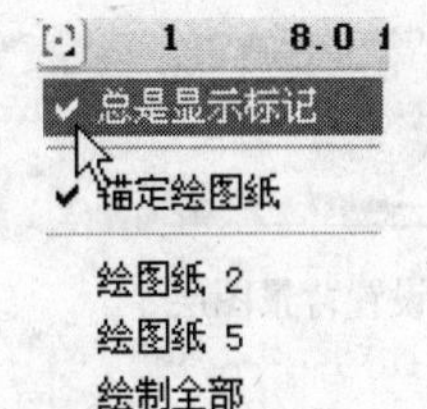

图 5-22　修改绘图纸标记快捷菜单

任务二　制作网页导航条动画

◆ 任务目标

本任务的目标是运用库中的图形元件制作图 5-23 所示的动画补间动画。通过练习掌握使用 Flash CS3 制作动作补间动画的方法与技巧。

素材位置：模块五\素材\背景.jpg、飞机.png、人物.png

效果图位置：模块五\源文件\网页导航条.fla、网页导航条.swf

图 5-23 网页导航条补间动画效果

本任务的具体目标要求如下：

（1）巩固库中图形文件的调用方法。

（2）巩固场景中图层的灵活运用。

（3）掌握创建动作补间动画的一般方法。

◆ 操作思路

本例的操作思路如图 5-24 所示，涉及的知识点有库的调用、图层的灵活使用和动作补间动画的制作等，具体思路及要求如下：

（1）设置场景大小，导入图片素材到库并调整“背景”图层中背景图片的大小。

（2）创建“飞机”和“人物”图层，将库中元件拖动到场景中，设置飞机和人物在不同帧逐渐呈现的动作补间动画。

（3）使用相同的方法创建“文字 1”和“文字 2”图层在不同帧中呈现的动作补间动画。

图 5-24 制作网页导航条的操作思路

操作一　导入素材并设置“背景”图层

（1）新建一个 Flash 文档，将文档大小设置为 960 × 220 像素，背景颜色设置为白色，帧频设置为 35fps，将其保存为“制作网页导航条.fla”。

（2）选择【文件】→【导入】→【导入到库】菜单命令，将“背景.jpg”、“飞机.png”和“人物.png”图片素材导入到库中。

（3）在场景中将图层 1 命名为“背景”图层。将“库”面板中的“背景.jpg”拖动到场景中，调整其大小和位置，使其刚好覆盖场景，效果如图 5-25 所示。

（4）在“背景”图层第 240 帧处单击鼠标右键，在弹出的快捷菜单中选择“插入帧”命令，设置“背景”图层。

图 5-25　调整背景图片

操作二　创建“飞机”、“人物”图层补间动画

（1）新建“飞机”图层，在该图层的第 25 帧处单击鼠标右键，在弹出的快捷菜单中选择“插入空白关键帧”命令。

（2）将“库”面板中的“飞机.png”拖动到“飞机”图层第 25 帧所在场景中，并调整其大小和位置，使其位于背景图片的右侧，效果如图 5-26 所示。

图 5-26　放置第 25 帧中的飞机图片

（3）在该图层的第 25 帧处单击鼠标右键，在弹出的快捷菜单中选择“创建补间动画”命令，再次单击鼠标右键，在弹出的快捷菜单中选择“复制帧”命令。

（4）在该图层的第 171 帧处单击鼠标右键，在弹出的快捷菜单中选择“粘贴帧”命令。将该帧中的飞机图片进行适当缩放，放置到图 5-27 所示的位置。这样飞机由右方向左上方缓慢移动的补间动画就创建成功了。

图 5-27　放置第 171 帧中的飞机图片

（5）新建“人物”图层，在该图层的第 7 帧处插入空白关键帧。将“库”面板中的“人物.png”拖动到“人物”图层第 7 帧所在场景中，对图片进行水平翻转后，调整其大小并放置到图 5-28 所示的位置。

图 5-28　放置第 7 帧中的人物图片

（6）使用与创建飞机补间动画相同的方法，在该图层的第 7 帧到第 25 帧处创建出人物从无到有和从右向左移动的补间动画。在第 7 帧中选中“人物.png”，在“属性”面板的“颜色”下拉列表框中选择“Alpha”，在右侧选择其值为 0%。第 25 帧中人物的位置如图 5-29 所示。

提示　调整透明度时，数值为 100 表示不透明，数值为 0 表示完全透明。

（7）使用相同的方法创建该图层的第 25 帧到第 35 帧处人物从左向右移动的补间动画，以及创建第 35 帧到第 190 帧人物不变、第 190 帧到第 215 帧人物逐渐消失并向右微移的补间动画。

图 5-29　放置 25 帧中的人物图片

操作三　创建“文字 1”、“文字 2”图层补间动画

（1）新建“文字 1”图层，在该图层的第 39 帧处插入空白关键帧。

（2）在工具箱中单击T按钮选择文本工具，在“属性”面板中进行图 5-30 所示的设置，然后在场景中分别输入“400 电话办理”和“服务”文本。

（3）将文本颜色设置为橘黄色，文字大小设置为 30 后，在刚输入的两段文本的中间位置输入“一站式”文本。

（4）调整其对齐位置，选择这 3 段文本，按“Ctrl+G”组合键将文本进行组合，放置到图 5-31 所示的位置。

（5）使用前面讲述的创建补间动画的方法，创建该段文字第 39 帧到第 56 帧从无到有、从右到左呈现的补间动画，以及创建第 56 帧到第 200 帧文本保持不变、第 200 帧到第 220 帧文本逐渐消失并向左微移的补间动画。

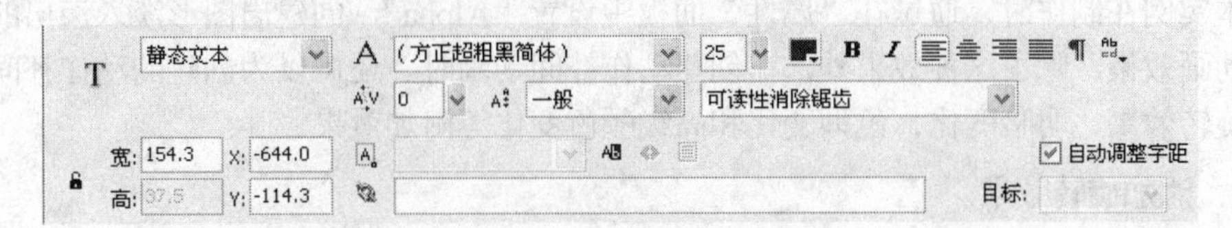

图 5-30　设置文本

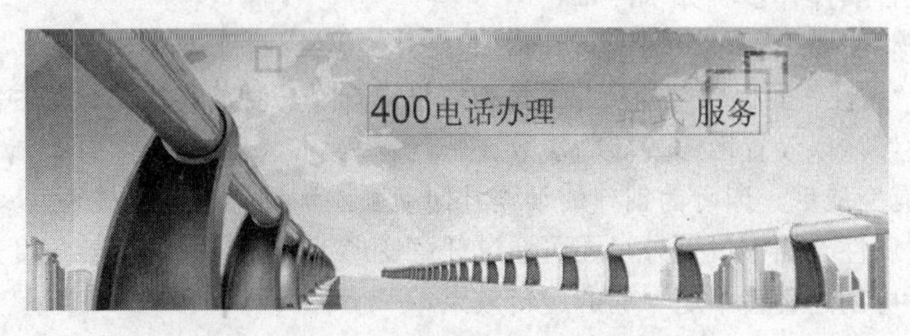

图 5-31　输入的文字 1 效果

（6）新建“文字 2”图层，在该图层的第 56 帧处插入空白关键帧。使用创建“文字 1”图层中文本相同的方法输入“打造企业客服中心”文本，并设置文本的相应格式，效果如图 5-32 所示。

图 5-32　输入的文字 2 效果

（7）使用前面讲述的创建补间动画的方法，创建该段文字第 56 帧到第 80 帧从无到有、从右到左呈现的补间动画，以及创建第 80 帧到第 205 帧文本保持不变、第 205 帧到第 225 帧文本逐渐消失并向左微移的补间动画。

（8）至此完成网页导航条动画的创建，其时间轴状态如图 5-33 所示，按“Ctrl+Enter”组合键即可预览创建的动画效果。

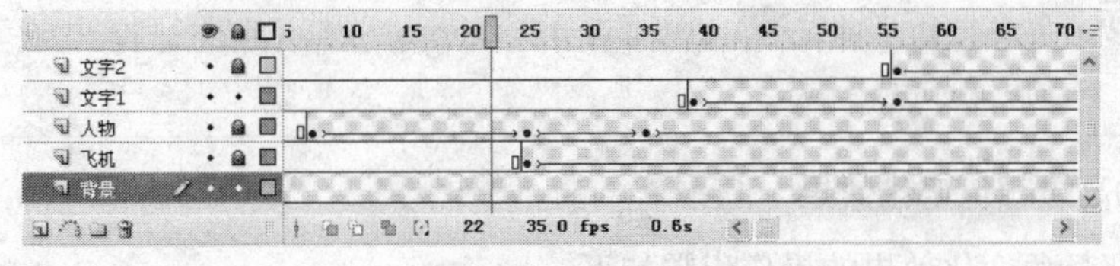

图 5-33　时间轴效果

◆ 学习与探究

本实例在制作时，通过在“属性”面板中设置“Alpha”，创建出图形淡入淡出的动作补间动画效果，除了这种效果外，在创建动作补间动画时，还可以为创建的动作补间动画添加旋转效果、明暗变化、色调变化和高级颜色变化等附加效果。

1．添加旋转效果

在创建动作补间动画后，可通过在“属性”面板中进行设置，为动作补间动画添加规则的旋转效果，其操作步骤如下：

（1）在时间轴中选中动作补间动画的起始关键帧。

（2）在“属性”面板的“旋转”下拉列表框中选择一种旋转方式，在右侧的文本框中输入相应的数字，以设置图形旋转的次数。

（3）设置完成后，即可为创建的动作补间动画添加设置的旋转效果。

除通过“属性”面板设置外，还可通过任意变形工具调整图形旋转角度来实现旋转效果，利用后者可创建旋转不足一周的旋转效果。

2．添加明暗变化效果

为动作补间动画添加明暗变化效果的具体操作如下：

（1）选中动作补间动画起始关键帧或结束关键帧中的图形。

（2）在“属性”面板的“颜色”下拉列表框中选择“亮度”选项，此时在右侧将出现数值框，单击数值框中的按钮，在打开的调节框中拖动滑块，对其中的数值进行调节。设置完成后，即可为动作补间动画添加明暗变化效果。

3．添加色调变化效果

为动作补间动画添加色调变化效果的操作步骤如下：

（1）选中动作补间动画起始关键帧或结束关键帧中的图形。

（2）在“属性”面板的“颜色”下拉列表框中选择“色调”选项，然后在下方出现的“RGB”数值框中分别调整各数值框中的数值，如图 5-34 所示。

（3）调节到所需的色调后，单击按钮右侧数值框中的按钮，在打开的调节框中拖动滑块，对色调亮度进行调整。设置完成后，即可为创建的动作补间动画添加色调变化效果。

提示 “RGB”数值框中的 3 个数值框从左至右，依次用于调整图形的红色、绿色和蓝色色调。在调整数值的同时，在“颜色”下拉列表框右侧的按钮中可预览到调整的色调颜色。除此之外，也可通过单击按钮，在打开的颜色列表中直接选择要应用的色调颜色。

4．添加高级颜色变化效果

添加高级颜色变化效果的操作步骤如下：

（1）选中动作补间动画起始关键帧或结束关键帧中的图形。

（2）在“属性”面板的“颜色”下拉列表框中选择“高级”选项，然后单击右侧出现的“设置”按钮。

（3）在打开的图 5-35 所示的“高级效果”对话框中，单击相应数值框中的按钮，并在打开的调节框中拖动滑块调节数值，对图形的色调和透明度进行调节，然后单击“确定”按钮。

图 5-34　设置色调

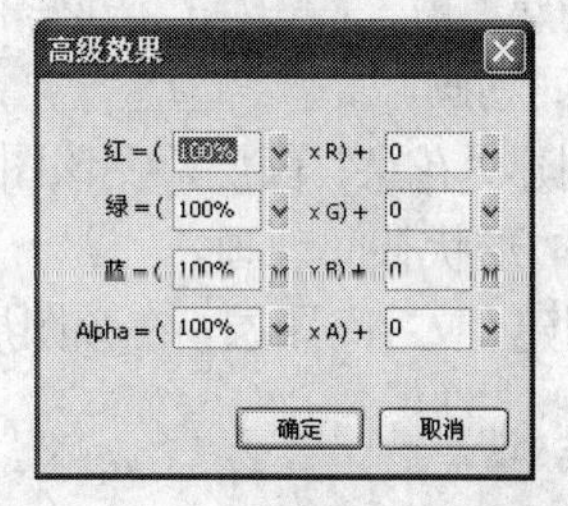

图 5-35　“高级效果”对话框

技巧 通过为动画起始关键帧和结束关键帧中的图形分别设置反差较大的高级颜色变化，可使动作补间动画的高级颜色变化效果更加明显。

任务三　制作“桃花朵朵开”动画

◆ 任务目标

本任务的目标是运用绘制的图形制作图 5-36 所示的形状补间动画。通过练习掌握使用 Flash CS3 制作形状补间动画的方法与技巧。

图 5-36　桃花朵朵开

效果图位置： 模块五\源文件\桃花朵朵开.fla、桃花朵朵开.swf

本任务的具体目标要求如下：

（1）巩固椭圆工具、铅笔工具和文本工具的使用方法。

（2）掌握创建形状补间动画的一般方法和技巧。

◆ 操作思路

本例的操作思路如图 5-37 所示，涉及的知识点有铅笔工具、文本工具和形状补间动画的制作等，具体思路及要求如下：

（1）创建“树干”图层，在该图层使用椭圆工具和铅笔工具绘制椭圆和树干，并创建树干形状补间动画。

（2）创建“花朵”图层，在该图层使用椭圆工具和铅笔工具绘制花骨朵和桃花，并创建桃花花开的形状补间动画。

（3）创建“文字”图层，在该图层使用文本工具输入文字，并创建文字形状补间动画。

①树干形状补间动画　②花开形状补间动画　③制作文字动画

图 5-37　制作桃花朵朵开的操作思路

操作一　制作树干形状补间动画

（1）新建一个 Flash 文档，将文档大小设置为 550×400 像素，背景颜色设置为浅绿色，帧频设置为 12fps，将其保存为“桃花朵朵开.fla”。

（2）将图层 1 命名为“树干”，在工具箱中单击按钮选择椭圆工具，在“属性”面板中将笔触颜色设置为无，将填充颜色设置为棕色。

（3）在场景中靠近下方的位置绘制图 5-38 所示的椭圆。

（4）在该图层的第 30 帧处插入空白关键帧，然后在该帧中绘制图 5-39 所示的树干。

图 5-38　绘制椭圆

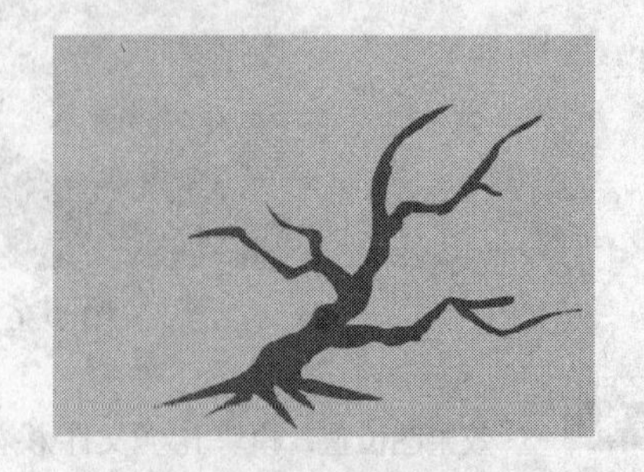

图 5-39　绘制树干

（5）在第 1 帧处单击鼠标右键，在弹出的快捷菜单中选择“创建补间形状”命令。然后在第 120 帧处插入空白关键帧。即可创建出树干由椭圆逐渐变化为树干的形状补间动画。

操作二　制作花朵开放形状补间动画

（1）新建“花朵”图层，在该图层的第 30 帧处插入空白关键帧。然后使用椭圆工具在树干图形上绘制多个无边框的浅粉色椭圆，如图 5-40 所示。

（2）在该图层的第 42 帧处插入空白关键帧，将第 30 帧中绘制的浅粉色椭圆复制到该帧中。

（3）在该图层的第 30 帧处单击鼠标右键，在弹出的快捷菜单中选择“创建补间形状”命令。选中第 30 帧中的浅粉色椭圆，在“属性”面板的填充颜色中将“Alpha”值设置为 0。

（4）在该图层的第 85 帧处插入空白关键帧，分别在第 30 帧中浅粉色椭圆的位置绘制大小不同的挑花，效果如图 5-41 所示。

图 5-40　绘制浅粉色椭圆

图 5-41　绘制桃花

（5）在该图层的第 42 帧处单击鼠标右键，在弹出的快捷菜单中选择“创建补间形状”命令，完成花朵开放的形状补间动画。

操作三　制作文本形状补间动画

（1）新建“文字”图层，在该图层的第 85 帧处插入空白关键帧。然后使用刷子工具在场景左上方随意绘制一个黑色色块，效果如图 5-42 所示。

（2）在第 95 帧处插入空白关键帧，使用文本工具输入“三月桃花朵朵开”黑色文字，如图 5-43 所示，文字属性的设置如图 5-44 所示，按两次“Ctrl+B”组合键将文字打散。

图 5-42　绘制色块

图 5-43　输入文本

（3）在该图层的第 85 帧处单击鼠标右键，在弹出的快捷菜单中选择“创建补间形状”

命令，创建出文字形状补间动画。

（4）至此即完成形状补间动画的创建，其时间轴状态如图 5-45 所示，按“Ctrl+Enter”组合键即可预览创建的动画效果。

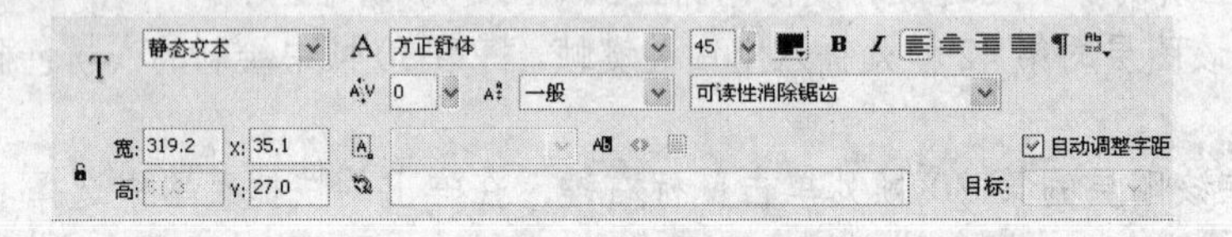

图 5-44　文本属性的设置

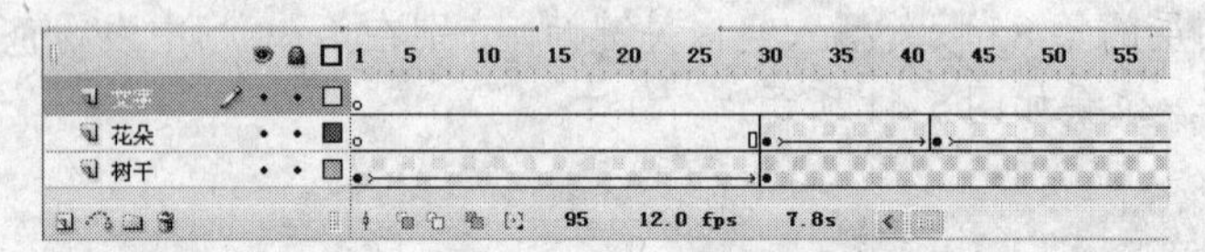

图 5-45　时间轴状态

实训一　制作“奔跑”动画

◆ 实训目标

本实训要求仿照本模块“小小粉刷匠”动画制作图 5-46 所示的“奔跑”动画。通过本实训进一步熟悉在 Flash CS3 中创建逐帧动画的方法与技巧。

素材位置：模块五\素材\模糊背景.jpg

效果图位置：模块五\源文件\奔跑.fla、奔跑.swf

图 5-46　“奔跑”动画效果

◆ 实训分析

本实训的制作思路如图 5-47 所示，具体分析及思路如下：

（1）新建文档，将场景大小设置为 500×250 像素，背景设置为白色，帧频设置为 12fps。

（2）导入图片素材到库，放置背景图片并创建背景移动的逐帧动画。

（3）新建“人物”图层，在该图层中创建人物奔跑的逐帧动画。

（4）新建“影子”图层，在该图层创建影子随人物奔跑变化的逐帧动画。

①创建背景逐帧动画　　②创建人物奔跑逐帧动画　　③创建影子逐帧动画

图 5-47　制作“奔跑”动画的操作思路

实训二　制作网页广告条

◆ 实训目标

本实训要求仿照本模块“网页导航条”动画制作图 5-48 所示的网页广告条。通过本实训进一步熟悉在 Flash CS3 中制作动作补间动画的方法与技巧。

素材位置：模块五\素材\ JO.png、饮料色.jpg

效果图位置：模块五\源文件\网页广告条.fla、网页广告条.swf

图 5-48　网页广告条

◆ 实训分析

本实训的制作思路如图 5-49 所示，具体分析及思路如下：

（1）新建文档，将场景大小设置为 650×80 像素，背景设置为白色，帧频设置为 15fps。

（2）导入素材到库，利用“饮料色.jpg”素材制作“背景”图层。

（3）在“泡沫”图层中创建气泡上浮动画。在“装饰条”图层中创建装饰条移入舞台的动画；制作“JO”和“标志”图层中的动作补间动画。

（4）制作“文字 1”和“文字 2”图层中的动作补间动画，完成制作后测试动画。

①创建装饰条动作补间动画　　②创建文字动作补间动画　　③时间轴状态

图 5-49　制作网页广告条的操作思路

实训三　制作“变脸”动画

◆ 实训目标

本实训要求仿照本模块“桃花朵朵开”动画制作图 5-50 所示的“变脸”动画。通过本实训进一步熟悉在 Flash CS3 制作形状补间动画的方法与技巧。

效果图位置：模块五\源文件\变脸.fla、变脸.swf

图 5-50　“变脸”动画效果

◆ 实训分析

本实训的制作思路如图 5-51 所示，具体分析及思路如下：

（1）新建文档，将场景大小设置为 260×320 像素，背景设置为白色，帧频设置为 15fps。

（2）将图层 1 命名为“底色”图层，在该图层中制作脸谱脸部颜色变化的形状补间动画。

（3）新建“眼睛”图层，在该图层中制作脸谱眼部图形变化的形状补间动画。

（4）新建“嘴巴”图层，在该图层中制作脸谱嘴部图形变化的形状补间动画。

（5）新建“装饰图”图层，在该图层中制作脸谱头部装饰纹路变化的形状补间动画。

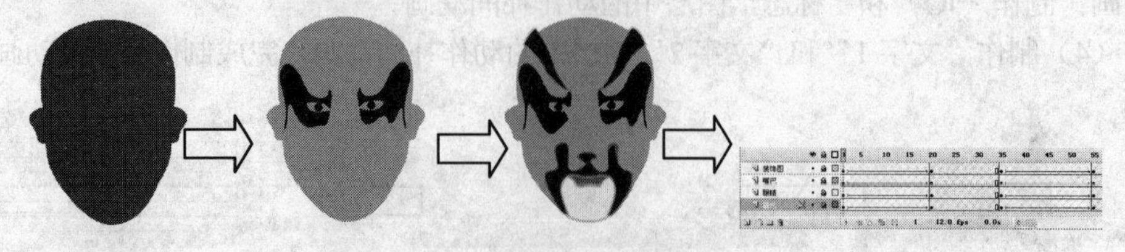

①创建底色动画　②创建眼睛动画　③创建嘴巴动画　④时间轴状态

图 5-51　制作“变脸”动画的操作思路

实践与提高

根据本模块所学内容，动手完成以下实践内容。

练习 1　制作“风中少女”逐帧动画

本练习将制作少女的头发和裙摆随风飞舞的逐帧动画，制作时先导入背景图片制作“旷野”图层，然后在“人物”图层各帧中绘制头发和裙摆飞舞的相应图形，测试动画并根据测试结果对关键帧中的图形进行调整和修改。通过本练习进一步巩固并掌握制作逐帧动画的方法，完成后的最终效果如图 5-52 所示。

素材位置：模块五\素材\风中原野.jpg

效果图位置：模块六\源文件\风中少女.fla、风中少女.swf

图 5-52　“风中少女”逐帧动画效果

练习 2　制作广告 banner

本练习将制作网页广告 banner，首先制作表现卡通图形闪烁的“卡通”图形元件，利用导入的“背景.jpg”图片制作表现背景运动的“背景动”影片剪辑。新建“背景”图层，在图层中制作“背景动”影片剪辑淡入场景的动作补间动画。新建“引导”图层，在图层中制作白色矩形移入场景并放大的动作补间动画。新建“人物”图层，利用“卡通”图形元件制作图形元件缩放的动作补间动画，然后分别新建文字 01~文字 03 图层，在这 3 个图层中为相关的文字制作动作补间动画。通过本练习进一步巩固并掌握制作动作补间动画的方法，完成后的最终效果如图 5-53 所示。

图 5-53　广告 banner 效果

素材位置：模块六\素材\火焰背景.jpg、卡通.fla
效果图位置：模块五\源文件\广告 banner.fla、广告 banner.swf

练习 3　制作“小草开花”动画

本练习将利用形状补间动画制作一个“小草开花”的动画。制作时先导入“画纸.jpg”图片素材，利用图片素材制作“背景”图层，然后新建“小草”、“花干”和“花”图层，并在各图层中分别制作表现小草生长、花干呈现和花朵开放的形状补间动画。新建图层，并将其重命名为“文字”图层，利用打散的文字创建表现文字变形的形状补间动画。通过本练习掌握在 Flash CS3 中创建形状补间动画的方法，完成后的最终效果如图 5-54 所示。

素材位置：模块五\素材\画纸.jpg
效果图位置：模块五\源文件\小草开花.fla、小草开花.swf

图 5-54　“小草开花”动画效果

练习 4　总结不同类型动画的应用领域

为了方便大家选取正确的方式进行动画制作，在这里总结了本模块中 3 种不同类型动画的应用领域供大家参考：

- 逐帧动画：在时间轴上逐帧绘制帧内容称为逐帧动画，由于是一帧一帧地画，所以逐帧动画具有非常大的灵活性，几乎可以表现任何想表现的内容。它相似于电影播放模式，适合于表演很细腻的动画，如 3D 效果、人物或动物急剧转身等效果。但由于逐帧动画的帧序列内容不一样，因此也存在不仅增加制作负担而且最终输出的文件量也很大的缺点。
- 动作补间动画：其对象必须是“元件”或“成组对象”。运用动作补间动画，可以设置元件的大小、位置、颜色、透明度和旋转等属性，配合别的手法，甚至能做出令人称奇的仿 3D 的效果。
- 形状补间动画：Flash 自动变形技术可以将一种形状自动变形为另一种形状，制作者只需创建前后两个关键帧，即起始的图形和结束的图形，中间的过渡部分可由 Flash 自动完成。

模块六

制作高级动画

在 Flash 中，除了前面模块介绍的逐帧动画、动作补间动画和形状补间动画 3 种基本动画外，还可利用引导层和遮罩层创建引导动画和遮罩动画。另外，应用 Flash CS3 特有的滤镜功能，也能为文本、按钮和影片剪辑添加特定的滤镜效果，从而制作出效果精美的滤镜动画。本模块简要介绍了几种高级动画的基本常识，然后通过实例详细讲解了制作这些高级动画的不同方法。

学习目标

- 了解并熟悉引导层及新建方法。
- 熟练掌握制作引导动画的方法。
- 了解并熟悉遮罩层及新建方法。
- 熟练掌握制作遮罩动画的方法。
- 了解并熟悉滤镜种类及添加方法。
- 熟练掌握制作滤镜动画的方法。

任务一　制作“滚山坡”动画

◆ 任务目标

本例将制作汽车沿一定路线通过山坡的动画，通过本实例了解并掌握创建引导层和制作引导动画的一般方法，完成后的最终效果如图 6-1 所示。

图 6-1　滚山坡

素材位置：模块六\素材\车.png、山坡 01.png、山坡 02.png
效果图位置：模块六\源文件\滚山坡.fla、滚山坡.swf

本任务的具体目标要求如下：

（1）掌握引导层的概念和新建引导层的方法。

（2）掌握为引导层建立链接关系和取消引导层的方法。

（3）掌握制作引导动画的一般方法。

◆ 操作思路

本例制作过程如图 6-2 所示，涉及的知识点有创建引导层、绘制引导线和创建补间动画，具体思路及要求如下：

（1）导入图片及其他素材，新建“山坡 1”、“山坡 2”和“车”图层，并在各层中不同位置放置相应的素材内容。

（2）创建车的行走路线引导层，绘制车行驶的路线后将车吸附到该路线中，创建车沿路线行驶的补间动画。

（3）在场景 1 中添加“山坡档”图层，使动画更真实。

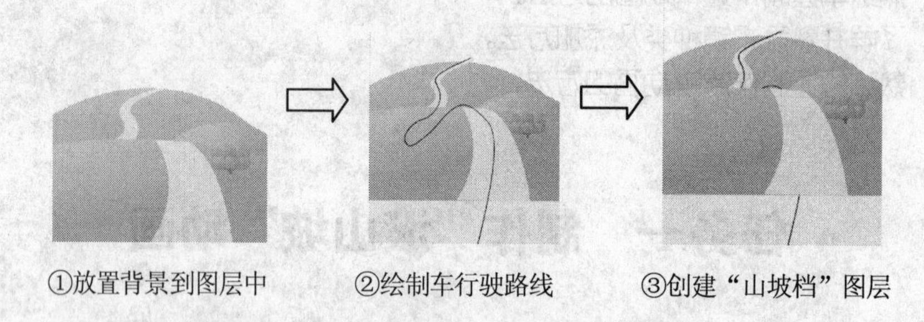

图 6-2　制作“滚山坡”动画的操作思路

操作一　导入和编辑“山坡”场景

（1）新建一大小为 500 × 400 像素、背景颜色为白色、帧频为 24fps 的 Flash 文档。

（2）选择【文件】→【导入】→【导入到库】菜单命令，将“车.png”、“山坡 01.png”和“山坡 02.png”图片素材导入到库中。

（3）将图层 1 重命名为“山坡 1”，在“库”面板中将“山坡 01.png”图片素材拖动到场景中，调整其大小并放置到图 6-3 所示的位置，然后在图层的第 300 帧处插入普通帧。

（4）新建“山坡 2”图层，在“库”面板中将“山坡 02.png”图片素材拖动到场景中，调整其大小并放置到图 6-4 所示的位置。

（5）新建“车”图层，在“库”面板中将“车.png”图片素材拖动到场景中，调整其大小并放置到“山坡 1”图层的最上方。

图 6-3　调整山坡 1 大小

图 6-4　放置山坡 2

操作二　制作引导动画

（1）在图层区域中单击按钮，在“车”图层上方新建引导层，然后使用铅笔工具绘制车行驶的引导线条，如图 6-5 所示。

（2）在“车”图层的第 1 帧处创建补间动画，将第 1 帧中的“车”拖动到引导线上，使其吸附到引导线。

（3）在“车”图层的第 10 帧处插入关键帧，将第 10 帧中的“车”向下方拖动一小段距离，并将第 1 帧中“车”的透明度设置为 0，创建出车从远处开来并逐渐显示的动画效果。

（4）在“车”图层的第 300 帧处插入关键帧，并将第 300 帧中“车”的大小和位置进行图 6-6 所示的调整。

图 6-5　绘制引导线

图 6-6　调整第 300 帧中的汽车位置和大小

提示　此时即可看到汽车翻越山坡时呈现出图 6-7 所示的效果，而在现实中，当汽车位于山坡后面时是无法看到的，因此还需要对动画的细节进行相应的处理。

（5）在引导层上方新建“山坡档”图层，将“山坡 2”图层中的图形复制到该图层中，然后在汽车重新出现的图 6-8 所示的山坡顶部位置的对应帧处插入空白关键帧。

图 6-7　翻越山坡效果

图 6-8　汽车出现在山坡顶部

（6）至此完成“滚山坡”动画的创建，其时间轴状态如图 6-9 所示，按“Ctrl+Enter”组合键即可预览创建的引导动画效果。

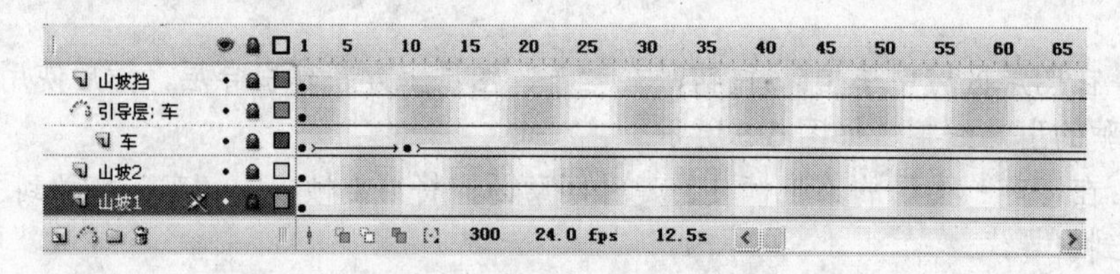

图 6-9　创建引导动画后的时间轴状态

提示　本例绘制引导线时应尽量连续且流畅，如果引导线出现中断、交叉和转折过多等情况，将会导致引导动画无法正常创建。

◆ 学习与探究

在 Flash CS3 中，引导动画的创建主要通过引导层来实现，下面将详细讲解引导层的基本概念、新建引导层、为引导层建立链接关系和取消引导层等基础知识。

1. 引导层

引导层（如图 6-10 所示）是 Flash 中的特殊图层之一，在引导层中用户可绘制作为运动路径的线条，然后在引导层与普通图层中建立链接关系，使普通图层中动作补间动画中的动画对象沿绘制的路径运动，从而制作出沿指定路径运动的引导动画，如图 6-11 所示。

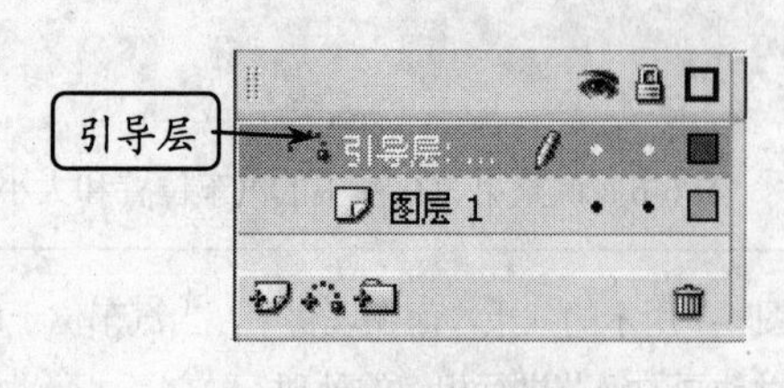

图 6-10　引导层

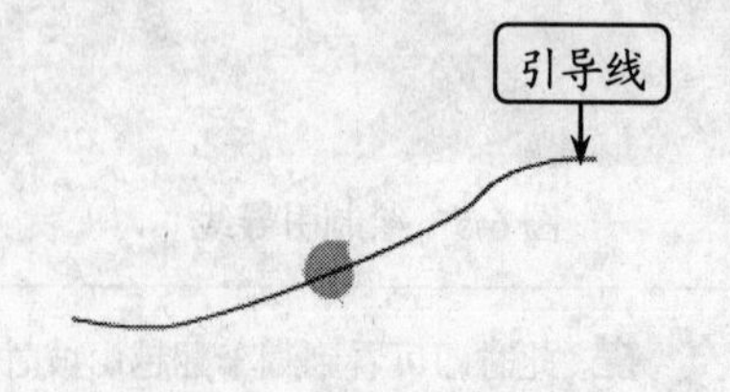

图 6-11　动画对象沿路径运动

2. 新建引导层

在 Flash CS3 中新建引导层的常用方法主要有以下 4 种。

- 利用按钮创建：单击图层区域中的按钮，即可在当前图层上方创建引导层。
- 利用快捷菜单创建：在要与引导层链接的普通图层上单击鼠标右键，在弹出的快捷菜单中选择“添加引导层”命令，如图 6-12 所示，即可在该图层上方创建一个与之链接的引导层。
- 利用快捷菜单转换图层：在要转换为引导层的图层上单击鼠标右键，在弹出的快捷菜单中选择“引导层”命令，可将该图层转换为引导层。
- 通过改变图层属性创建：在图层区域中双击要转换为引导层的图层图标，打开“图层属性”对话框，在“类型”选项组中选中“引导层”单选按钮，如图 6-13 所示，然后单击“确定”按钮即可，将该图层转换为引导层。

图 6-12　添加引导层

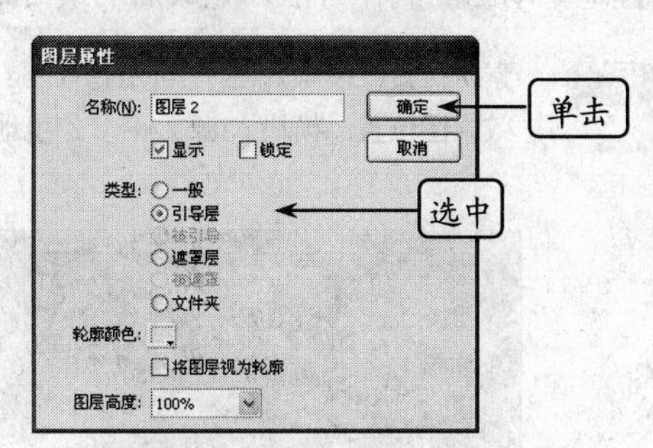

图 6-13　改变图层属性

3. 为引导层建立链接关系

若引导层通过改变图层属性的方式创建，在创建后，引导层不会自动与其他图层建立链接关系，其图标表现为，如图 6-14 所示。此时就需要手动为其与其下方图层建立链接关系，其方法是：双击引导层下方图层图标，在打开的“图层属性”对话框中选中“被引导”单选按钮，然后单击“确定”按钮即可在引导层与图层间创建链接关系，其图标表现为，如图 6-15 所示。

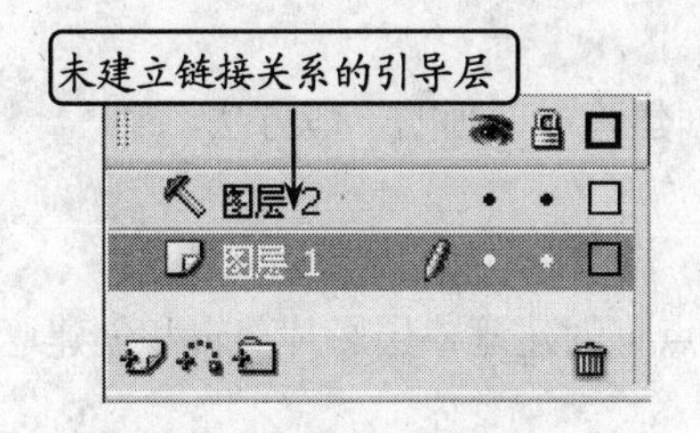

图 6-14　未建立链接关系的引导层

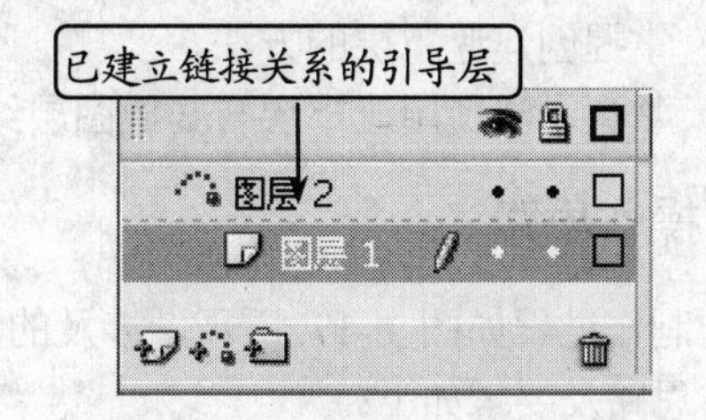

图 6-15　已建立链接关系的引导层

4. 取消引导层

在 Flash CS3 中若要取消引导层，并将其重新转换为普通图层，最常用的方法有以下两种。

- 通过快捷菜单取消：在引导层上单击鼠标右键，在弹出的快捷菜单中再次选择“引导层”命令即可。
- 通过改变图层属性取消：在引导层上双击图层图标，将打开“图层属性”对话框，在“类型”选项组中选中“一般”单选按钮，然后单击“确定”按钮。

任务二　制作遮罩动画

◆ 任务目标

本例将利用遮罩层的相关知识使静态的梦幻仙境在水波流动和落花飘零中“动”起来，从而掌握遮罩动画的制作方法，完成后的最终效果如图 6-16 所示。

素材位置：模块六\素材\奇幻背景.jpg、山.png、神树.png、英雄.png、漂落花.flv
效果图位置：模块六\源文件\梦幻境地.fla、梦幻境地.swf

图 6-16　梦幻境地

本任务的具体目标要求如下：

（1）掌握创建遮罩动画的准备工作。

（2）掌握创建遮罩层的方法。

（3）掌握灵活使用遮罩层与其他图层结合创建遮罩动画的一般方法。

◆ 操作思路

本例制作过程如图 6-17 所示，涉及的知识点有创建遮罩层影片剪辑和创建遮罩层动画，具体思路及要求如下：

（1）导入图片及其他素材。

（2）制作“水波”影片剪辑。

（3）创建“湖面”和“河流”遮罩层，并在其他图层放置相应素材。

图 6-17　制作梦幻境地动画的操作思路

操作一　制作动画元件

（1）新建一大小为 1000 × 500 像素、背景颜色为白色、帧频为 24fps 的 Flash 文档。

（2）选择【文件】→【导入】→【导入到库】菜单命令，将“奇幻背景.jpg”、“山.png”、“神树.png”、“英雄”图片素材及“漂落花.flv”导入到库中。

（3）新建一个名为“水波”的影片剪辑，使用线条工具绘制一个红色的横条，并复制出图 6-18 所示的若干横条，然后创建一个长度为 200 帧的横条向下移动的补间动画。

（4）新建一个名为“飘落花”的影片剪辑，将库中的“漂落花.flv”拖入该影片剪辑场景中。

操作二　创建遮罩动画

（1）返回场景 1，将图层 1 命名为“背景”图层，将库中的“奇幻背景.jpg”图片拖到场景中，调整其大小和位置，得到图 6-19 所示的效果。

图 6-18　水波影片剪辑

图 6-19 调整背景图片大小和位置

（2）创建“湖面”图层，复制“背景”图层中的图片到该图层中，然后使用橡皮擦工具将除湖面之外的其他图形擦除，得到图 6-20 所示的效果。

（3）创建“水波”图层，将“水波”影片剪辑拖动到湖面所处的位置，然后双击“湖面”图层图标，在弹出的“图层属性”对话框中选中“被遮罩”单选按钮，单击“确定”按钮将“水波”图层设置为遮罩层，效果如图 6-21 所示。

（4）创建“山”图层，将库中的“山.png”图片拖到场景中，调整其大小和位置，得到图6-22所示的效果。

图6-20 湖面擦除后效果 图6-21 遮罩后效果 图6-22 放置山后的效果

（5）使用相同的方法，分别创建“河流”和“水波2”图层，并用橡皮擦工具擦除河流图层中除水面之外的区域，如图6-23所示，并通过“水波2”图层为其创建遮罩效果及其遮罩层效果。

操作三 编辑动画场景

（1）创建“神树”图层，将库中的“神树.png”图片拖到场景中，调整其大小和位置，得到图6-24所示的效果。

图6-23 河流擦除后的效果

图6-24 放置神树并调整其大小位置

（2）创建“英雄”图层，将库中的“英雄.png”图片拖到场景中，调整其大小和位置，得到图6-25所示的效果。

图6-25 放置英雄并调整其大小位置

（3）创建“落花”图层，将库中的“飘落花”影片剪辑拖到场景中神树上方，这样整个遮罩动画就算完成了，其时间轴状态如图6-26所示，按“Ctrl+Enter”组合键即可测试动画。

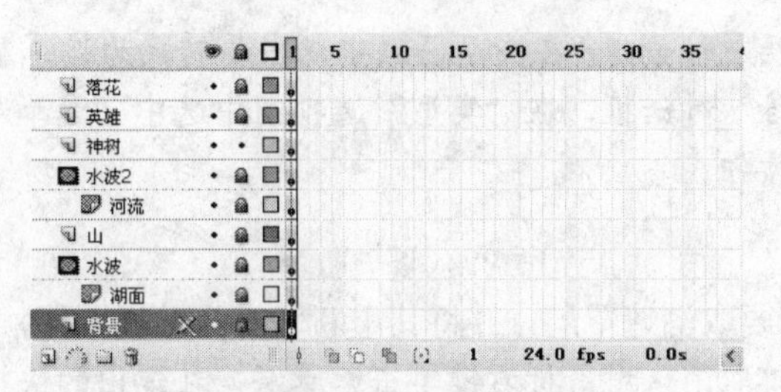

图 6-26　时间轴状态

提示 在使用文字作为遮罩图形时，若出现无法正常遮罩的情况，可通过按“Ctrl+B”组合键将文字打散为矢量图形来解决。

◆ 学习与探究

本例制作的遮罩动画效果主要通过两个遮罩层来实现。对于不同的遮罩动画还可以根据实际情况应用逐帧和形状补间动画，制作出风格完全不同的遮罩动画。此外，在同一个遮罩层的下方，还可以创建多个与该遮罩层链接的被遮罩层。且遮罩层和被遮罩层中都可以创建动画。此外，创建的动画类型可以是逐帧动画或形状补间动画，还可根据动画的实际情况灵活应用。

1. 遮罩层

遮罩动画可以在遮罩图层所创建的图形区域中显示特定的动画对象，并可通过改变遮罩图层中图形的大小和位置，对被遮罩图层中动画对象的显示范围进行控制。在 Flash CS3 中，遮罩动画的创建主要是通过遮罩层来实现。遮罩层是 Flash CS3 中的另一种特殊图层，在遮罩层中用户可绘制任意形状的图形，然后通过在遮罩层与普通图层之间建立链接关系（建立链接关系后，普通图层会自动转换为被遮罩层），使普通图层中的图形通过遮罩图层中绘制的图形显示出来。

2. 创建遮罩层

在 Flash CS3 中，创建遮罩层的常用方法主要有通过快捷菜单创建和通过改变图层属性创建两种方式。

- 通过快捷菜单创建：在图层区中用鼠标右键单击要作为遮罩层的图层，在弹出的快捷菜单中选择“遮罩层”命令，如图 6-27 所示，将当前图层转换为遮罩层，此时图层图标变为▩，并将其下方图层自动转换为被遮罩层，图层图标变为▧，如图 6-28 所示。

图 6-27　快捷菜单创建遮罩层　　　　图 6-28　创建遮罩层

- 通过改变图层属性创建：在图层区域中双击要转换为遮罩层的图层图标，将打开“图层属性”对话框，在“类型”选项组中选中“遮罩层”单选按钮，然后单击“确定”按钮。

3. 取消遮罩层

在 Flash CS3 中若要取消遮罩层，并将其重新转换为普通图层，主要有以下两种方法。

- 通过快捷菜单取消：用鼠标右键单击遮罩层，在弹出的快捷菜单中再次选择“遮罩层”命令，即可将遮罩层重新转换为普通图层。
- 通过改变图层属性取消：双击遮罩层的图层图标，在打开的“图层属性”对话框的“类型”选项组中选中“一般”单选按钮，然后单击“确定”按钮。

任务三　制作“蓝天白云”动画

◆ 任务目标

本例将利用滤镜的相关知识制作出阳光随白云移动不断变幻的动画效果，完成后的效果如图 6-29 所示。

素材位置：模块六\素材\蓝天.jpg、阳光.jpg、白云. png、小画家. png
效果图位置：模块六\源文件\蓝天白云. Fla、蓝天白云.swf

图 6-29　“蓝天白云”动画效果

本任务的具体目标要求如下：

（1）了解滤镜动画的类型。

（2）掌握添加和删除滤镜，以及设置滤镜属性的方法。

（3）熟练掌握滤镜动画的制作方法。

◆ 操作思路

本例的操作思路如图 6-30 所示，涉及的知识点有“发光”滤镜的添加和补间动画的创建，具体思路及要求如下：

（1）导入图片及所需素材。

（2）创建“蓝天”和“模糊白云”影片剪辑。

（3）在场景中新建“蓝天”、“白云”、“阳光”和“画家”图层，并在各图层中放置相对应的动画内容。并在“白云”图层中添加“发光”滤镜。

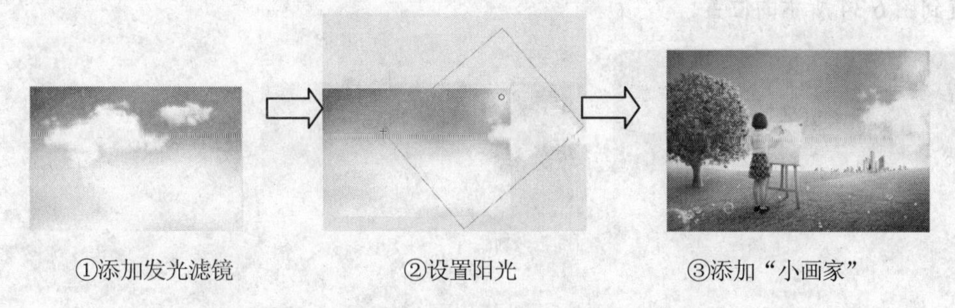

①添加发光滤镜　　②设置阳光　　③添加“小画家”

图 6-30　制作“蓝天白云”动画的操作思路

操作一　制作动画元件

（1）新建一大小为 700×450 像素、背景颜色为白色、帧频为 24fps 的 Flash 文档。

（2）选择【文件】→【导入】→【导入到库】菜单命令，将“蓝天.jpg”、“阳光.jpg”、“白云.png”和“小画家.png”图片素材导入到库中。

（3）新建一个名为“模糊白云”的影片剪辑，将库中的“白云.png”图片素材拖到该场景中，如图 6-31 所示。

（4）新建一个名为“阳光”的影片剪辑，将库中的“阳光.jpg”图片素材拖到该场景中，如图 6-32 所示。

图 6-31　模糊白云影片剪辑

图 6-32　阳光影片剪辑

提示　图 6-31 所示中的实际背景色为白色，为了使大家更好地观察到该影片剪辑的效果，特将影片剪辑的背景色设置成了黑色。

操作二　创建遮罩动画并整合场景

（1）返回场景 1，将图层 1 命名为“蓝天”，将库中的“蓝天.jpg”图片素材拖到该场景中，调整其大小和位置，得到图 6-33 所示的效果。并在第 800 帧处插入普通帧。

（2）新建“白云”图层，将库中的“模糊白云”影片剪辑拖到该场景中，调整其大小，放置到图 6-34 所示的位置。

图 6-33　放置蓝天图层

图 6-34　放置白云

（3）选中“白云”图层中的“模糊白云”影片剪辑，在“滤镜”面板中对该影片剪辑进行图 6-35 所示的设置，为其添加发光滤镜，然后将第 1 帧复制到第 800 帧处，创建白云由场景右侧向场景左侧漂移的补间动画效果。

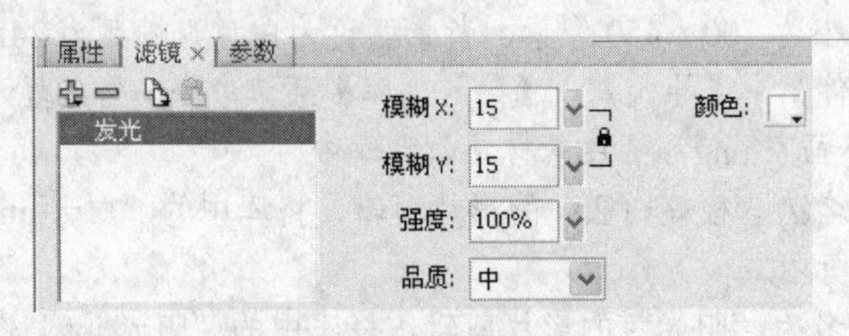

图 6-35　添加发光滤镜

（4）新建“阳光”图层，将库中的“阳光”影片剪辑拖到该场景中，调整其大小，放置到图 6-36 所示的位置，然后在第 1 帧至第 70 帧创建阳光逐渐出现并做适当旋转和缩放的补间动画效果。

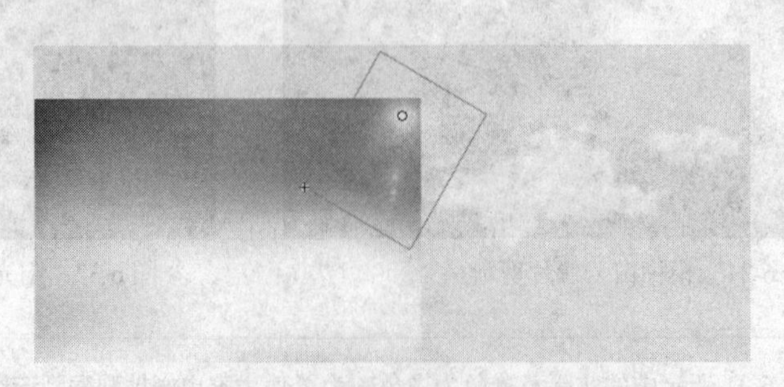

图 6-36　放置“阳光”影片剪辑

（5）使用相同的方法在该图层第 70 帧至第 740 帧的之间创建类似的补间动画效果，最后在第 741 帧处插入空白关键帧。

（6）新建“画家”图层，将库中的“小画家.png”图片拖到场景中，调整其大小，放置到图 6-37 所示的位置。

（7）这样整个滤镜动画就算完成了，其时间轴状态如图 6-38 所示，按“Ctrl+Enter”组合键即可得到图 6-29 所示的动画效果。

图 6-37　放置“小画家”

图 6-38　时间轴状态

技巧　动画中应用的滤镜类型、数量和质量会影响动画的播放性能。在动画中应用的滤镜越多，需要处理的计算量也就越大。因此在同一个动画中，应根据实际需要，应用有限数量的滤镜。除此之外，用户还可通过调整滤镜的强度和品质等参数，减少其计算量，从而在性能较低的电脑上也能获得较好的播放效果。

◆ 学习与探究

滤镜动画是 Flash CS3 中的另一种特殊动画形式，与引导动画和遮罩动画不同，滤镜动画不是一种动画类型，而是通过为动画添加指定滤镜，所获得的一种特殊动画效果。

Flash CS3 中的滤镜可以为文本、按钮和影片剪辑添加特殊的视觉效果（如投影、模糊和发光等）。在 Flash 8 之前的版本中，若要表现图形逐渐模糊和图形渐变发光等效果时，需要利用多幅连续的图片素材或专门的元件来实现，这样既增加了制作难度，也增加了动画文件的大小。而在 Flash CS3 中，只需为图形添加相应的滤镜即可。

1．滤镜的类型

在 Flash CS3 中的滤镜主要包括投影、模糊、发光、斜角、渐变发光、渐变斜角和调整颜色 7 种类型。

- 投影：投影滤镜主要用于模拟对象向一个表面投影的效果，如图 6-39 所示。
- 模糊：模糊滤镜主要用于柔化对象的边缘和细节，制作出对象模糊的效果，如图 6-40 所示。
- 发光：发光滤镜主要用于为对象的整个边缘应用指定的颜色，如图 6-41 所示。
- 斜角：斜角滤镜主要用于为对象应用加亮效果，通过创建内斜角、外斜角或者完全斜角，使对象呈现凸出于背景表面的立体效果，如图 6-42 所示。
- 渐变发光：渐变发光滤镜可以为对象添加发光效果，并在发光表面产生带渐变颜色的效果。渐变发光滤镜需要用户设定渐变开始的颜色，如图 6-43 所示。
- 渐变斜角：渐变斜角滤镜可以产生一种凸起效果，使对象看起来好像从背景上凸起的效果，并在斜角表面应用渐变颜色。渐变斜角滤镜需要用户设定一个用于渐变中间色的颜色，如图 6-44 所示。

- 调整颜色：调整颜色滤镜可以调整所选影片剪辑、按钮或者文本对象的亮度、对比度、色相和饱和度，从而获得特定的色彩效果，如图 6-45 所示。

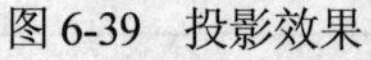

图 6-39　投影效果　　图 6-40　模糊效果　　图 6-41　发光效果　　图 6-42　斜角效果

图 6-43　渐变发光效果　　图 6-44　渐变斜角效果　　图 6-45　调整颜色效果

2．添加删除滤镜的方法

在 Flash CS3 中为文本、影片剪辑或按钮对象添加滤镜的操作步骤如下：

（1）在舞台中选择要添加滤镜的影片剪辑、文本或按钮。

（2）选择【窗口】→【属性】→【滤镜】菜单命令，在工作区下方将自动打开"滤镜"面板。

（3）单击按钮，在弹出的快捷菜单中选择所需滤镜，如图 6-46 所示，然后在舞台中单击鼠标，即可完成滤镜的添加操作。

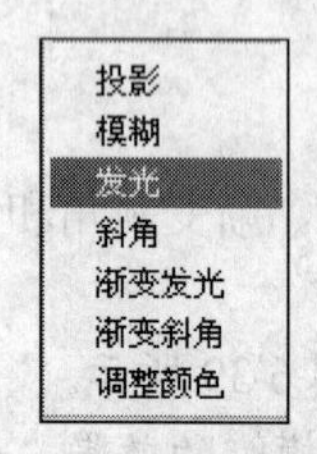

图 6-46　快捷菜单

在 Flash CS3 中可为同一个对象添加多个滤镜，添加的滤镜将在面板左侧列表框中列出。若要删除不需要的滤镜，只需在列表框中选中该滤镜，然后单击按钮即可。

3．调整或修改滤镜属性的方法

若对添加的滤镜效果不满意，可对滤镜的属性进行相应设置，其操作步骤如下：

（1）在舞台中选中要修改滤镜属性的影片剪辑，并在"属性"面板中选择"滤镜"选项卡。

（2）在列表框中选中要修改属性的滤镜，然后在面板右侧对滤镜的参数进行设置即可，如图 6-47 所示，这里若要对斜角滤镜进行设置只需在该面板右侧调整各参数值即可。

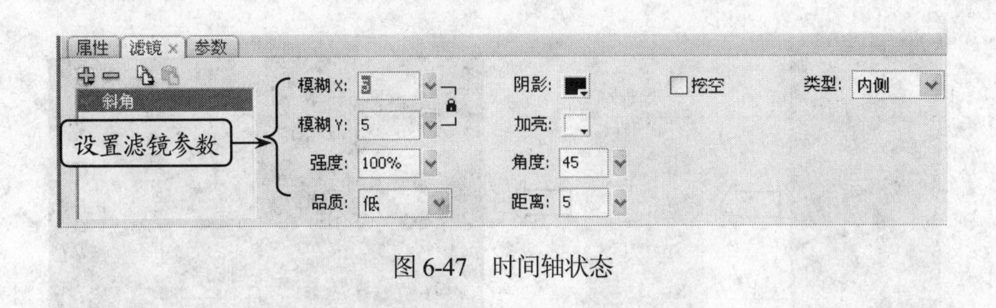

图 6-47　时间轴状态

实训一　制作“水中气泡”动画

◆ 实训目标

本实训要求利用前面所学的引导动画相关知识，制作图 6-48 所示的“水中气泡”动画效果。通过本实训掌握灵活使用引导层创建引导动画的方法。

素材位置：模块六\素材\水族箱.jpg、气泡.png
效果图位置：模块六\源文件\水中气泡.fla、水中气泡.swf

图 6-48　“水中气泡”动画效果

◆ 实训分析

本实训的制作思路如图 6-49 所示，具体分析及思路如下：

（1）导入图片素材。

（2）创建水泡、水泡 2 影片剪辑，并在这两个影片剪辑中创建气泡运动引导动画。

（3）在场景 1 中放置背景图层、水泡和水泡 2 影片剪辑。

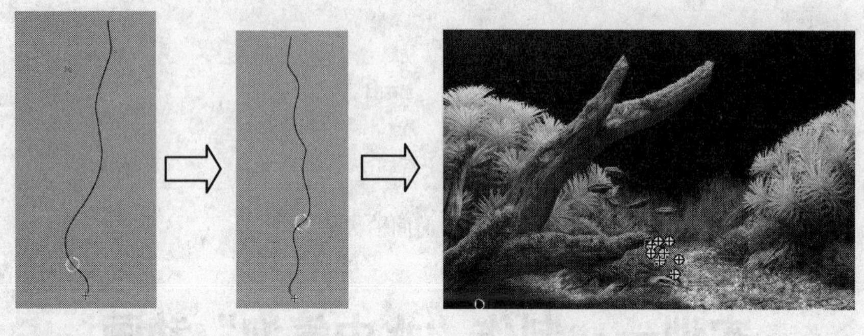

①水泡引导动画　②水泡 2 引导动画　③放置背景和影片剪辑

图 6-49　制作“水中气泡”动画的操作思路

实训二　制作“下雨”动画

◆ 实训目标

本实训要求利用遮罩层的相关知识制作下雨时地下水波流动的动画效果，如图 6-50 所示。

素材位置：模块六\素材\纸船.jpg

效果图位置：模块六\源文件\下雨.fla

图 6-50　“下雨”动画效果

◆ 实训分析

本实训的制作思路如图 6-51 所示，具体分析及思路如下：

（1）导入图片素材，创建“雨点”和“水波”影片剪辑。

（2）在“雨点”影片剪辑中制作出雨点飘落的效果。

（3）利用遮罩层和被遮罩层创建下雨时地下水不断流动的动画效果。

（4）在其他图层中放置适当的内容并完善本遮罩动画。

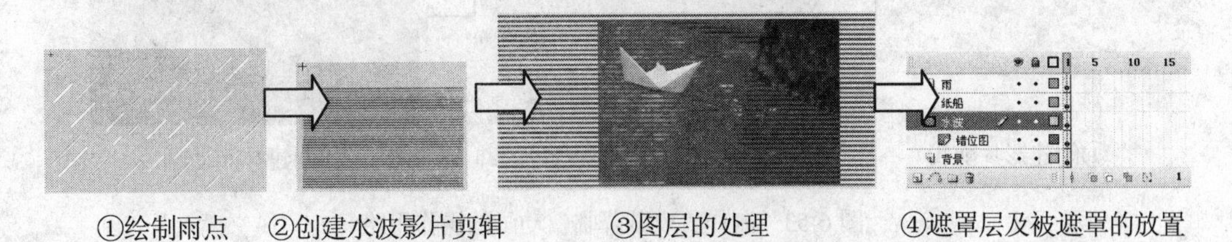

图 6-51　制作“下雨”动画的操作思路

实训三　制作“夜幕降临”动画

◆ 实训目标

本实训要求利用滤镜的相关知识，根据提供的素材为不同影片剪辑添加不同的滤镜效果，最终效果如图 6-52 所示。

素材位置：模块六\素材\蓝天.jpg、白云.png、房屋.png

效果图位置：模块六\源文件\夜幕降临.psd、夜幕降临.swf

图 6-52　“夜幕降临”动画效果

◆ 实训分析

本实训的制作思路如图 6-53 所示，具体分析及思路如下：

（1）导入本例所需图片素材，分别创建“蓝天”、“白云”和“房屋”影片剪辑。

（2）在场景“蓝天”图层中添加“调整颜色”滤镜，并创建蓝天由明转暗的动画效果。

（3）在场景“云”图层中添加“模糊”和“调整颜色”滤镜，并创建白云由左侧向右侧移动的动画效果。

（4）在场景“前景”图层中添加“调整颜色”滤镜，并创建房屋由明转暗的动画效果。

图 6-53　制作“夜幕降临”动画的操作思路

实践与提高

根据本模块所学内容，动手完成以下实践内容。

练习 1　制作翱翔的飞机动画

本练习将制作飞机沿旋转的地球村翱翔的引导动画，制作时先导入图片及其他素材，创建“飞机”和“合成”影片剪辑。在“合成”影片剪辑中创建飞机翱翔的引导层、绘制飞机翱翔的引导线和创建飞机翱翔的补间动画。在场景 1 中放置背景和“合成”影片剪辑，并为“合成”影片剪辑创建补间动画。通过练习进一步巩固并掌握制作引导动画的方法，完成后的最终效果如图 6-54 所示。

素材位置：模块六\素材\蓝天背景.jpg、地球村.png、飞机.png
效果图位置：模块六\源文件\翱翔的飞机.fla、翱翔的飞机.swf

图 6-54　翱翔的飞机效果

练习 2　制作百叶窗翻转切换动画

本练习将运用遮罩层的相关知识制作百叶窗翻转切换的动画效果。制作时先导入所需素材，创建“横条”影片编辑和其补间动画。创建“遮罩板”影片编辑，放置多个“横条”影片编辑到该场景中。然后在场景 1 中放置要翻转的图片素材和影片剪辑，设置遮罩层和被遮罩层等。通过练习进一步巩固并掌握制作遮罩动画的方法，完成后的最终效果如图 6-55 所示。

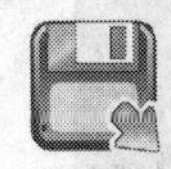

素材位置：模块六\素材\窗布 01.jpg、窗布 02.jpg
效果图位置：模块六\源文件\百叶窗翻转切换.fla、百叶窗翻转切换.swf

图 6-55　百叶窗翻转切换效果

练习 3　制作闪烁的图片动画

本练习将根据提供的素材，利用发光滤镜、调整颜色滤镜与补间动画的结合使用，创建出图 6-56 所示的几张图片不停闪烁的动画效果。制作该动画时先将图片素材导入到库中并创建几张图片的影片剪辑；设置几张图片的发光滤镜效果，并创建不同照片不同时间段发光的补间动画；最后在场景中按顺序放置影片剪辑。通过练习进一步巩固并熟练掌握制作滤镜动画的方法。

素材位置：模块六\素材\黑色背景.jpg、图 01.jpg、图 02.jpg、图 03.jpg、图 04.jpg
效果图位置：模块六\源文件\闪烁的图片.fla、闪烁的图片.swf

图 6-56　闪烁的图片效果

练习 4　提高制作高级动画的应用技能

要对高级动画的制作更加游刃有余，除了本模块的学习内容外，课后还应下足工夫，在此补充以下几点供大家参考和探索：

- 通过本模块的学习，我们知道，沿特定路径运动的动画效果可以利用引导动画来制作。在此基础上，如果将引导动画和 ActionScript 动画脚本相结合，通过 ActionScript 动画脚本动态随机地对多个特定引导动画进行复制和调用，就可以实现很多复杂且极具变化的动画特效，如花瓣飘落和下雪等效果。关于 ActionScript 动画脚本的相关知识，将在后面的模块中进行讲解。
- 遮罩动画虽然制作起来很简单，但是只要有巧妙的构思和灵活的技术处理手法，同样可以制作出很多让人意想不到的精彩动画特效，在学完本模块后，不妨试着将两个包含动画内容的影片剪辑放在不同的图层中，然后将其中一个影片剪辑所在图层转换为遮罩层，最后测试动画。仔细观察最终会发生什么，也许会对以后的动画创作有所启发。
- 滤镜动画虽然可以让动画在视觉方面的表现更加出色，但同时也意味着系统资源的相应损耗，如何在特效和动画流畅度之间找到平衡点，需要在学习和实践中不断积累和摸索。另外，在使用滤镜效果时，尝试着将滤镜动画和图层混合模式相结合，也不失为一种可取的制作手法。

模块七

ActionScript 的应用

在 Flash CS3 中，无论是利用 Flash 制作的交互游戏，还是简单的动画作品，通常都需要涉及 Action 脚本的应用。Action 脚本的作用日益重要，已成为 Flash 交互功能实现的核心，同时也是初学者需要掌握的重要内容。本模块主要对 Action 脚本的基本语法、变量和函数，以及运算符与表达式等基础知识进行介绍，并通过具体的实例介绍了利用相应属性语句对影片剪辑的属性进行设置、利用循环/条件语句控制脚本运行和利用时间获取语句获取系统的时间并将其应用到动画中，以及利用声音控制语句对动画中的声音进行控制和调整，从而制作出具有特定交互功能的特殊动画效果的方法与技巧。

学习目标

- 了解 ActionScript 3.0 的基本语法，认识变量、函数和运算符与表达式，掌握 ActionScript 脚本的添加方法。
- 了解常用属性语句控制影片剪辑脚本的语法，并掌握此类脚本的基本应用。
- 了解各循环/条件控制脚本之间的区别，并掌握此类脚本的语法与基本应用。
- 了解常用时间获取脚本的语法，并掌握此类脚本的基本应用。
- 了解常用声音控制脚本的语法，并掌握此类脚本的基本应用。

任务一　认识 ActionScript

◆ 任务目标

本任务的目标是初步认识 Flash CS3 的变量、函数和运算符与表达式，了解 ActionScript 3.0 的基本语法，并掌握 ActionScript 脚本的添加方法。

（1）了解 ActionScript 3.0 的基本语法。

（2）认识变量、函数和运算符与表达式。

（3）掌握 ActionScript 脚本的添加方法。

操作一　ActionScript 基本语法

Action 脚本（ActionScript）是 Flash 中特有的一种动作脚本语言，在 Flash 动画中，通过为按钮、影片剪辑或帧添加特定的脚本，或使用 Action 脚本编制特定的程序，可以使 Flash 动画呈现特殊的效果或实现特定的交互功能。在 Flash CS3 中 Action 脚本的版本为 3.0

（即 ActionScript 3.0），该版本在 2.0 的基础上做了很大的改进，除了支持更多的功能外，在执行效率方面也有所增强。

要学习和使用 Action 脚本，首先需要了解 Action 脚本的语法规则，在 Flash CS3 中 ActionScript 3.0 的基本语法如下。

- 区分大小写：在 ActionScript 3.0 中，需要区分大小写，如果关键字的大小写不正确，则在执行时被 Flash CS3 识别。如果变量的大小写不同，就会被视为是不同的变量。
- 分号：在 ActionScript 3.0 中使用分号字符 “;” 来终止语句。如果省略分号字符，则编译器将假设每一行代码代表一条语句。
- 注释：在 Action 脚本的编辑过程中，为了便于脚本的阅读和理解，可为相应的脚本添加注释。ActionScript 3.0 中包括单行注释和多行注释两种类型注释形式。单行注释以两个正斜杠字符（//）开头并持续到该行的末尾；多行注释以一个正斜杠和一个星号（/*）开头，以一个星号和一个正斜杠（*/）结尾。
- 常量：常量是指无法改变的固定值。在 ActionScript 3.0 中只能为常量赋值一次，而且必须在最接近常量声明的位置赋值。在 ActionScript 3.0 中，通常使用 const 语句来创建常量。
- 点语法：点 “.” 用于指定对象的相关属性和方法，并标识指向的动画对象、变量或函数的目标路径。如表达式 “ucg._y” 表示 “ucg” 对象的_y 属性。
- 语言标点符号：主要包括冒号、大括号和圆括号。其中冒号 “:” 用于为变量指定数据类型（如 var myNum:Number = 15）；大括号 “{}” 用于将代码分成不同的块，以作为区分程序段落的标记；圆括号 “( )” 用于放置使用动作时的参数，定义一个函数及对函数进行调用等，也可用于改变 ActionScript 的优先级。
- 关键字：在 ActionScript 3.0 中具有特殊含义且供 Action 脚本调用的特定单词，被称为关键字。在编辑 Action 脚本时，不能使用 ActionScript 3.0 保留的关键字作为变量、函数和标签等的名字，以免发生脚本的混乱。在 ActionScript 3.0 中保留的关键字主要包括词汇关键字、句法关键字和供将来使用的保留字 3 种。

操作二　认识变量

在 Action 脚本中，变量主要用来存储数值、字符串、对象和逻辑值等信息。

1. 变量的命名规则

在 ActionScript 3.0 中，变量由变量名和变量值组成，变量名用于区分不同的变量，而变量值用于确定变量的类型和内容。变量名可以是一个字母，也可以是由一个单词或几个单词构成的字符串，在 ActionScript 3.0 中变量的命名规则主要包括以下几点。

- 不能使用空格和特殊符号：变量名中不能有空格和特殊符号，可使用英文和数字。
- 保证唯一性：变量名在它作用的范围中必须是唯一的，即不能在同一范围内为两个变量指定同一变量名，在不同的作用域中，可以使用相同的变量名。
- 不能使用关键字：变量名不能是关键字或逻辑变量。如不能使用关键字 “do” 作为变量名。

2．变量的类型

变量可以存储不同类型的值，因此在使用变量之前，必须先指定变量存储的数据类型，而数据类型会对变量的值产生影响。在 ActionScript 3.0 中，变量的类型主要有以下几种。

- Numeric：数值变量，包括 Number、Int 和 Uint 3 种变量类型。Number 适用于任何数值；Int 用于整数；Uint 则用于不为负数的整数。
- Boolean：逻辑变量用于判断指定的条件是否成立，包括 true 和 false 两个值，true 表示条件成立，false 表示不成立。
- String：字符串变量，用于存储字符和文本信息。
- TextField：用于定义动态文本字段或输入文本字段。
- MovieClip：用于定义特定的影片剪辑。
- SimpleButton：用于定义特定的按钮。
- Data：用于定义有关时间中的某个片刻的信息（日期和时间）。

3．变量的作用域

变量的作用域是指变量能够被识别和应用的区域。根据变量的作用域可将变量分为全局变量和局部变量。全局变量是指在代码的所有区域中定义的变量，而局部变量是指仅在代码的某个部分定义的变量。在 ActionScript 3.0 中，在任何函数或类定义的外部定义的变量都为全局变量；而通过在函数定义内部声明的变量则为局部变量。

提示　在 ActionScript 3.0 中，使用 var 语句声明变量。在 ActionScript 2.0 中，只有当使用类型注释时，才需要使用 var 语句。而在 ActionScript 3.0 中，要声明变量就必须使用 var 语句声明（如 var mn:Number = 60；表示声明名为“mn”的数值变量，将 60 作为变量值赋值给“mn”变量），否则在调用变量时就会出现错误。

操作三　认识函数

函数是执行特定任务并可以在程序中重复使用的代码块。在 ActionScript 3.0 中有方法和函数闭包两类函数。函数在 ActionScript 中始终扮演着极为重要的角色，如果想充分利用 ActionScript 3.0 所提供的功能，就需要较为深入地了解函数。

将函数称为方法还是函数闭包取决于定义函数的上下文。如果将函数定义为类定义的一部分或者将它附加到对象的实例，则该函数称为方法。如果以其他任何方式定义函数，则该函数称为函数闭包。

1．函数的类型

在 ActionScript 3.0 中的函数主要包括以下几种类型。

- 内置函数：内置函数是 ActionScript 3.0 已经内置的函数，可以通过脚本直接在动画中调用，如 trace()函数。
- 命名函数：命名函数是一种通常在 ActionScript 代码中创建用来执行所有类型操作的函数。

- 用户自定义函数：自定义函数由用户根据需要自行定义的函数，在自定义函数后，就可以对定义的函数进行调用了。
- 构造函数：构造函数是一种特殊的函数，在使用 new 关键字创建类的实例时（如 var my_bl:XML = new XML();）会自动调用这种函数。
- 匿名函数：匿名函数是引用其自身的未命名函数，该函数在创建时便被引用。
- 回调函数：回调函数通过将匿名函数与特定的事件关联来创建，这种函数可以在特定事件发生后调回。
- 函数文本：函数文本是一种可以用表达式（而不是脚本）声明的未命名函数。通常需要临时使用一个函数，或在使用表达式代替函数时使用该函数。

2. 函数的作用域

函数的作用域不但决定了可以在程序中的什么位置调用函数，还决定了函数可以访问程序中的哪些定义。与变量的作用域规则相同，函数也分为全局函数和嵌套函数两种。在全局作用域中声明的函数在整个代码中都可用，即全局函数（如 ActionScript 3.0 中的 isNaN() 和 parseInt()函数）。在一个函数中声明的函数即为嵌套函数。嵌套函数只能在声明它的函数中起作用。

3. 自定义函数

在 ActionScript 3.0 中可通过两种方法来自定义所需的函数，即使用函数语句定义和使用函数表达式定义。

- 使用函数语句定义：函数语句是在严格模式下定义函数的首选方法，其定义格式如下：

```
function 函数名(函数参数){
    statement(s);//作为函数体的语句
    };
```

如：

```
function tracePar(aParam:String){
Trace(aParam);
};
```

- 使用函数表达式定义：使用函数表达式定义的函数，也称为函数字面值或匿名函数。这是一种较为繁杂的方法，在早期的 ActionScript 版本中广为使用，其定义格式如下：

```
var 函数名:Function=function (参数){
    statement(s);//作为函数体的语句
    };
```

如：

```
var tracePar: Function=function
      (aParam:String){
    Trace(aParam);
    };
```

提示　除非在特殊情况下要求使用表达式定义，通常情况下都建议使用函数语句定义函数。因函数语句较为简洁，与函数表达式相比，有助于保持严格模式和标准模式的一致性。

4. 从函数中返回值

在 ActionScript 3.0 中，若要从函数中返回值，通常使用 return 语句。例如，下面的脚本就表示从 doubleNum 函数中返回函数值：

```
function doubleNum(baseNum:int):int
{
    return (baseNum*2);  //返回参数 baseNum 乘以 2 的值
}
```

由于篇幅有限，本模块只介绍了 ActionScript 3.0 中函数最基本的知识。若要深入学习函数，可在“帮助”面板中查看“ActionScript 3.0 编程”手册中相关详细讲解和范例。

操作四　运算符与表达式

运算符是一种特殊的函数，通过与表达式或相应脚本配合使用，可进行数值、字符或逻辑等方面的运算。

1. 运算符的类型

在 ActionScript 3.0 中运算符包括以下几种。

- 主要运算符：主要运算符包括用来创建 Array 和 Object 字面值、对表达式进行分组、调用函数、实例化类实例和访问属性的运算符，如图 7-1 所示。
- 一元运算符：一元运算符只有一个操作数。与后缀运算符不同，在一元运算符中的++和--运算符是前缀运算符，如图 7-2 所示。

运算符	执行的运算
[]	初始化数组
{x:y}	初始化对象
()	对表达式进行分组
f(x)	调用函数
new	调用构造函数
x.y x[y]	访问属性
<></>	初始化 XMLList 对象（E4X）
@	访问属性（E4X）
::	限定名称（E4X）
..	访问子级 XML 元素（E4X）

图 7-1　主要运算符

运算符	执行的运算
++	递增（前缀）
--	递减（前缀）
+	一元 +
-	一元 -（非）
!	逻辑"非"
~	按位"非"
delete	删除属性
typeof	返回类型信息
void	返回 undefined 值

图 7-2　一元运算符

- 后缀运算符：后缀运算符用于递增或递减值。后缀运算符有别于一元运算符，因其具有更高的优先级和特殊的行为，被单独划归到了一个类别。在将后缀运算符用做较长表达式的一部分时，会在处理后缀运算符之前返回表达式的值，如图 7-3 所示。

提示 前缀运算符与后缀运算符不同，前缀运算符的递增或递减操作是在返回整个表达式的值之前完成的。

- 加法运算符：加法运算符用于执行加法或减法计算，如图 7-4 所示。
- 关系运算符：关系运算符有两个操作数，用于比较两个操作数的值，然后返回一个布尔值，如图 7-5 所示。

运算符	执行的运算
++	递增（后缀）
--	递减（后缀）

图 7-3　后缀运算符

运算符	执行的运算
+	加法
-	减法

图 7-4　加法运算符

运算符	执行的运算
<	小于
>	大于
<=	小于或等于
>=	大于或等于
as	检查数据类型
in	检查对象属性
instanceof	检查原型链
is	检查数据类型

图 7-5　关系运算符

- 等于运算符：等于运算符有两个操作数，用于比较两个操作数的值，然后返回一个布尔值，如图 7-6 所示。
- 乘法运算符：乘法运算符用于执行乘、除或求模计算，如图 7-7 所示。
- 按位移位运算符：按位移位运算符包括两个操作数，用于将第一个操作数的各位按第二个操作数指定的长度移位，如图 7-8 所示。

运算符	执行的运算
==	等于
!=	不等于
===	严格等于
!==	严格不等于

图 7-6　等于运算符

运算符	执行的运算
*	乘法
/	除法
%	求模

图 7-7　乘法运算符

运算符	执行的运算
<<	按位向左移位
>>	按位向右移位
>>>	按位无符号向右移位

图 7-8　按位移位运算符

- 赋值运算符：赋值运算符有两个操作数，用于根据一个操作数的值对另一个操作数进行赋值，如图 7-9 所示。
- 条件运算符：条件运算符有 3 个操作数。条件运算符是应用 if...else 条件语句的一种简便方法，如图 7-10 所示。
- 逻辑运算符：逻辑运算符有两个操作数，用于根据逻辑运算结果返回布尔值。逻辑运算符有不同的优先级，并按优先级递减的顺序列出，如图 7-11 所示。
- 按位置逻辑运算符：按位逻辑运算符有两个操作数，用于执行位级别的逻辑运算。按位逻辑运算符具有不同的优先级，并按优先级递减的顺序列出，

运算符	执行的运算
=	赋值
*=	乘法赋值
/=	除法赋值
%=	求模赋值
+=	加法赋值
-=	减法赋值
<<=	按位向左移位赋值
>>=	按位向右移位赋值
>>>=	按位无符号向右移位赋值
&=	按位"与"赋值
^=	按位"异或"赋值
|=	按位"或"赋值

图 7-9　赋值运算符

如图 7-12 所示。

运算符	执行的运算
?:	条件

图 7-10　条件运算符

<table>
<tr><th>运算符</th><th>执行的运算</th></tr>
<tr><td>&&</td><td>逻辑"与"</td></tr>
<tr><td>||</td><td>逻辑"或"</td></tr>
</table>

图 7-11　逻辑运算符

<table>
<tr><th>运算符</th><th>执行的运算</th></tr>
<tr><td>&</td><td>按位"与"</td></tr>
<tr><td>^</td><td>按位"异或"</td></tr>
<tr><td>|</td><td>按位"或"</td></tr>
</table>

图 7-12　按位逻辑运算符

2．运算符的优先级

运算符的优先级决定了在同一个表达式中，各运算符的处理顺序。在 ActionScript 3.0 中各运算符的优先级顺序（优先级递减的顺序），如图 7-13 所示。

<table>
<tr><th>组</th><th>运算符</th></tr>
<tr><td>主要</td><td>[] {x:y} () f(x) new x.y x[y] <></> @ :: ..</td></tr>
<tr><td>后缀</td><td>x++ x--</td></tr>
<tr><td>一元</td><td>++x --x + - ~ ! delete typeof void</td></tr>
<tr><td>乘法</td><td>* / %</td></tr>
<tr><td>加法</td><td>+ -</td></tr>
<tr><td>按位移位</td><td><< >> >>></td></tr>
<tr><td>关系</td><td>< > <= >= as in instanceof is</td></tr>
<tr><td>等于</td><td>== != === !==</td></tr>
<tr><td>按位"与"</td><td>&</td></tr>
<tr><td>按位"异或"</td><td>^</td></tr>
<tr><td>按位"或"</td><td>|</td></tr>
<tr><td>逻辑"与"</td><td>&&</td></tr>
<tr><td>逻辑"或"</td><td>||</td></tr>
<tr><td>条件</td><td>?:</td></tr>
<tr><td>赋值</td><td>= *= /= %= += -= <<= >>= >>>= &= ^= |=</td></tr>
<tr><td>逗号</td><td>,</td></tr>
</table>

图 7-13　运算符的优先级

操作五　ActionScript 的添加方法

在 Flash CS3 中，制作者可以根据动画的实际需要，为相应的关键帧添加 Action 脚本，其操作步骤如下：

（1）在时间轴中选中要添加 Action 脚本的关键帧。

（2）选择【窗口】→【动作】菜单命令，或按“F9”键，打开“动作-帧”面板。

（3）在“动作-帧”面板中输入相应的 Action 脚本（注意字母大小写）。

（4）输入脚本后，单击✔按钮检查输入的脚本是否存在错误。检查无误后，单击☒按钮关闭面板。

（5）随后，时间轴中的关键帧中将出现“a”标记，表示该帧已被添加 Action 脚本。

对于刚开始学习 Action 脚本的初学者，或对 Action 脚本中脚本和语法不太熟练的使用者，可以利用 Flash CS3 中提供的“脚本助手”功能来添加和编辑 Action 脚本，其操作步骤如下：

（1）在“动作-帧”面板中单击 脚本助手 按钮，开启脚本助手功能。

（2）单击 按钮，在弹出的下拉列表中选择要添加的 Action 脚本。

（3）此时将显示该脚本对应的的参数设置项目。根据提示对脚本的参数进行设置。设置完成后，再次单击 脚本助手 按钮即可关闭脚本助手功能。

在脚本助手模式下，会根据添加的 Action 脚本的不同，在面板中显示不同的参数设置选项。

提示 脚本助手功能旨在帮助初学者规范脚本，以避免在编写 Action 脚本时，出现语法或逻辑错误。但要用好脚本助手，仍然需要用户对 Action 脚本的基本语法、变量、函数及运算符等知识有所了解。

◆ 学习与探究

Action 脚本都是在“动作-帧”面板中添加的，因此熟练掌握“动作-帧”面板中各按钮的功能及含义至关重要。图 7-14 所示为“动作-帧”面板，其中各按钮的功能及含义如下：

- ：将新项目添加到脚本中，单击该按钮可选择要添加到脚本中的项目。
- ：查找并替换脚本中的文本。
- ：帮助用户为脚本中的某个动作设置绝对或相对目标路径。
- ：检查当前脚本中的语法错误。检查到的语法错误将列在输出面板中。
- ：单击该按钮可设置脚本的格式，以实现正确的编码语法和更好的可读性。
- ：如果已经关闭了自动代码提示，单击该按钮可显示正在处理的代码行的代码提示。
- ：用于设置和删除断点，以便在调试时可以逐行执行脚本中的每一行。
- ：对出现在当前包含插入点的成对大括号或小括号间的代码进行折叠。
- ：折叠当前所选的代码块。
- ：展开当前脚本中所有折叠的代码。
- ：将注释标记添加到所选代码块的开头和结尾。
- 脚本助手：单击该按钮可开启“脚本助手”模式，在该模式中将显示一个用户界面，用于输入创建脚本所需的元素。
- ：在插入点处或所选多行代码中每一行的开头处添加单行注释标记。
- ：显示所选 ActionScript 脚本的参考信息。例如，单击脚本中的 import 语句，再单击该按钮，可在打开的“帮助”面板中查看该语句的参考信息。

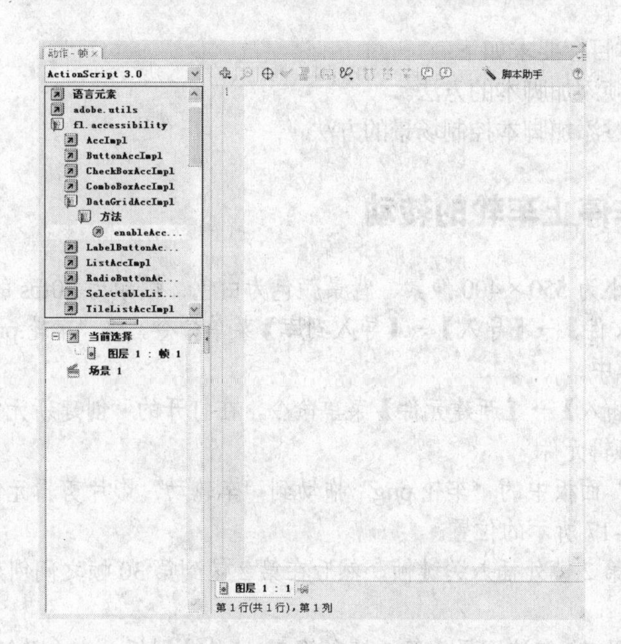

图 7-14　“动作-帧”面板

任务二　控制场景和帧

◆ 任务目标

本例将通过制作图 7-15 所示的停止车轮的转动动画和图 7-16 所示的为画册加播放控制器动画，了解使用脚本控制场景和帧的一般方法。

图 7-15　停止车轮的转动

图 7-16　为画册加播放控制器

素材位置：模块七\素材\车轮.png、汽车.png、画框.png、01.jpg～20.jpg

效果图位置：模块七\源文件\停止车轮的转动.fla、为画册加播放控制器.fla、停止车轮的转动.swf、为画册加播放控制器.swf

本任务的具体目标要求如下：

（1）掌握为帧添加脚本的方法。

（2）掌握通过添加脚本控制场景的方法。

操作一　制作停止车轮的转动

（1）新建大小为 550×400 像素、背景颜色为白色、帧频为 30fps 的 Flash 文档。

（2）选择【文件】→【导入】→【导入到库】菜单命令，将“车轮.png”和“汽车.png”图片素材导入到库中。

（3）选择【插入】→【新建元件】菜单命令，在打开的“创建新元件”对话框中创建“车轮动”影片剪辑元件。

（4）将“库”面板中的“车轮.png”拖动到“车轮动”影片剪辑元件场景中，调整其大小，放置到图 7-17 所示的位置。

（5）接着在第 2 帧处插入关键帧，然后在第 2 帧到第 30 帧之间创建车轮滚动的动作补间动画。

（6）新建图层 2，在该图层的第 2 帧和第 30 帧处分别插入空白关键字。选中第 1 帧，按“F9”键，在打开的“动作-帧”面板中输入“stop”语句。选中第 30 帧，在打开的“动作-帧”面板中输入“gotoAndPlay(2);”语句，其时间轴状态如图 7-18 所示。

图 7-17　放置车轮

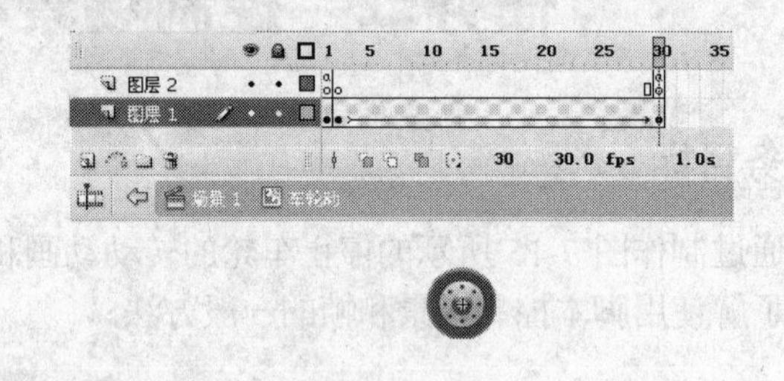

图 7-18　时间轴状态

（7）返回主场景，将“库”面板中的“汽车.png”拖动场景中，调整其大小，放置到图 7-19 所示的位置。

（8）新建“车轮”图层，将“库”面板中的“车轮转”影片剪辑元件拖动 3 个到场景中，调整其大小放置到图 7-20 所示的位置。

图 7-19　放置汽车

图 7-20　放置车轮到主场景

（9）新建“按钮”图层，选择【窗口】→【公共库】→【按钮】菜单命令，在打开的

图 7-21 所示的面板中选中“Classic Buttons”类下“Play”选项，将该按钮拖动到场景中汽车的下方。

（10）选中该按钮，在“属性”面板中将其命名为“pl”，如图 7-22 所示。

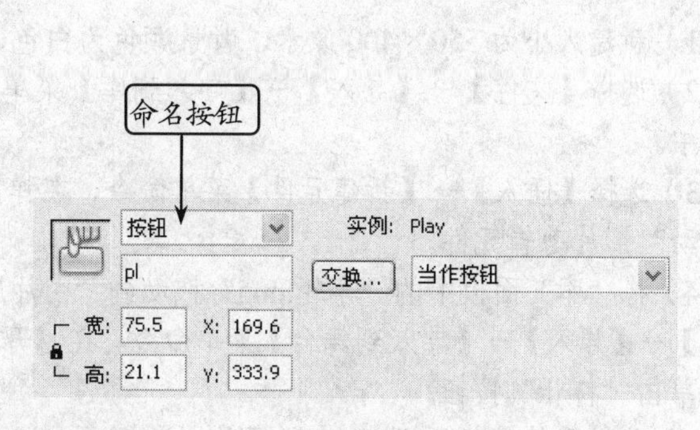

图 7-21　在公用库拖到按钮　　　　图 7-22　重新命名按钮

（11）使用相同的方法将公开库中的“stop”按钮拖动到场景中，如图 7-23 所示，并将该按钮在“属性”面板中命名为“st”。

图 7-23　放置按钮到场景

（12）新建“按钮”图层，按“F9”键，在打开的“动作-帧”面板中输入以下脚本：

```
pl.addEventListener(MouseEvent.CLICK,cld);
function cld(e:MouseEvent){
 cl1.play();
 cl2.play();
 cl3.play();
 }
 st.addEventListener(MouseEvent.CLICK,clt);
function clt(e:MouseEvent){
 cl1.gotoAndStop(1);
 cl2.gotoAndStop(1);
```

```
cl3.gotoAndStop(1);
}
```

（13）至此即完成了本动画的创建，按“Ctrl+Enter”组合键即可预览创建的动画效果。单击“play”按钮即可看到汽车车轮滚动的效果，单击“stop”按钮即可停止正在滚动的车轮。

操作二　为画册加播放控制器

（1）新建大小为 550 × 400 像素、背景颜色为白色、帧频为 12fps 的 Flash 文档。

（2）选择【文件】→【导入】→【导入到库】菜单命令，将“画框.png”图片素材导入到库中。

（3）选择【插入】→【新建元件】菜单命令，在弹出的“创建新元件”对话框中创建“车轮动”影片剪辑元件。

（4）将“库”面板中的“车轮.png”拖动到“图片序列”影片剪辑元件场景中。选择【文件】→【导入】→【导入到舞台】菜单命令，在打开的“导入”对话框中选择“01.jpg”选项，单击“打开”按钮。

（5）此时系统将打开图 7-24 所示的对话框，在该对话框中单击“是”按钮，将图片自动导入到第 1 帧到第 20 帧。

（6）新建图层 2，选中第 1 帧，按“F9”键，在打开的“动作-帧”面板中输入 stop 语句。

（7）返回主场景，将图层 1 命名为“画框”。将“库”面板中的“画框.png”拖动到场景中，调整其大小，放置到图 7-25 所示的位置。

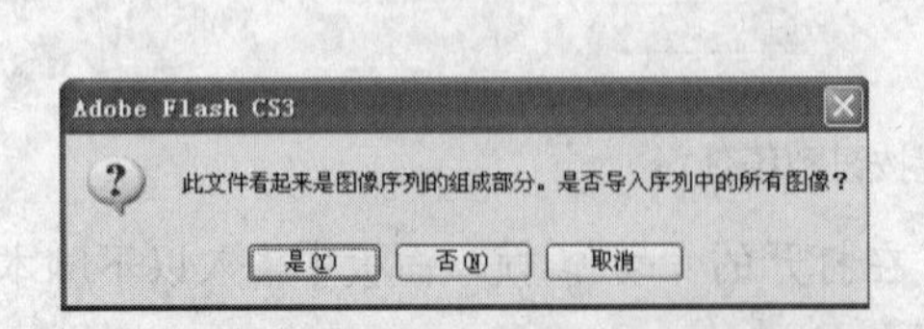

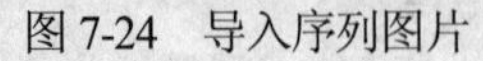

图 7-24　导入序列图片

图 7-25　放置画框

（8）新建“图片”图层，将“库”面板中的“图片序列”影片剪辑元件拖动到场景中，调整其大小，放置到图 7-26 所示的位置。

（9）选中场景中的影片剪辑元件，在“属性”面板中将其命名为“pic”，如图 7-27 所示。

图 7-26　拖到影片剪辑元件到场景

图 7-27　命名影片剪辑元件

（10）选择【窗口】→【公共库】→【按钮】菜单命令，在打开的图 7-28 所示的面板中选中“Circle Buttons”类下的“circle button to beginning”按钮，将该按钮拖动到场景中画框的下方。

（11）选中该按钮，在“属性”面板中将其命名为“prebut”，如图 7-29 所示。

图 7-28　选中“circle button-to beginning”按钮

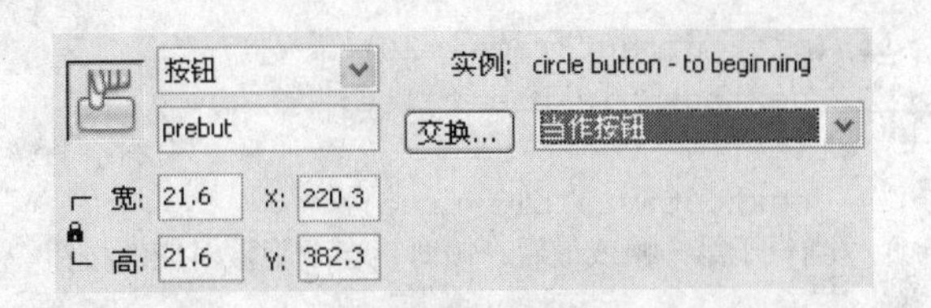

图 7-29　设置按钮属性

（12）使用相同的方法将公开库中的“circle button-to end”按钮拖动到库中，并将该按钮在“属性”面板中命名为“nextbut”，如图 7-30 所示。

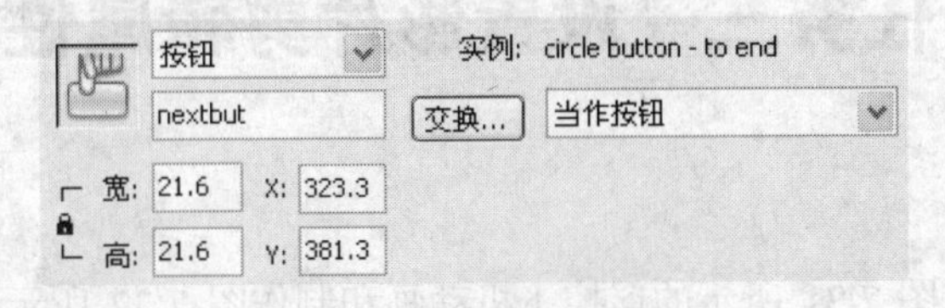

图 7-30　设置按钮属性

（13）新建“按钮”图层，按“F9”键，在打开的“动作-帧”面板中输入以下脚本：

```
prebut.addEventListener(MouseEvent.CLICK,pre);
function pre(e:MouseEvent) {
 prefunc();        //调用自定义函数
}
nextbut.addEventListener(MouseEvent.CLICK,nextto);
function nextto(e:MouseEvent) {
 nextfunc();       //调用自定义函数
}
function prefunc() {
 pic.prevFrame();//播放上一帧
 if (pic.currentFrame==1) {
     prebut.visible=false;
 } else {
     prebut.visible=true;
 }
 if (pic.currentFrame==20) {
     nextbut.visible=false;
 } else {
     nextbut.visible=true;
 }//当位于第一帧或最后一帧时，自动隐藏对应的按钮
}
function nextfunc() {
 pic.nextFrame();//播放下一帧
 if (pic.currentFrame==1) {
     prebut.visible=false;
 } else {
     prebut.visible=true;
 }
 if (pic.currentFrame==20) {
     nextbut.visible=false;
 } else {
     nextbut.visible=true;
 }//当位于第一帧或最后一帧时，自动隐藏对应的按钮
}
```

（14）至此即完成了本动画的创建，按“Ctrl+Enter”组合键即可预览创建的动画效果。此时在页面中单击相应按钮即可欣赏到不同页面中的图片效果。

任务三　设置影片剪辑属性

◆ 任务目标

本例将通过制作图 7-31 所示的遥控飞机动画和制作图 7-32 所示的下雪效果动画，了解通过设置影片剪辑属性制作动画的一般方法。

图 7-31　制作遥控飞机

图 7-32　制作下雪效果

素材位置：模块七\素材\蓝天.jpg、螺旋桨.png、直升机.png、雪景.jpg
效果图位置：模块七\源文件\制作遥控飞机.fla、制作下雪效果.fla、制作遥控飞机.swf、制作下雪效果.swf

本任务的具体目标要求如下：

（1）掌握设置影片剪辑属性的方法。

（2）掌握通过添加脚本控制影片剪辑及动画的方法。

操作一　制作遥控飞机

（1）新建一大小为 800 × 600 像素、背景颜色为白色、帧频为 30fps 的 Flash 文档。

（2）选择【文件】→【导入】→【导入到库】菜单命令，将“蓝天.jpg”、“螺旋桨.png”和“直升机.png”图片素材导入到库中。

（3）选择【插入】→【新建元件】菜单命令，在打开的“创建新元件”对话框中创建“飞机”影片剪辑元件。

（4）在“飞机”影片剪辑元件中将图层 1 命名为“机体”，在第 1 帧中将“库”面板中的“直升机.png”拖动到影片剪辑元件场景中，如图 7-33 所示。在该图层的第 7 帧处插入关键帧。

（5）新建“螺旋桨”图层，在第 1 帧中将“库”面板中的“螺旋桨.png”拖动到影片剪辑元件场景中，调整其大小，放置到图 7-34 所示的位置。

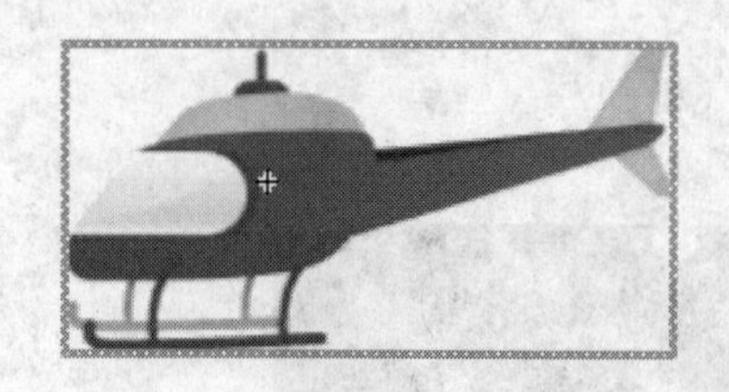

图 7-33　放置飞机

图 7-34　放置螺旋桨

（6）在第 4 帧和第 7 帧处分别插入关键帧，将第 4 帧的螺旋桨形状更改为图 7-35 所示的形状。然后在该图层创建螺旋桨旋转的动作补间动画，其时间轴状态如图 7-36 所示。

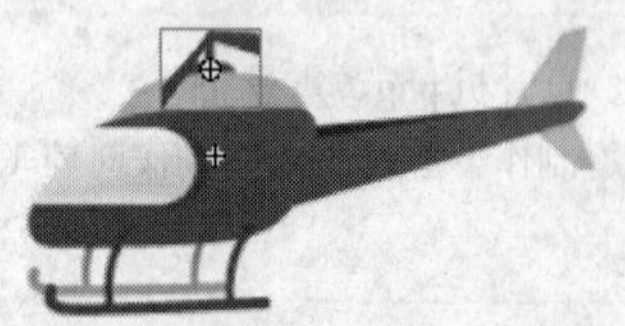

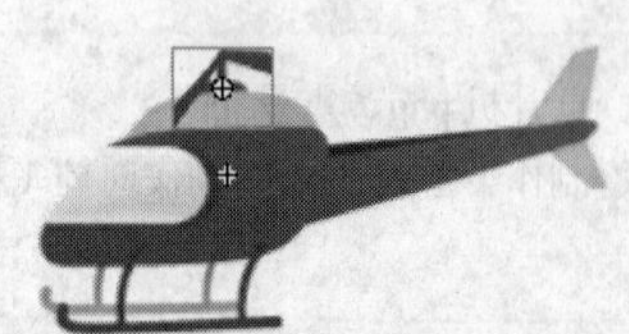

图 7-35　更改螺旋桨形状

图 7-36　创建螺旋桨选择动画

（7）返回主场景。将图层 1 命名为“蓝天”，将“库”面板中的“蓝天.jpg”拖动到场景中，调整其大小，放置到图 7-37 所示的位置。

图 7-37　放置背景图片

（8）新建“飞机”图层，将“库”面板中的“飞机”影片剪辑元件拖动到场景中，调整其大小，放置到图 7-38 所示的位置。

（9）选中该影片剪辑元件，在“属性”面板中将其命名为“zsj”，如图 7-39 所示。

图 7-38　放置飞机影片剪辑元件

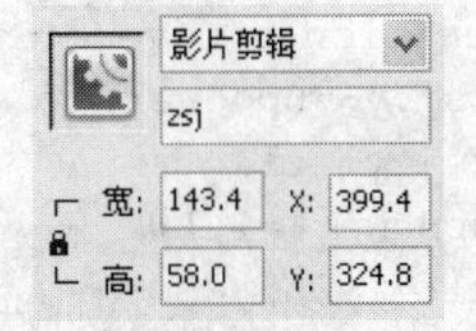

图 7-39　设置影片剪辑属性

（10）新建“as”图层，按“F9”键，在打开的“动作-帧”面板中输入以下脚本：

```
var uppower:Number=0;      //飞机上升的动力
var zyz:Number=0;          //左右移动的数值
var zl:Number=1;           //下落的重力
stage.addEventListener(KeyboardEvent.KEY_DOWN,jz);//为场景增加按钮侦听
function jz(e:KeyboardEvent) {
 switch (e.keyCode) {      //获取按下的的键值
     case Keyboard.UP :    //如果为上方向键
         uppower=5;        //重置上升动力的值
         zl=0;             //重置下落重力的值
         zsj.rotation=0;   //对直升机进行旋转
         break;
     case Keyboard.LEFT : //如果为左方向键
         uppower=2;        //重置上升动力的值
```

```
        zl=0;                   //重置下落重力的值
        zyz=-10;                //将直升机向左移动
        zsj.rotation=-20;       //对直升机进行旋转
        break;
    case Keyboard.RIGHT :       //如果为右方向键
        uppower=2;              //重置上升动力的值
        zl=0;                   //重置下落重力的值
        zyz=10;                 //将直升机向右移动
        zsj.rotation=20;        //对直升机进行旋转
        break;
    case Keyboard.DOWN :        //如果为下方向键
        uppower=0;              //重置上升动力的值
        zl=12;                  //重置下落重力的值
        zsj.rotation=0;         //对直升机进行旋转
        break;
    default :
        break;
 }
}
stage.addEventListener(KeyboardEvent.KEY_UP,bjz);
function bjz(e:KeyboardEvent) {
 uppower=0;
 zyz=0;
 zl=1;
 zsj.rotation=0;                //如果放开按下的键，将恢复所有的默认值
}
stage.addEventListener(Event.ENTER_FRAME,qtmove);
function qtmove(e:Event) {
 zsj.y-=uppower;
 zsj.y+=zl;
 uppower*=1.1;
 zl*=1.05;
 zsj.x+=zyz*1.05;               //将设定的数值应用到直升机的影片剪辑属性上
 if (zsj.x>stage.stageWidth-100) {
     zsj.x=stage.stageWidth-100;
 } else if (zsj.x<0) {
     zsj.x=0;
 }
 if (zsj.y>stage.stageHeight-zsj.height/2) {
     zsj.y=stage.stageHeight-zsj.height/2;
 }
 if (zsj.y<0) {
     zsj.y=0;
 }//设置直升机可以上下和左右移动的场景范围
}
```

（11）至此即完成了本动画的创建，按“Ctrl+Enter”组合键即可预览创建的动画效果。此时按键盘上的方向键即可对飞机进行遥控。

操作二　制作下雪效果

（1）新建一大小为 590×410 像素、背景颜色为灰色、帧频为 30fps 的 Flash 文档。

（2）选择【文件】→【导入】→【导入到库】菜单命令，将“雪景.jpg”图片素材导入到库中。

（3）选择【插入】→【新建元件】命令，在弹出的“创建新元件”对话框中单击“高级”按钮，然后进行图 7-40 所示的设置。

（4）单击“确定”按钮后系统将打开图 7-41 所示的提示对话框，在该对话框中单击“确定”按钮，然后在“雪花”影片剪辑元件场景中使用椭圆工具绘制图 7-42 所示的雪花。

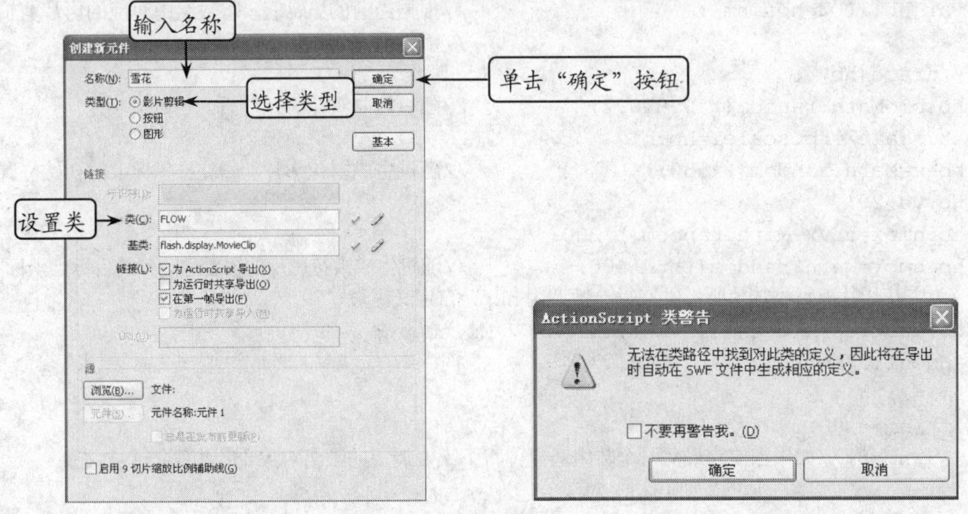

图 7-40　创建带类的影片剪辑元件　　　　图 7-41　系统提示对话框

（5）返回主场景，将图层 1 命名为“雪景”，将“库”面板中的“雪景.jpg”拖动到影片剪辑元件场景中，调整其大小，放置到图 7-43 所示的位置。

图 7-42　绘制雪花　　　　图 7-43　放置背景图片

（6）新建“as”图层，按“F9”键，在打开的“动作-帧”面板中输入以下脚本：

```
var hba:Array=new Array();     //新建数组对象
```

```
var nm:int=0;
for (var i:int=0; i<100; i++) {
 var flo:FLOW=new FLOW();                  //循环并动态生成雪花影片剪辑
 flo.filters=[new BlurFilter(4,4,2)]; //为雪花影片剪辑动态添加模糊滤镜
 hba.push(flo);                            //将生成的影片剪辑放入数组中
}
var mytime:Timer=new Timer(100);
mytime.addEventListener(TimerEvent.TIMER,PH);
mytime.start();                            //新建并设置 Timer 对象，使其每 100 毫秒执
                                           //行一次 PH 自定义函数
function PH(e:TimerEvent) {
 var hb:FLOW=hba[nm];                      //根据当前的 nm 值，将数组中对应的影片剪辑
                                           //赋值给 hb 对象
 //trace(hb);
 hb.bl=Math.random()*0.8+0.2;              //随机控制雪花影片剪辑的初始大小
 hb.scaleX=hb.scaleY=hb.bl
 hb.x=Math.random()*550;                   //随机生成雪花影片剪辑在 x 坐标上的初始位置
 hb.y=-20;
 hb.hmbx=hb.x+Math.random()*200;
 hb.hmby=Math.random()*50+400;             //随机生成雪花影片剪辑要运动到的目标点坐标
//为雪花影片剪辑添加侦听，并在每一帧调用 hbpp 自定义函数
 hb.addEventListener(Event.ENTER_FRAME,hbpp);
 addChild(hb);
 nm+=1;
 if (nm==100) {
     nm=0;//如果当前为最后一个数组对象，将下次要调用的数组对象重置为第一个
 }
}
function hbpp(e:Event){
 //trace(e.target.hmbx);
 e.target.x+=(e.target.hmbx-e.target.x)*0.01;
 e.target.y+=(e.target.hmby-e.target.y)*0.01; //控制雪花影片剪辑每一帧应缓动
                                              //到的位置
//根据与目标点的距离等值缩小雪花影片剪辑
 e.target.scaleX=e.target.scaleY=e.target.bl*(e.target.hmby-e.target.y)*
0.003;
//根据与目标点的距离等值使雪花影片剪辑逐渐透明
 e.target.alpha=1*(e.target.hmby-e.target.y)*0.003
 if(Math.abs(e.target.hmbx-e.target.x)<15&&Math.abs(e.target.hmby-e.targ
et.y)<15){
//如果移动到目标点，则删除为雪花影片剪辑添加的帧，以节约系统资源
     e.target.removeEventListener(Event.ENTER_FRAME,hbpp);}
 }
```

（7）至此即完成了本动画的创建，按“Ctrl+Enter”组合键即可预览创建的动画效果。

任务四　使用循环和条件语句

◆ 任务目标

本例将使用循环和条件语句制作图 7-44 所示的抽奖游戏和图 7-45 所示的数字时钟动画，通过本实例了解并掌握使用循环和条件语句制作动画的方法。

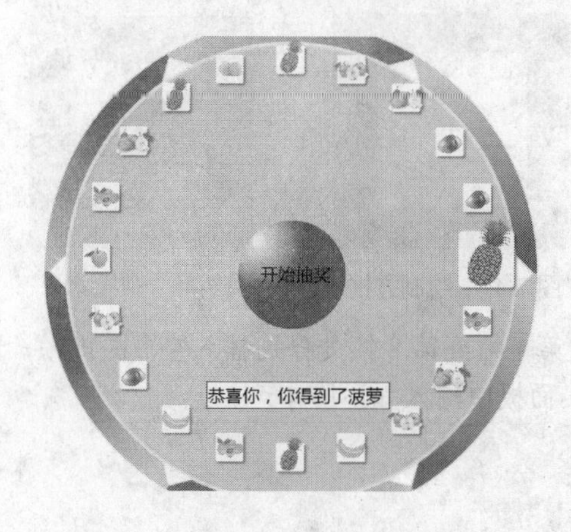

图 7-44　抽奖游戏

图 7-45　数字时钟

素材位置：模块七\素材\转盘.jpg、钟表.png、01.png～20.png

效果图位置：模块七\源文件\抽奖游戏.fla、数字时钟.fla、抽奖游戏.swf、数字时钟.swf

本任务的具体目标要求如下：

（1）掌握循环和条件语句的使用方法。

（2）掌握使用循环和条件语句制作动画的一般方法。

操作一　制作抽奖游戏

（1）新建一大小为 720×720 像素、背景颜色为白色、帧频为 30fps 的 Flash 文档。

（2）选择【文件】→【导入】→【导入到库】菜单命令，将“转盘.jpg”图片素材导入到库中。

（3）选择【插入】→【新建元件】菜单命令，在打开的“创建新元件”对话框中单击“高级”按钮，然后进行图 7-46 所示设置。

（4）单击“确定”按钮后，在系统弹出的提示对话框中单击“确定”按钮。在“奖品”影片剪辑元件中将图层 1 命名为“方框”，使用矩形工具绘制图 7-47 所示的矩形。然后在第 8 帧处插入普通帧。

（5）新建“水果”图层，在该图层选择【文件】→【导入】→【导入到舞台】菜单命令，在打开的对话框中选择第 1 张水果图片，即可将 8 张水果图片导入到该图层不同的帧中。将水果图片调整到方框内，如图 7-48 所示。

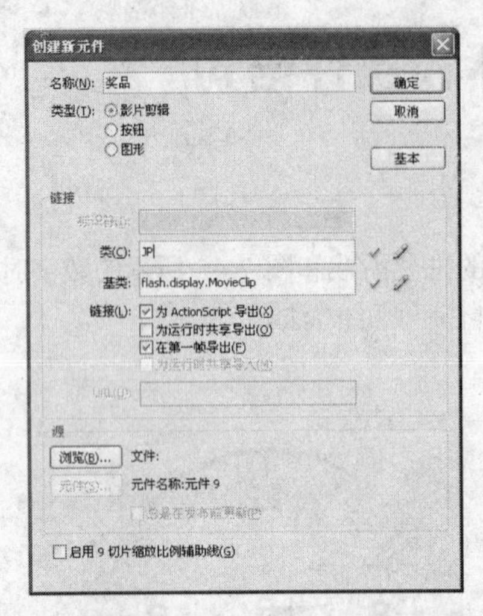

图 7-46　新建“奖品”影片剪辑元件

图 7-47　绘制方框

图 7-48　放置水果

（6）新建“奖品纸”图层，在该图层的第 1 帧到第 8 帧处分别插入空白关键帧，选中第 1 帧，按“F9”键，在打开的“动作-帧”面板中输入如下脚本：

```
stop();
var jpz:String;
jpz="杏子";
```

（7）使用相同的方法分别在第 2 帧、第 3 帧、第 4 帧、第 5 帧、第 6 帧、第 7 帧和第 8 帧处分别输入脚本“jpz="苹果";”、“jpz="梨子";”、“jpz="黄桃";”、“jpz="橘子";”、“jpz="菠萝";”、“jpz="香蕉";”、“jpz="芒果";”。完成该元件的编辑。

（8）新建“抽奖按钮”按钮元件，使用椭圆工具在该元件“弹起”帧中绘制图 7-49 所示的红色按钮。

（9）选择文本工具，在“属性”面板中进行图 7-50 所示的设置。然后在“弹起”帧所绘按钮上方添加图 7-51 所示的文本。

图 7-49　绘制按钮

图 7-50　设置文本属性

（10）在“指针经过”帧处插入关键帧，然后将红色的按钮更改为图 7-52 所示的黄色按钮。将“弹起”帧复制到“点击”帧，在该帧中将按钮上的文本删除只留下红色按钮。

（11）返回主场景。将图层 1 命名为“转盘”，将“库”面板中的“转盘.jpg”拖动到影片剪辑元件场景中，调整其大小，放置到图 7-53 所示的位置。

图 7-51　添加文本

图 7-52　更改按钮颜色

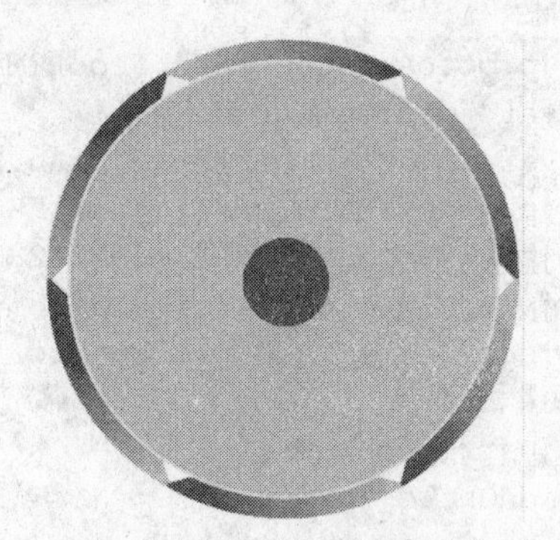

图 7-53　放置转盘图片

（12）新建“开始按钮”图层，将“库”面板中的“抽奖按钮”元件拖动到场景中，调整其大小，放置到如图 7-54 所示的位置。并在“属性”面板中将其命名，如图 7-55 所示。

（13）新建“as”图层，选中文本工具，在图 7-56 所示的位置拖到出一个动态文本框。在“属性”面板设置动态文本，如图 7-57 所示。

图 7-54　放置按钮元件

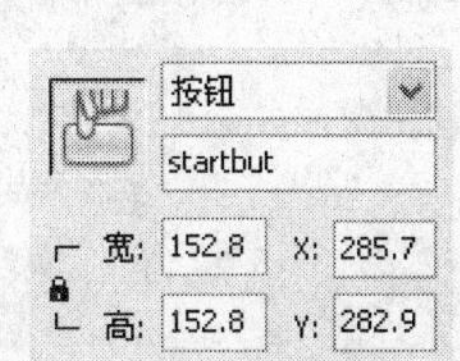

图 7-55　重命名按钮

图 7-56　放置动态文本

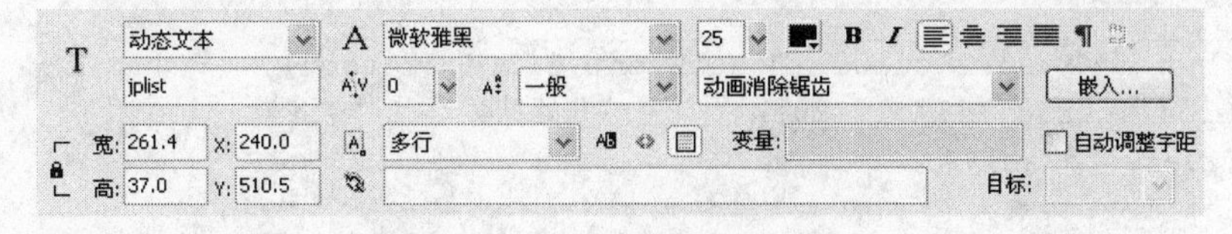

图 7-57　设置动态文本

（14）按“F9”键，在打开的“动作-帧”面板中输入以下脚本：

```
var num:int=20;               //场景中奖品影片剪辑的最大数量
var dwjd:Number=360/num;
var timeend:int;
var jparr:Array=new Array();
var xzx:Number=stage.stageWidth/2;
var yzx:Number=stage.stageHeight/2;
var dqz:int=0;
var ljz:int=0;
var zlon:Boolean=false;               //用于表示当前正在抽奖的布尔值
for (var i:int=0; i<num; i++) {    //利用循环自动生成并排列奖品影片剪辑
 var jp:JP=new JP();
```

```
    jp.gotoAndStop(Math.floor(Math.random()*8+1));//随机决定影片剪辑的奖品内容
    var jpjd:Number=dwjd*i;          //获取影片剪辑对应的角度值
    var jpjdz:Number=jpjd*Math.PI/180;//将角度值转换为弧度
    jp.x=xzx+Math.cos(jpjdz)*280;
    jp.y=yzx+Math.sin(jpjdz)*280;     //根据弧度在场景中放置影片剪辑
    jp.scaleX=jp.scaleY=0.5;
    jp.filters=[new DropShadowFilter(4,45,0x000000,0.5,3,3,1,2)];//为影片剪辑
增加阴影滤镜
    jparr.push(jp);
    addChild(jp);
   }
  var mytimer:Timer=new Timer(30);
  mytimer.addEventListener(TimerEvent.TIMER,cj);
  function cj(e:TimerEvent) {
   dqz+=1;
   if (dqz==jparr.length) {
       dqz=0;
   }
   for (var i:int=0; i<jparr.length; i++) {
       var jp:JP=jparr[i];
       if (i==dqz) {
           jp.scaleX=jp.scaleY=1;
       } else {
           jp.scaleX=jp.scaleY=0.5;
       }
   }
   ljz+=1;
   if (ljz==timeend) {
       endcj();
   }
  }
  startbut.addEventListener(MouseEvent.CLICK,startcj);
  function startcj(e:MouseEvent) {  //开始抽奖
   if (zlon==false) {
       jplist.text="";
       timeend=Math.floor(Math.random())*300+150;
       mytimer.start();
       zlon=true;
   }
  }
  function endcj() {                  //停止抽奖
   ljz=0;
   mytimer.stop();
   zlon=false;
   givejp();
  }
  function givejp() {                 //显示获奖信息
   jplist.text="恭喜你，你得到了"+jparr[dqz].jpz;
  }
```

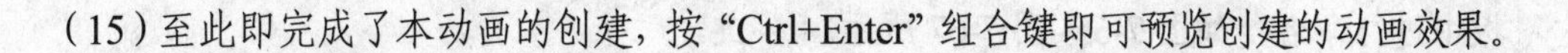

（15）至此即完成了本动画的创建，按“Ctrl+Enter”组合键即可预览创建的动画效果。

操作二　制作数字时钟

（1）新建一大小为 420 × 420 像素、背景颜色为白色、帧频为 12fps 的 Flash 文档。

（2）选择【文件】→【导入】→【导入到库】菜单命令，将“钟表.jpg”图片素材导入到库中。

（3）选择【插入】→【新建元件】菜单命令，在打开的“创建新元件”对话框中创建“帧轴”图形元件。

（4）在“针轴”图形元件使用椭圆工具绘制椭圆，并使用颜料桶工具为其填充图 7-58 所示的渐变色，得到图 7-59 所示的效果

（5）新建“时针”影片剪辑，在场景中绘制图 7-60 所示的时针。

图 7-58　设置渐变色　　图 7-59　绘制椭圆　　图 7-60　绘制时针

（6）新建“分针”影片剪辑，在场景中绘制图 7-61 所示的分针。

（7）新建“秒针”影片剪辑，在场景中绘制图 7-62 所示的秒针。

（8）返回主场景，将图层 1 命名为“表面”。将“库”面板中的“钟表.jpg”拖动到影片剪辑元件场景中，调整其大小，放置到图 7-63 所示的位置。

（9）新建“指针”图层，将“库”面板中的“时针”影片剪辑元件、“分针”影片剪辑元件、“秒针”影片剪辑元件和“针轴”图形元件按先后顺序放置到场景中，调整其大小，得到图 7-64 所示的效果。

图 7-61　绘制分针　图 7-62　绘制秒针　图 7-63　放置钟表　　图 7-64　放置元件

（10）选中场景中的“时针”、“分针”和“秒针”影片剪辑元件，分别在“属性”面

板中进行命名，如图 7-65~图 7-67 所示。

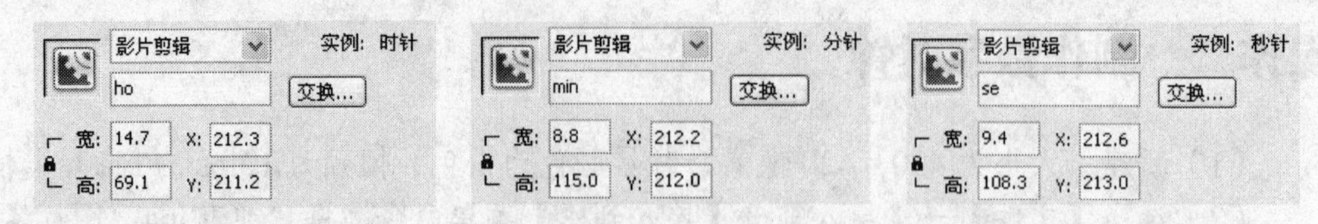

图 7-65　命名时针　　图 7-66　命名分针　　图 7-67　命名秒针

（11）新建“脚本”图层，按“F9”键，在打开的“动作-帧”面板中输入以下脚本：

```
var mytimer:Timer=new Timer(1000);
mytimer.addEventListener(TimerEvent.TIMER,zbm);
mytimer.start();
function zbm(e:TimerEvent) {
 var time:Date = new Date();
 hours = time.getHours();
 minutes = time.getMinutes();
 seconds = time.getSeconds();
 if (hours>12) {
     hours = hours-12;
 }
 if (hours<1) {
     hours = 12;
 }
 hours = hours*30+int(minutes/2);
 minutes = minutes*6+int(seconds/10);
 seconds = seconds*6;
 ho.rotation=hours;
 min.rotation=minutes;
 se.rotation=seconds;
}
```

（12）至此即完成了本动画的创建，按“Ctrl+Enter”组合键即可预览创建的动画效果。

◆ 学习与探究

在 Flash CS3 中常用的循环/条件控制脚本主要有以下几个。

1. for 语句

for 语句用于指定次数的循环执行脚本。执行 for 脚本时，首先判断设置的条件是否符合，若符合则执行用户设置的 ActionScript 脚本，执行完后更新循环条件，并再次判断条件是否符合，如符合条件则继续执行，否则退出循环。

语法格式：

```
for(init;condition;next){
statement(s);
}
```

参数：init 表示在开始循环前要计算的条件表达式，通常为赋值表达式。condition 表示在开始循环前要计算的可选表达式，通常为比较表达式。如果表达式的计算结果为 true，

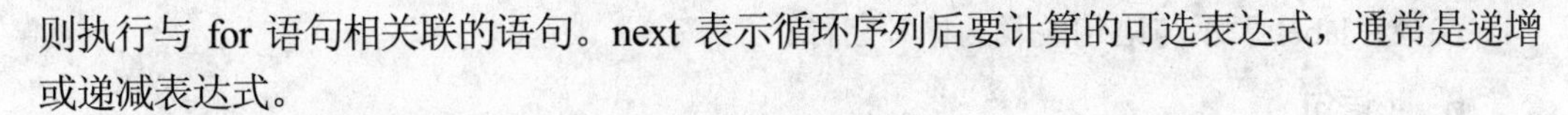

则执行与 for 语句相关联的语句。next 表示循环序列后要计算的可选表达式，通常是递增或递减表达式。

2. for…in 语句

for...in 语句用于根据对象的所有属性或数组中的元素，循环执行脚本。

语法格式：

```
for (variableIterant:String in object){
// 语句
}
```

参数：variableIterant:String 表示要作为迭代变量的变量的名称，以及变量引用对象的每个属性或数组中的每个元素。

提示 for…in 和 for 都是指定次数的循环控制脚本，两者的差异如下：for…in 语句只按照复制对象所有的属性或数组中的元素循环执行。而 for 语句如果在一开始时就没有符合条件，则不会执行循环相应的脚本。

3. while 语句

while 语句用于根据指定的条件循环执行脚本。while 脚本在循环前会先检查循环条件是否成立，如果成立，则执行用户设置的 ActionScript 脚本，在执行脚本后再次对条件进行检查并执行 ActionScript 脚本，直到不成立时终止循环。

语法格式：

```
while (condition Boolean){
// 语句
}
```

参数：condition Boolean 表示用于计算结果为 true 或 false 的表达式。

4. do…while 语句

do…while 语句用于根据指定的条件循环执行脚本。do…while 脚本会先执行一次设置的 ActionScript 脚本，然后判断是否满足条件，若满足条件则继续执行，否则终止循环。

语法格式：

```
do { statement(s) } while (condition)
```

参数：condition 表示用于计算结果的条件表达式。

提示 do…while 和 while 都是需判定条件的循环控制脚本，两者的差异如下：while 脚本中若没有满足条件，则不执行设置的 ActionScript 脚本，即先判断条件后执行。而 do…while 语句在没有满足条件的情况下，也会执行一次设置的 ActionScript 脚本，即先执行后判断条件。

5. break 语句

break 语句用于在循环（for、for…in、do…while 或 while）内，跳出正在执行的循环。

语法格式：

```
[break];
```

参数：label:表示与语句关联的标签名称。

6．if 语句

if 语句用于对设定的条件进行判定，如果条件为真，则执行设置的 ActionScript 脚本，否则将跳过该脚本的执行。

语法格式：

```
if (condition){
//语句
}
```

参数：condition 表示用于计算结果为 true 或 false 的表达式。

7．else 语句

else 语句通常与 if 配合使用，用于对设定的条件进行判定，如果判定的结果为真，则执行 if 中设置的 ActionScript 脚本，否则执行 else 中设置的 ActionScript 脚本。

语法格式：

```
if (condition){
//语句;
} else {
//语句;
}
```

参数: condition 表示为 if 判断的条件; 第一个语句表示条件为真时需执行的 ActionScript 脚本，第二个语句表示条件为假时需执行的 ActionScript 脚本。

还可与 if 语句组合，用于对设定的条件进行判定，如果判定的结果为真，则执行 if 中设置的 ActionScript 脚本，否则就判定 else if 中的条件是否为真，并执行 else if 中设置的 ActionScript 脚本。

语法格式：

```
if(condition) {
//语句;
} else if(condition) {
//语句;
}
```

参数：第一个 condition 表示为 if 判断的条件，第二个 condition 表示为 else if 判断的条件；第一个语句表示条件为真时需执行的 ActionScript 脚本，第二个语句表示当 else if 设定的条件为真时需执行的 ActionScript 脚本。

任务五　声音控制脚本

◆ 任务目标

本任务将利用声音控制脚本，制作一个图 7-68 所示的可实现声音播放、停止及音量控制的音乐播放器。通过本例的练习，掌握 Flash CS3 中常用声音控制脚本的基本用法。

素材位置：模块七\素材\播放器.jpg、古典.mp3
效果图位置：模块七\源文件\制作音乐播放器.fla、制作音乐播放器.swf

本任务的具体目标要求如下：

（1）认识和了解声音控制脚本。

（2）掌握利用声音控制脚本制作音乐播放器的方法。

图 7-68　音乐播放器

操作一　导入素材并创建元件

（1）新建一大小为 175×340 像素、背景颜色为白色、帧频为 20fps 的 Flash 文档。

（2）选择【文件】→【导入】→【导入到库】菜单命令，将“播放器.jpg”图片素材导入到库中。

（3）选择【插入】→【新建元件】菜单命令，在打开的“创建新元件”对话框中创建一个按钮元件。

（4）在按钮元件场景的第 3 帧和第 4 帧处分别插入空白关键帧，使用椭圆工具在“点击”帧所在场景中绘制图 7-69 所示的图形。

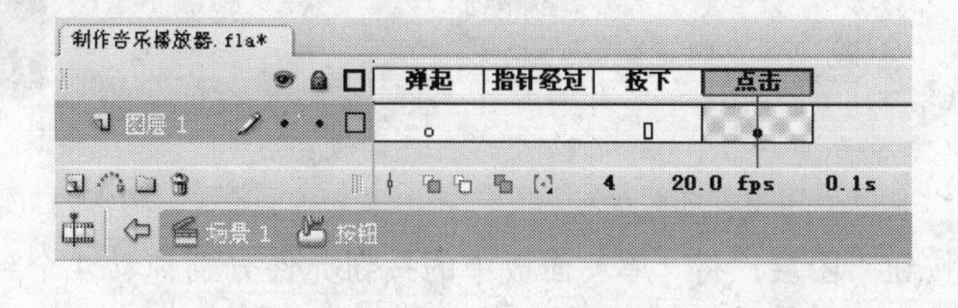

图 7-69　编辑按钮元件

操作二　编辑场景并添加脚本

（1）返回主场景。将图层 1 命名为“播放器”。将“库”面板中的“播放器.jpg”拖动到影片剪辑元件场景中，调整其大小，放置到图 7-70 所示的位置。

（2）新建“信息”图层，选中工具箱中的文本工具T，在“属性”面板中进行图 7-71 所示的设置，然后在面板中输入文本“音量”。

（3）接着在“属性”面板中对动态文本进行图 7-72 所示的设置，并在场景中“音量”文本的后面输入图 7-73 所示的动态文本。

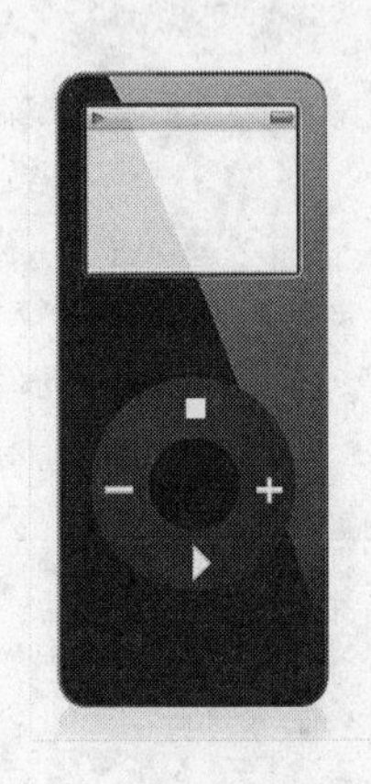

图 7-70　放置播放器

图 7-71　设置静态文本

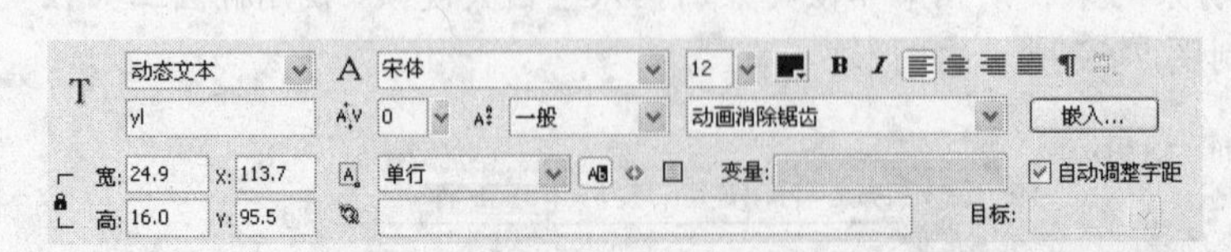

图 7-72　设置动态文本

图 7-73　输入动态文本

（4）新建“按钮”图层，将“库”面板中的按钮元件分别拖动 4 个到场景中，调整其大小，放置到播放、暂停、减小和增大键的上方。

（5）选择播放键上的按钮，在属性面板中对其进行图 7-74 所示的设置。

（6）选择音量增大键上的按钮，在属性面板中对其进行图 7-75 所示的设置。

（7）选择音量减小键上的按钮，在属性面板中对其进行图 7-76 所示的设置。

（8）选择暂停键上的按钮，在属性面板中对其进行图 7-77 所示的设置。

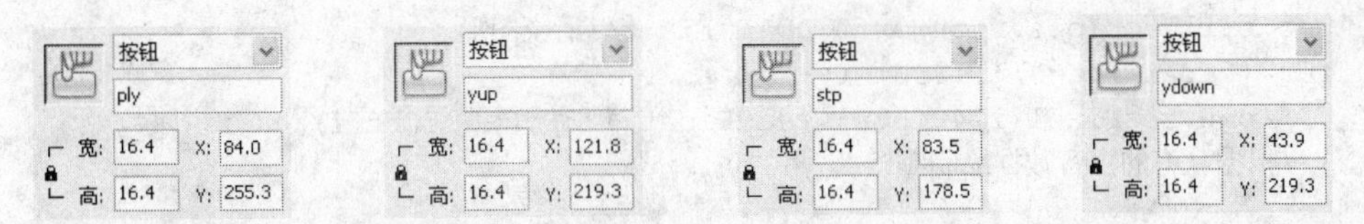

图 7-74　命名按钮 01　　图 7-75　命名按钮 02　　图 7-76　命名按钮 03　　图 7-77　命名按钮 04

（9）新建“脚本”图层，按“F9”键，在打开的“动作-帧”面板中输入以下脚本:

```
var mysound = new Sound();
mysound.load(new URLRequest("古典.mp3"));  //加载外部声音
var ylz=1;                                  //创律音量
var yls=ylz*100;
yl.text=yls;
//播放按钮
ply.addEventListener(MouseEvent.CLICK,plyevent);
function plyevent(event:MouseEvent):void {
 var channel:SoundChannel = mysound.play();//播放声音
}
//停止按钮
stp.addEventListener(MouseEvent.CLICK,stpevent);
function stpevent(event:MouseEvent):void {
 SoundMixer.stopAll();                      //停止播放
}
ydown.addEventListener(MouseEvent.CLICK,yldown);
function yldown(event:MouseEvent):void {
 if (ylz>0.1) {
     SoundMixer.soundTransform = new SoundTransform(ylz-=0.1, 0);
 }//减小音量
 yls=ylz*100;
 yl.text=String(Math.floor(yls));
}
yup.addEventListener(MouseEvent.CLICK,ylup);
function ylup(event:MouseEvent):void {
 if (ylz<1) {
     SoundMixer.soundTransform = new SoundTransform(ylz+=0.1, 0);
 }//增加音量
 yls=ylz*100;
 yl.text=String(Math.floor(yls));
}
//制作根据音乐变化的实时频谱
var ppsj:ByteArray=new ByteArray();   //新建 byte 数组
var ppt:BitmapData=new BitmapData(106,55,true,0x00000000);
var tsx:Bitmap=new Bitmap(ppt);       //新建图片
tsx.y=42;
tsx.x=30;
addChild(tsx);
addEventListener(Event.ENTER_FRAME,PPGX);
function PPGX(e:Event) {
 SoundMixer.computeSpectrum(ppsj);    //抓取声音数据
```

```
    ppt.fillRect(ppt.rect,0xff7DDAF0);    //清空图形
    for (var i:int=0; i<256; i++) {
        ppt.setPixel(i,40+ppsj.readFloat()*50,0x00ffffff);
    }//根据获得的声音数据绘制频谱
}
```

（10）至此即完成了本动画的创建，按“Ctrl+Enter”组合键即可预览创建的动画效果。

◆ 学习与探究

在 Flash CS3 实际应用中，常用的声音控制脚本主要有以下几个。

1．load 语句

load 语句用于从指定的 URL 位置加载外部的 MP3 文件到动画中。

语法格式：

```
public function load(stream:URLRequest, context:SoundLoaderContext default=null):void
```

参数：stream:URLRequest 表示外部 MP3 文件的 URL 位置；context:SoundLoaderContext (default=null)表示 MP3 数据保留在 Sound 对象缓冲区中的最小毫秒数，在开始回放及在网络中断后继续回放之前，Sound 对象将一直等待直至至少拥有这一数量的数据为止，默认值为 1000（1 秒）。

2．play 语句

play 语句用于生成一个新的 SoundChannel 对象来回放该声音。此方法返回 SoundChannel 对象，访问该对象可停止声音并监控音量（若要控制音量、平移和平衡，请访问分配给声道的 SoundTransform 对象）。

语法格式：

```
public function play(startTime:Number =0,loops:int=0,sndTransform:SoundTra-nsform= null):SoundChannel
```

参数：

```
startTime:Number (default = 0)表示开始播放的初始位置（以毫秒为单位）；
loops:int (default = 0)表示在声道停止播放前，声音循环 startTime 值的次数；
sndTransform:SoundTransform (default = null) 表示分配给该声道的初始 SoundTransform 对象。
```

3．close 语句

close 语句用于关闭通过流方式加载声音文件的流，从而停止所有数据的下载。

语法格式：

```
public function close():void
```

4．SoundMixer.stopAll 语句

SoundMixer.stopAll 语句用于停止当前所有正在播放的声音。

语法格式：

```
public static function stopAll():void
```

5. soundTransform 语句

soundTransform 语句用于创建 SoundTransform 对象。并通过 undTransform 对象设置音量、平移、左扬声器和右扬声器的属性。

语法格式：

```
public 函数 soundTransform(vol:Number =default 1, panning:Number default= 0)
```

参数：

```
vol:Number (default = 1)表示音量范围，其范围为 0（静音）至 1（最大音量）；
panning:Number (default = 0)表示声音从左到右的声道平移，范围从-1（左侧最大平移）至 1（右侧最大平移），值为 0 表示没有平移（居中）。
```

实训一　制作“登录界面及程序”动画

◆ 实训目标

本实训要求完全使用脚本语句制作图 7-78 所示的登录界面及程序。通过本实训进一步熟悉 Flash CS3 中脚本语句制作简单动画的方法。

素材位置：模块七\素材\登录框.jpg

效果图位置：模块七\源文件\制作登录界面及程序.fla、制作登录界面及程序.swf

图 7-78　“登录界面及程序”动画效果

◆ 实训分析

本实训的制作思路如图 7-79 所示，具体分析及思路如下：

（1）新建文档，将场景大小设置为 450×385 像素、背景设置为白色、帧频设置为 12fps。导入图片素材并创建按钮元件。

（2）将图层 1 命名为“界面”图层，在该图层放置背景图片。新建“文本框”图层，创建输入文本和动态文本，并设置其属性。

（3）新建“按钮”图层，拖到“登录按钮”元件到场景中并设置其属性。

（4）新建“as”图层，在该图层中输入脚本语句。

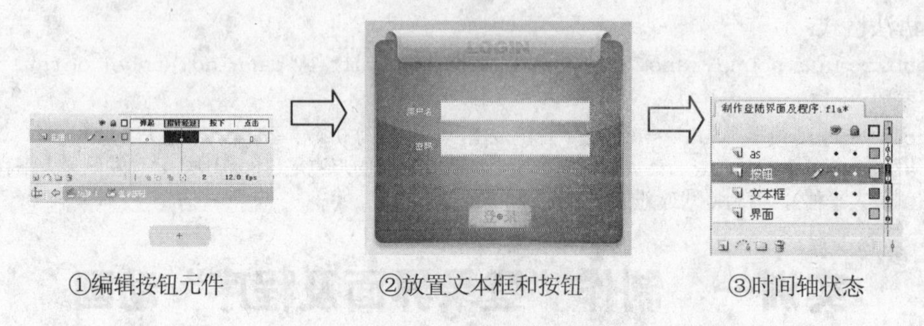

图 7-79　制作登录界面及程序的操作思路

实训二　制作“烟花”动画

◆ 实训目标

本实训要求完全使用脚本语句制作图 7-80 所示的“烟花”动画。通过本实训进一步熟悉 Flash CS3 中脚本语句的灵活调用方法。

素材位置：模块七\素材\ bom.mp3

效果图位置：模块七\源文件\制作烟花动画.fla、制作烟花动画.swf

图 7-80　“烟花”动画效果

◆ 实训分析

本实训的制作思路如图 7-81 所示，具体分析及思路如下：

（1）新建文档，将场景大小设置为 550×400 像素、背景设置为白色、帧频设置为 50fps。

（2）导入音乐素材，在图层中打开“动作-帧”面板输入脚本即可。

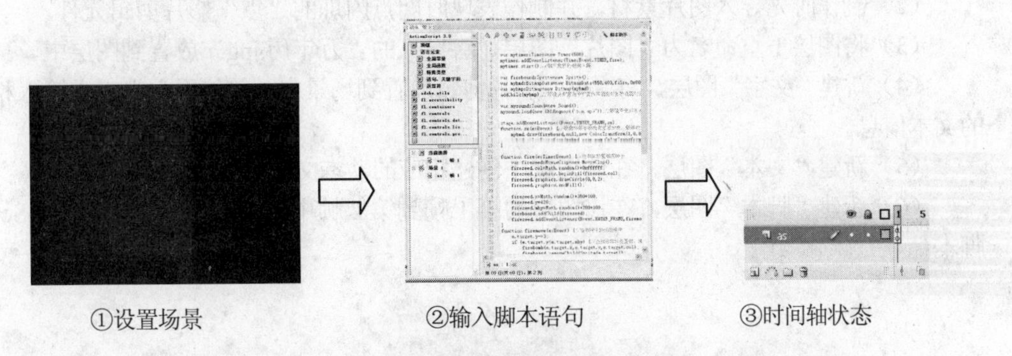

①设置场景　　②输入脚本语句　　③时间轴状态

图 7-81　制作“烟花”动画的操作思路

实训三　制作“电子万年历”

◆ 实训目标

本实训要求完全使用脚本语句制作图 7-82 所示的电子万年历。通过本实训进一步熟悉并掌握常用时间获取脚本的基本用法。在实训中对时间获取脚本的应用十分简单，除此之外还可以在本实训的基础上添加其他脚本，制作出功能更加强大、效果更加复杂的动画效果（如根据当前日期换算农历，以及根据获取的时间信息自动更换动画的背景等），以此提高自身对 ActionScript 脚本的应用能力。

素材位置：模块七\素材\万年历.jpg

效果图位置：模块七\源文件\电子万年历.fla、电子万年历.swf

图 7-82　电子万年历效果

◆ **实训分析**

本实训的制作思路如图 7-83 所示，具体分析及思路如下：

（1）新建文档，将场景大小设置为 350×350 像素、背景设置为白色、帧频设置为 12fps。

（2）制作时先导入图片素材，并制作表现时间点闪烁的“点”影片剪辑元件。

（3）将图层 1 重命名为“图片”图层，将导入的“万年历.jpg”放置到图层中。

（4）新建“文字”图层，将“点”影片剪辑放置到场景中，并使用文本工具输入相应的文本信息。

（5）新建“文本”图层，在该图层中创建相应的动态文本区域。

（6）新建“脚本”图层，在该图层的第 1 帧到第 2 帧中分别输入相应的 ActionScript 脚本。

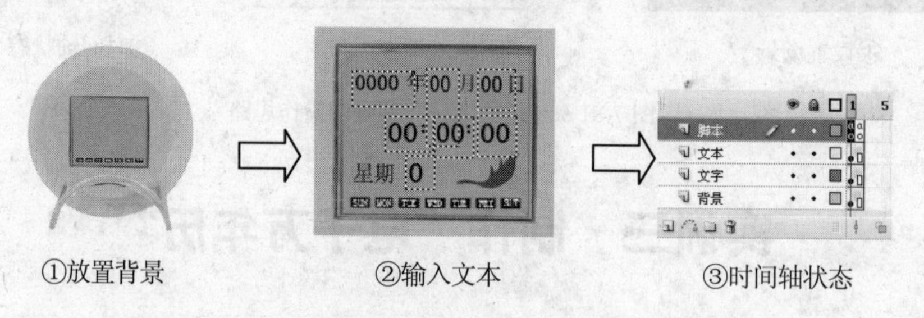

图 7-83　制作电子万年历的操作思路

实践与提高

根据本模块所学内容，动手完成以下实践内容。

练习 1　利用脚本复制影片剪辑

本练习将通过 if 和 else 脚本对 i 变量进行判定，对影片剪辑的最大数量进行控制，最终实现利用脚本复制影片剪辑，并实现鼠标拖动的动画效果。制作时先导入图片素材，并制作“变色”和“旋转”影片剪辑元件；将图层 1 重命名为“图片”图层，将“科幻.jpg”放置到图层中；新建“复制”影片剪辑，并在第 1 帧到 2 帧中分别输入相应的 ActionScript 脚本；新建“影片剪辑”图层，将“复制”影片剪辑放置到场景中；最后新建“脚本”图层，在该图层的第 1 帧中输入相应的 ActionScript 脚本。通过本练习掌握利用条件控制语句，配合相关 ActionScript 脚本实现特定动画效果，并对其进行调整和控制的方法。完成后的最终效果如图 7-84 所示。

还可尝试利用 if 和 else if 脚本，对本练习中 if 和 else 脚本进行替换，以练习这两种条件控制脚本的应用方法。此外，还可利用所学的 for 和 while 等循环控制脚本，配合影片剪辑控制脚本制作出类似的动画作品，对本模块所学的脚本进行有针对性的练习。

素材位置：模块七\素材\科幻.jpg

效果图位置：模块七\源文件\利用脚本复制影片剪辑.fla、利用脚本复制影片剪辑.swf

图 7-84 利用脚本复制影片剪辑效果

练习 2 制作利用脚本设置影片剪辑属性动画

本练习将利用本模块所学的影片剪辑控制脚本，配合 Flash CS3 中输入文本的使用，制作出可通过输入数值改变场景中影片剪辑属性的“利用脚本设置影片剪辑属性”动画效果。制作时先导入图片素材，并利用“摩托车.png”制作“摩托车”影片剪辑元件；将图层 1 重命名为“背景”图层，然后将“图片背景.jpg”和“摩托车”影片剪辑放置到图层中；新建“文本”图层，使用文本工具输入文本，并创建出 3 个输入文本区域，并设置其相应变量；在“组件”面板中将“buttons bubble2-green”和“buttons bubble2-red”按钮放置到场景中，并为其添加相应的影片剪辑控制脚本；新建“脚本”图层，并输入脚本控制“摩托车”影片剪辑属性。通过本练习进一步巩固并掌握获取输入数值，以及通过事件触发 ActionScript 脚本的基本方法。完成后的最终效果如图 7-85 所示。

素材位置：模块七\素材\图片背景.jpg、摩托车.png

效果图位置：模块七\源文件\利用脚本设置影片剪辑属性.fla、利用脚本设置影片剪辑属性.swf

图 7-85 利用脚本设置影片剪辑属性的效果

练习 3　制作电子相册

本练习将仿照“为画册加播放控制器.fla”，利用导入的图片素材和按钮元件，制作一个电子相册动画效果。制作时将动画场景设置为460×300像素，背景色为白色。导入图片将图层 1 重命名为“背景”图层，将“背景.jpg”图片素材放置到场景中；新建“图片”图层，将导入的“01.jpg～07.jpg”图片素材依次放置到该图层中，并为各帧添加“stop()”脚本；新建“遮罩”图层，在该图层中绘制一个与“背景”图层中相片内框相同大小的矩形，然后将“遮罩”图层转换为遮罩层；新建“按钮”图层，将创建的“切换”按钮元件放置到场景中，并定义按钮的“实例名称”为“pre”和“nxt”；新建“脚本”图层，并在第 1 帧处输入脚本。通过练习，掌握 Flash CS3 中使用脚本控制场景和帧的一般方法。最终效果如图 7-86 所示。

素材位置：模块七\素材\“相册”文件夹

效果图位置：模块七\源文件\利用脚本制作电子相册.fla、利用脚本制作电子相册.swf

图 7-86　制作电子相册

第 1 帧脚本如下：

```
function preMovie(event:MouseEvent):void
{
 prevFrame()              //单击按钮时到上 1 帧
}
pre.addEventListener(MouseEvent.CLICK, preMovie);
function nxtMovie(event:MouseEvent):void
{
 nextFrame()              //单击按钮时到下 1 帧
}
nxt.addEventListener(MouseEvent.CLICK, nxtMovie);
```

练习 4　利用脚本控制声音播放

本练习将利用本模块所学的声音控制脚本，制作一个可实现声音播放、停止及音量和声道控制的“利用脚本控制声音播放.fla”动画效果。制作时先导入图片素材，并制作“信息”影片剪辑元件和“按钮”按钮元件；然后将图层 1 重命名为“播放器背景”图层，将导入的“播放器 01.jpg”及制作的“信息”影片剪辑放置到图层中；接着新建“按钮和脚本”图层，将制作的“按钮”按钮元件分别放置到“播放器 01.jpg”中的对应按钮上方，然后在新建“脚本”图层，并添加相应的声音控制脚本。通过练习，掌握 Flash CS3 中常用声音控制脚本的基本用法。最终效果如图 7-87 所示。

素材位置：模块七\素材\播放器 01.jpg

效果图位置：模块七\源文件\利用脚本控制声音播放.fla、利用脚本控制声音播放.swf

图 7-87 利用脚本控制声音播放效果

在声音控制脚本的实际应用中，还可通过与相应脚本之间的配合实现更多的声音控制功能（如快进、快退及调整声音播放进度等）。在制作本练习动画时，可尝试在原有动画的基础上添加这类控制功能，以此提高自身对声音控制脚本的应用能力。

模块八

制作文字动画

随着 Flash 在网页广告、网站片头、交互游戏、互动教学和动画 MTV 等诸多领域的广泛应用，除了靓丽的图片、适合的音乐和视频素材吸引我们的眼球外，丰富多彩、短小精辟的文字也能制作出很炫的动画。越来越多的人开始重视文字动画所带来的锦上添花效果。本模块专为大家介绍 Flash 较为常用的文字动画，主要包括空心字、彩色字和立体字等常见文字效果的制作方法，以及火焰字、滤光字、倒影字、霓虹灯字和打字效果等特效动画的制作方法与技巧。

学习目标

- 熟悉几种常见文字效果的制作方法。
- 熟练掌握火焰字的制作方法。
- 熟练掌握滤光字的制作方法。
- 熟练掌握倒影字的制作方法。
- 熟练掌握霓虹灯字的制作方法。
- 熟练掌握打字效果的制作方法。

任务一　常见文字效果制作

◆ 任务目标

本例将利用简单的知识制作最常见的几种文字效果。通过本实例了解并掌握制作空心字、彩色字和立体字的方法与技巧，完成后的最终效果如图 8-1 所示。

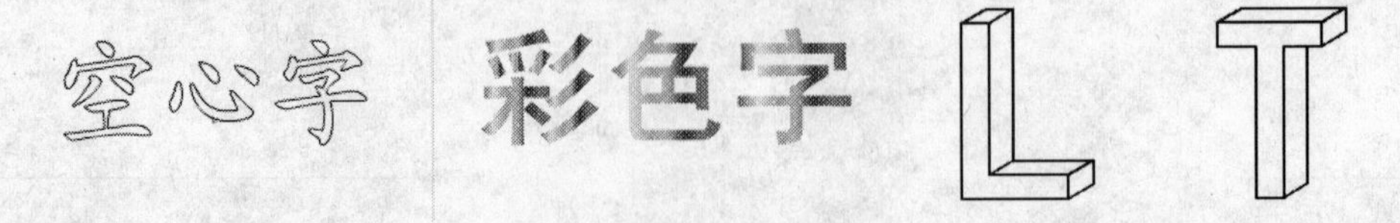

图 8-1　常见文字效果

效果图位置：模块八\源文件\空心字.fla、彩色字.fla、立体字.fla、空心字.swf、彩色字.swf、立体字.swf

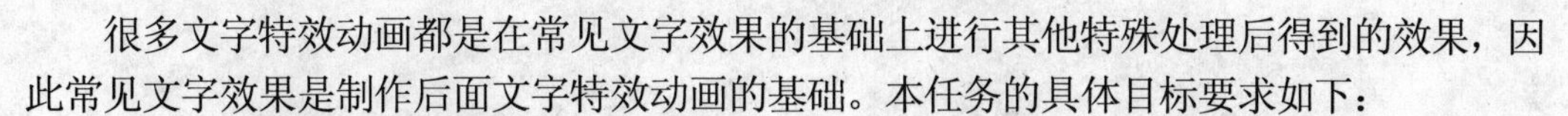

很多文字特效动画都是在常见文字效果的基础上进行其他特殊处理后得到的效果，因此常见文字效果是制作后面文字特效动画的基础。本任务的具体目标要求如下：

（1）掌握制作空心字的方法。

（2）掌握制作彩色字的方法。

（3）掌握制作立体字的方法。

操作一　制作空心字

（1）新建一大小为 300 × 200 像素、背景颜色为白色、帧频为 12fps、名为“空心字”的 Flash 文档。

（2）在工具箱中单击 T 按钮选择文本工具，在“属性”面板中对文本的字体、颜色和大小等进行图 8-2 所示的设置。

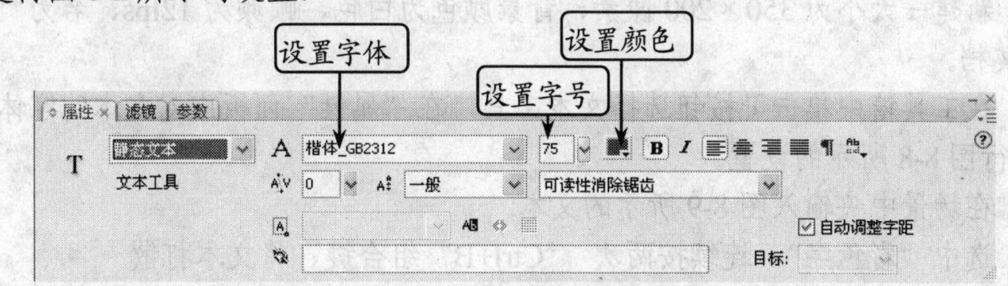

图 8-2　设置字体

（3）在场景中输入“空心字”文本，得到图 8-3 所示的效果。

（4）选中“空心字”，连续按两次 “Ctrl+B”组合键，将文本打散，效果如图 8-4 所示。

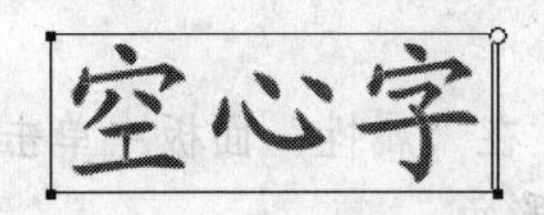

图 8-3　输入空心字　　　　图 8-4　打散的空心字效果

（5）在工具箱中单击 按钮选择墨水瓶工具，在“属性”面板中对墨水瓶工具进行图 8-5 所示的设置。

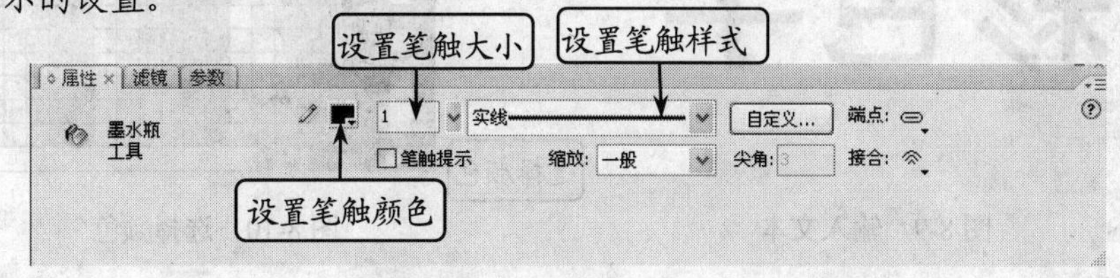

图 8-5　设置墨水瓶工具

（6）在场景中对文字进行描边处理，得到图 8-6 所示的效果。

（7）在工具箱中单击 按钮选择选择工具，将空心字红色的填充色部分删除，即可得到图 8-7 所示的效果。

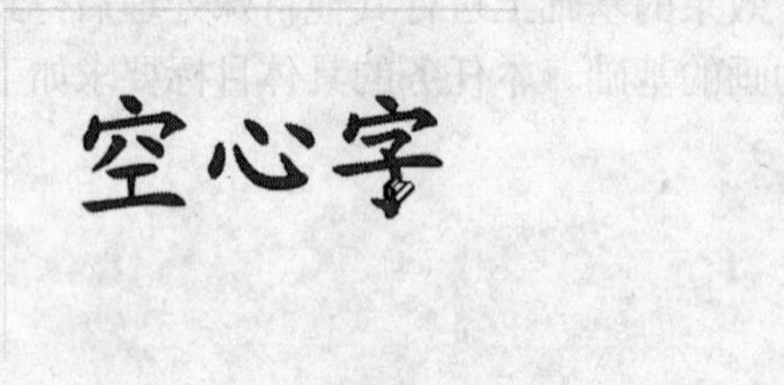

图 8-6　对空心字描边 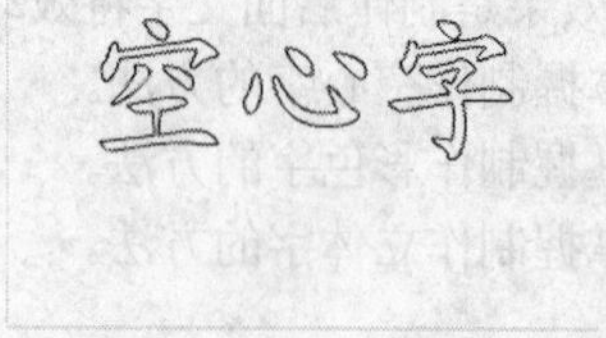　　　　图 8-7　空心字效果

（8）按“Ctrl+S”组合键保存该动画。

操作二　制作彩色字

（1）新建一大小为 350×200 像素、背景颜色为白色、帧频为 12fps、名为“彩色字”的 Flash 文档。

（2）在工具箱中单击T按钮选择文本工具，在“属性”面板中对文本的字体、颜色、大小等进行图 8-8 所示的设置。

（3）在场景中央输入图 8-9 所示的文本。

（4）选中“彩色字”，连续按两次 “Ctrl+B”组合键，将文本打散。

图 8-8　设置字体

（5）在工具箱中单击按钮选择颜料桶工具，在“属性”面板中单击“填充颜色”按钮，在弹出的图 8-10 所示的列表中选择最下方的彩色。

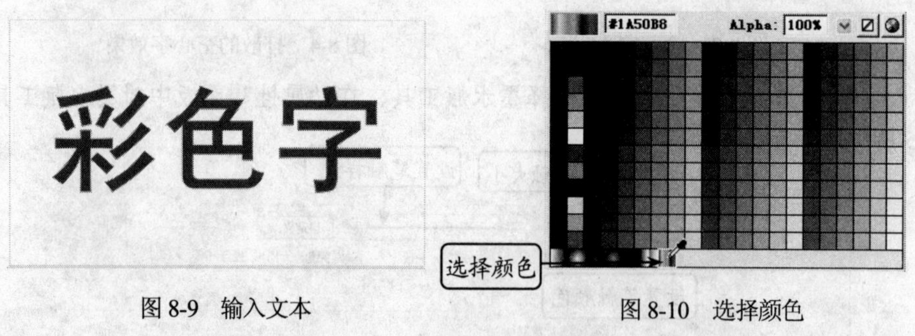

图 8-9　输入文本　　　　图 8-10　选择颜色

（6）在右侧的“颜色”面板中对颜色进行更为细致的处理，如图 8-11 所示。

（7）使用颜料桶工具在文本中对颜色进行填充即可得到图 8-12 所示的效果。

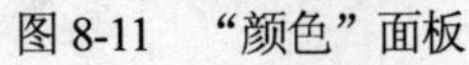

图 8-11　“颜色”面板

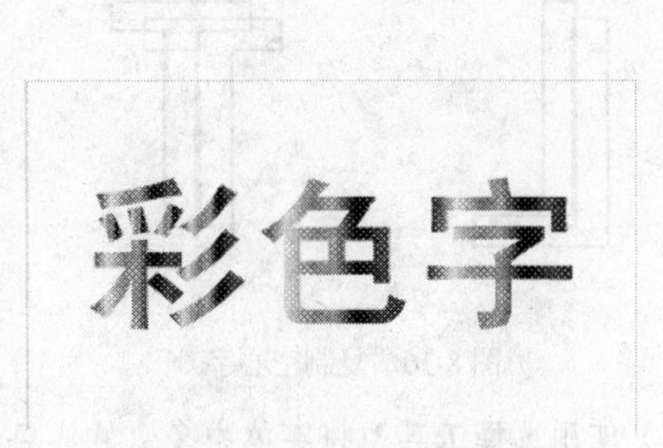

图 8-12　彩色字效果

（8）按“Ctrl+S”组合键保存该动画。

操作三　制作立体字

（1）新建一大小为 300×200 像素、背景颜色为白色、帧频为 12fps、名为“立体字”的 Flash 文档。

（2）在工具箱中单击T按钮选择文本工具，在“属性”面板中对文本的字体、颜色、大小等进行图 8-13 所示的设置。

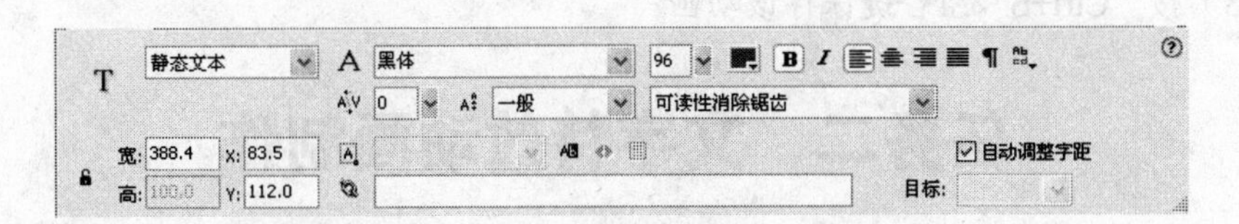

图 8-13　设置字体

（3）在场景中输入图 8-14 所示的“L T”文本。

（4）使用制作空心字的方法制作该文本的空心字效果，得到图 8-15 所示的效果。

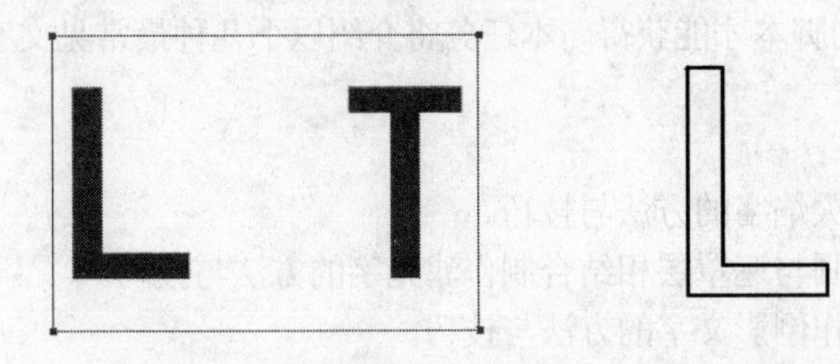

图 8-14　输入文本　　图 8-15　得到空心字效果

（5）将空心字复制一个，并按照图 8-16 所示进行放置。

（6）在工具箱中单击╲按钮选择线条工具，在“属性”面板中设置笔触颜色为黑色，笔触大小为 1 的实线，将复制得到的部分连接起来，得到如图 8-17 所示的效果。

图 8-16　复制空心字　　　　　　　　　　图 8-17　连接空心字线段

（7）使用选择工具 将字体中多余的线条删除，得到图 8-18 所示的效果。

图 8-18　删除多余线段得到立体字

（8）按"Ctrl+S"组合键保存该动画。

任务二　文字特效动画制作

◆ 任务目标

相对常见文字动画来说，文字特效动画需要运用到更多的知识点以获得更佳的效果。而这些效果都需要运用逐帧动画、形状补间动画、动作补间动画和遮罩动画等结合使用才能获取，有的还需要运用适当的脚本才能获得。本任务将介绍以下几种最常见文字特效动画的制作方法。

本任务的具体目标要求如下：

（1）掌握使用遮罩层制作火焰字的方法与技巧。

（2）掌握使用动作补间动画与遮罩层相结合制作滤光字的方法与技巧。

（3）掌握使用脚本语句制作倒影文字的方法与技巧。

（4）掌握使用脚本语句制作霓虹灯字的方法与技巧。

（5）掌握使用脚本语句制作打字效果的方法与技巧。

操作一　制作火焰字

本操作将运用影片剪辑元件和遮罩层的相关知识制作图 8-19 所示的火焰字效果。

素材位置：模块八\素材\“火焰”文件夹
效果图位置：模块八\源文件\火焰字.fla、火焰字.swf

图 8-19　火焰字效果

具体操作步骤如下:

（1）新建一大小为 550 × 400 像素、背景颜色为黑色、帧频为 30fps、名为“火焰字”的 Flash 文档。

（2）选择【插入】→【新建元件】菜单命令，在打开的“创建新元件”对话框中创建一个“火焰”影片剪辑元件，如图 8-20 所示。

图 8-20　创建“火焰”影片剪辑元件

（3）选择【文件】→【导入】→【导入到舞台】菜单命令，在打开的“导入”对话框中选择“火焰 0001.jpg”文件，单击“打开”按钮，如图 8-21 所示。

图 8-21　导入图片到舞台

（4）在系统打开的提示对话框中单击“是”按钮即可将序列中所有的图片导入到“火焰”影片剪辑元件场景中，如图 8-22 所示，此时将自动呈现火焰燃烧的逐帧动画，效果如图 8-23 所示。

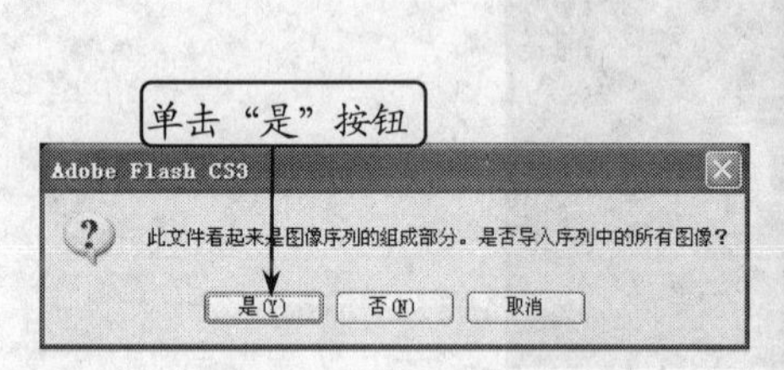

图 8-22 系统提示信息

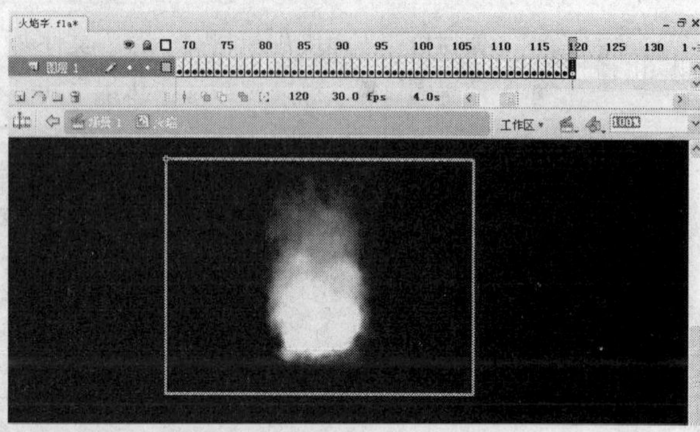

图 8-23 导入的逐帧动画效果

（5）单击“场景 1”按钮，返回主场景，将图层 1 命名为“火焰”。拖动 3 次“火焰”影片剪辑元件到场景中，将其放置到图 8-24 所示的不同位置。

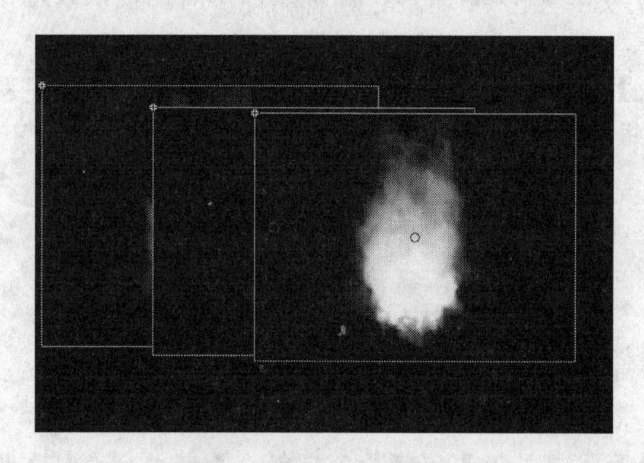

图 8-24 放置影片剪辑元件

（6）分别选中场景中的 3 个影片剪辑，在“属性”面板的“混合”下拉列表框中选择“萤幕”选项，得到图 8-25 所示的效果。

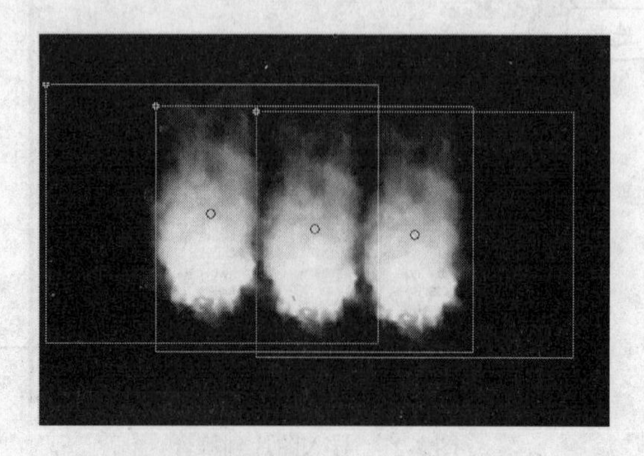

图 8-25 设置影片剪辑的混合模式

（7）新建“文字”图层，选择文本工具T，在“属性”面板中对文本进行图 8-26 所示的设置。

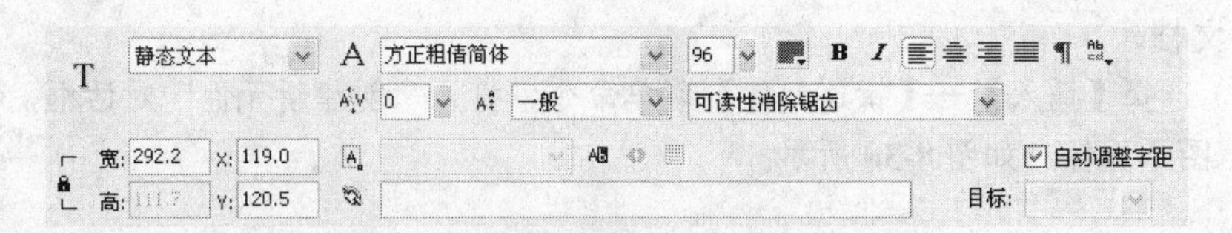

图 8-26　设置文字属性

（8）在场景中输入“火焰字”文字，如图 8-27 所示。

（9）在“文字”图层单击鼠标右键，在弹出的快捷菜单中选择“遮罩层”命令，即可将该图层转换为遮罩层，如图 8-28 所示。

图 8-27　输入文字

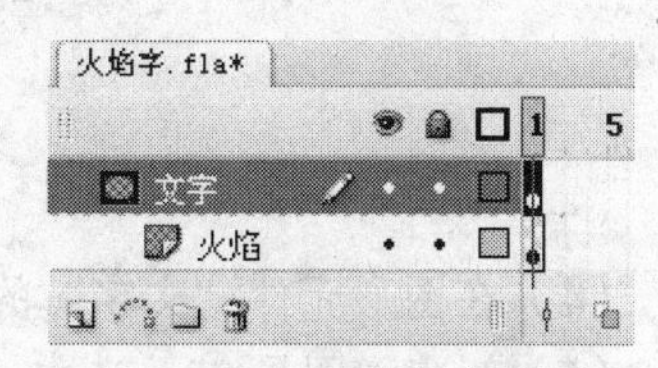

图 8-28　时间轴状态

（10）至此即完成本动画的制作，按“Ctrl+Enter”组合键即可预览到图 8-19 所示的火焰字效果。

操作二　制作滤光字

本操作将运用动作补间动画和遮罩层的相关知识制作图 8-29 所示的滤光字动画。

效果图位置：模块八\源文件\滤光字.fla

图 8-29　滤光字效果

具体操作步骤如下：

（1）新建一大小为 400×200 像素、背景颜色为黑色、帧频为 18fps、名为“滤光字”

的 Flash 文档。

（2）选择【插入】→【新建元件】菜单命令，打开“创建新元件”对话框，创建一个“文字”图形元件，如图 8-30 所示。

图 8-30　新建“文字”图形元件

（3）在工具箱中单击 T 按钮选择文本工具，在“属性”面板中对文本的字体、颜色和大小等进行图 8-31 所示的设置。

图 8-31　设置文字属性

（4）在图形元件“文字”的场景中输入“滤光效果”文本，如图 8-32 所示。

（5）新建“图层 2”。选中“图层 1”中的“文字”元件按“Ctrl+C”组合键，然后在图层 2 中按“Shift+Ctrl+V”组合键把该元件原位复制到“图层 2”中。

（6）选中“图层 2”中的“文字”元件，按方向键将其向左和向下各移动 2 个像素，使文字产生立体感。

（7）选中“图层 2”中的“文字”元件，按两次“Ctrl+B”组合键将其打散。

（8）选择颜料桶工具，按“Shift+F9”组合键打开“颜色”面板并进行图 8-33 所示的设置。在“类型”下拉列表中选择“线性”。其中 3 个滑块的颜色分别为#FEA030、#FAC16D 和#F4F4F4；Alpha 值均 100%。

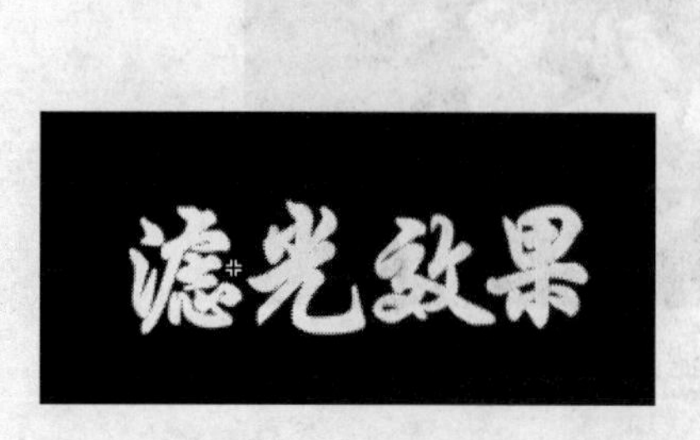

图 8-32　输入文字

图 8-33　设置文字渐变色

提示 单击“颜色”面板中颜色渐变条可以增加滑块，使色彩更加细腻（滑块最多可有8个，最少为2个）。按住鼠标左键把滑块拖出面板即可删除。如果对滑块进行一些设置（包括Alpha值），则可设计出许多奇妙效果。应在以后的制作时要多实验以积累经验。

（9）使用颜料桶工具在打散的文字上单击为其上色，得到图8-34所示的效果。

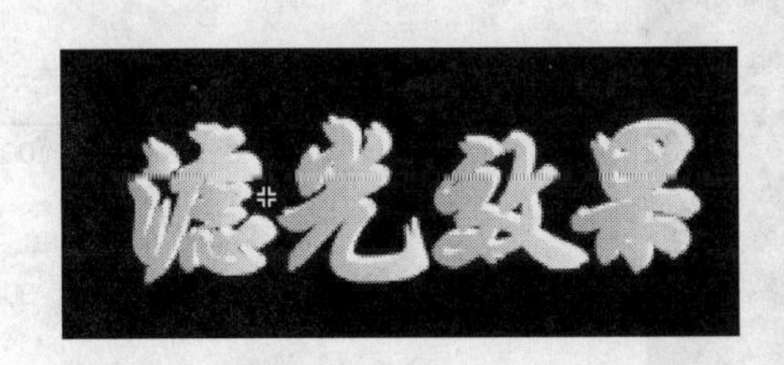

图8-34　为文本上色

（10）选择工具箱中的渐变变形工具，然后用鼠标左键单击“效”字的正面，并拖动白色空心小圆圈（旋转渐变控制点）旋转文字的渐变色。再拖动白色空心小方块（移动渐变控制点）进行调节。

（11）创建一个“滤光”图形元件。使用矩形工具在该元件的场景绘制一个矩形，在“属性”面板中设置矩形的宽和高分别为80px、200px。

（12）按“Shift+F9”组合键，在打开的“颜色”面板中进行图8-35所示的设置。在“类型”下拉列表框中选择“线性”选项。3个滑块的颜色均为白色，Alpha值分别为0%、100%和0%。

（13）设置完成后，使用颜料桶工具为矩形上色，得到图8-36所示的效果。

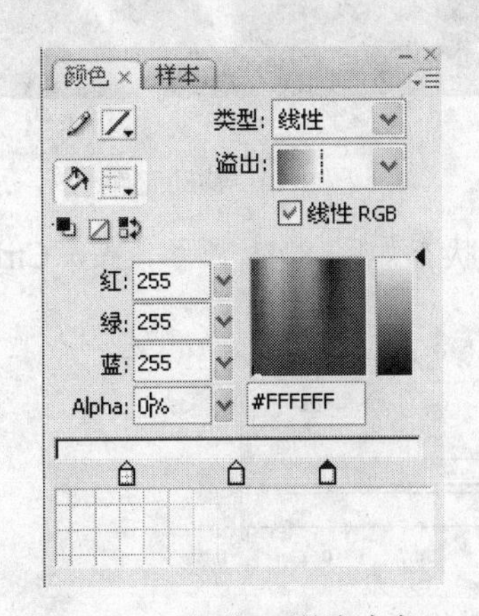

图8-35　设置矩形的渐变色

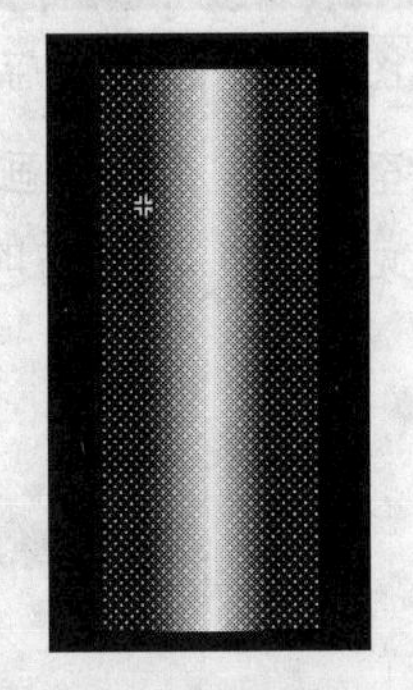

图8-36　绘制矩形并填充渐变色

（14）复制一个矩形，得到图8-37所示的效果。

（15）返回主场景。将“图层1”重命名为“文字”图层，在“库”面板中将“文字”元件拖到“图层1”的场景中，在第30帧处插入帧。

（16）新建“滤光”图层，从“库”面板中把“滤光”元件拖曳到该层中。

（17）新建“遮罩”图层，把“文字”图层中的“文字”元件原位复制到该层中。

（18）按住“Ctrl”键，然后用鼠标左键单击“文字”和“遮罩”层第 30 帧，并按“F5”键插入帧。再选中第 30 帧，按“F6”键插入关键帧。

（19）选中“滤光”层中的“滤光”元件。然后按“Ctrl+T”组合键打开“变形”面板，设置元件的倾斜度为 30 度，如图 8-38 所示，得到图 8-39 所示的效果。

图 8-37　复制矩形

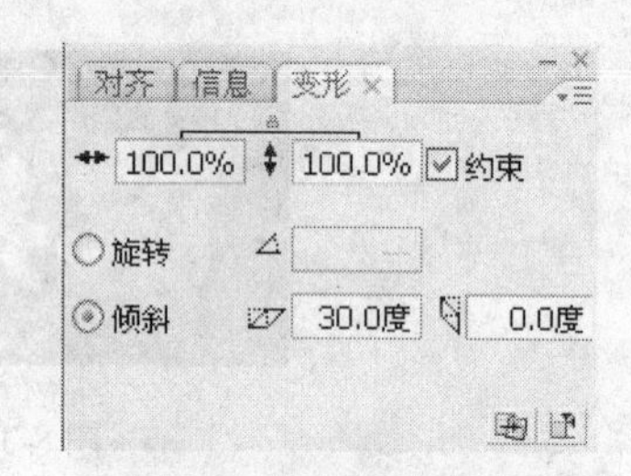

图 8-38　“变形”面板

（20）用鼠标右键单击“滤光”层的第 1 帧，在弹出的快捷菜单中选择“创建补间动画”命令。把第 30 帧的“滤光”元件向右下方移动，得到图 8-40 所示的效果。

（21）用鼠标右键单击“遮罩”层，在弹出的快捷菜单中选择“遮罩”命令，将其转换为遮罩层。

图 8-39　变形元件后的效果

图 8-40　移动元件

（22）至此即完成本动画的制作，其时间轴状态如图 8-41 所示，按“Ctrl+Enter”组合键即可预览到图 8-29 所示的滤光字效果。

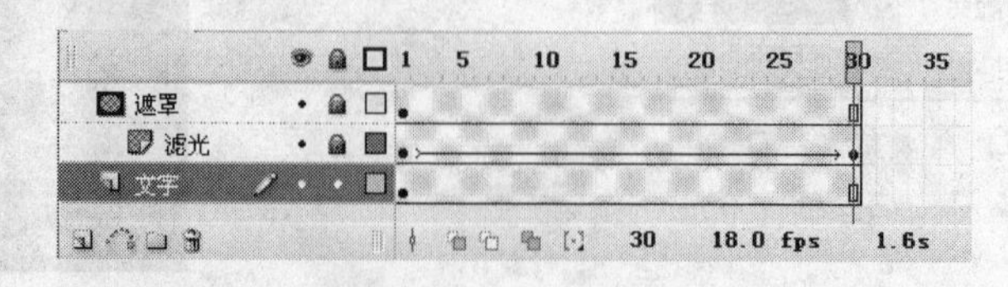

图 8-41　时间轴状态

操作三　制作倒影文字

本操作将运用脚本的相关知识制作图 8-42 所示的倒影文字效果。

素材位置：模块八\素材\水面.jpg
效果图位置：模块八\源文件\倒影字（脚本）.fla、倒影字（脚本）.swf

图 8-42　倒影文字效果

具体操作步骤如下：

（1）新建一大小为 630 × 430 像素、背景颜色为黑色、帧频为 30fps、名为“打字效果”的 Flash 文档。

（2）选择【文件】→【导入】→【导入到库】菜单命令，将“水面.jpg”图片素材导入到库中。

（3）选择【插入】→【新建元件】菜单命令，打开“创建新元件”对话框，创建一个“元件 1”影片剪辑元件。

（4）选择矩形工具，在该影片剪辑元件的场景中绘制矩形，参数设置如图 8-43 所示，颜色设置如图 8-44 所示，效果如图 8-45 所示。

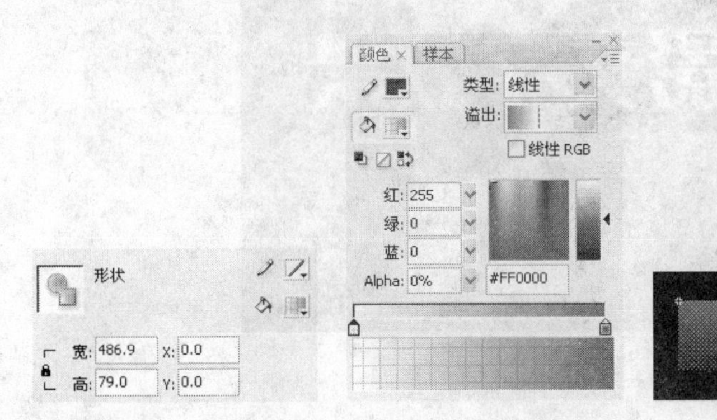

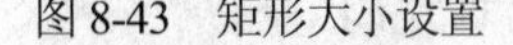

图 8-43　矩形大小设置　　图 8-44　设置矩形渐变色　　图 8-45　绘制的矩形效果

（5）将图层 1 命名为“水面”。将“库”面板中的“水面.jpg”拖动到场景中，调整其大小，放置到图 8-46 所示的位置。

图 8-46　放置背景图片

（6）新建“文字”图层，选择文本工具T，在“属性”面板中对文字进行图 8-47 所示的设置。

图 8-47　设置文本属性

（7）在场景中输入“倒影文字效果”文本，如图 8-48 所示。

图 8-48　输入文本

（8）选中刚输入的文字，选择【修改】→【转换为元件】菜单命令，打开“转换为元件”对话框，在该对话框的“类型”中选中“影片剪辑”单选按钮，单击“确定”按钮，将文字转换为影片剪辑元件。

（9）选择转换为影片剪辑元件的文字，复制该元件，并使用任意变形工具对其进行垂直翻转，得到图 8-49 所示的效果。

图 8-49　复制并翻转文本

（10）选择翻转的影片剪辑元件，在“属性”面板中将其进行命名，并选中“使用运行时位图缓存”复选框，如图 8-50 所示。

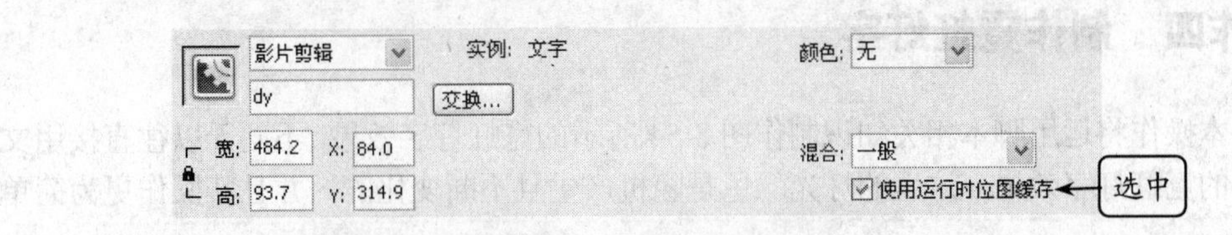

图 8-50　设置影片剪辑元件

（11）新建“渐变板”图层，将“库”面板中的“元件 1”影片剪辑元件拖动到图 8-51 所示的位置。

图 8-51　放置图形元件

（12）新建“as”图层，按“F9”键，在打开的面板中输入图 8-52 所示的脚本。

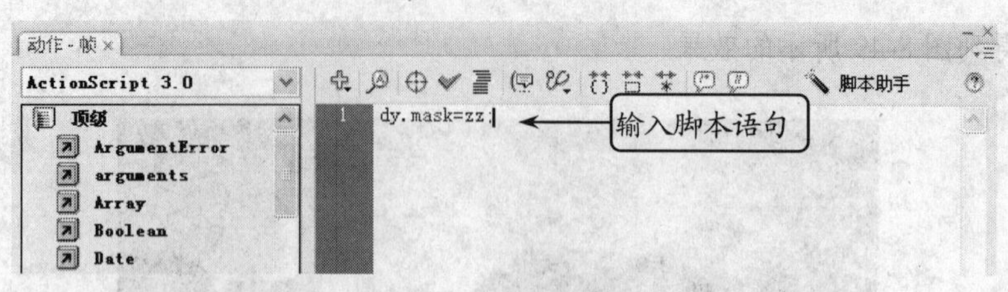

图 8-52　输入脚本

（13）至此即完成本动画的制作，其时间轴状态如图 8-53 所示，按“Ctrl+Enter”组合键即可预览到图 8-42 所示的倒影文字效果。

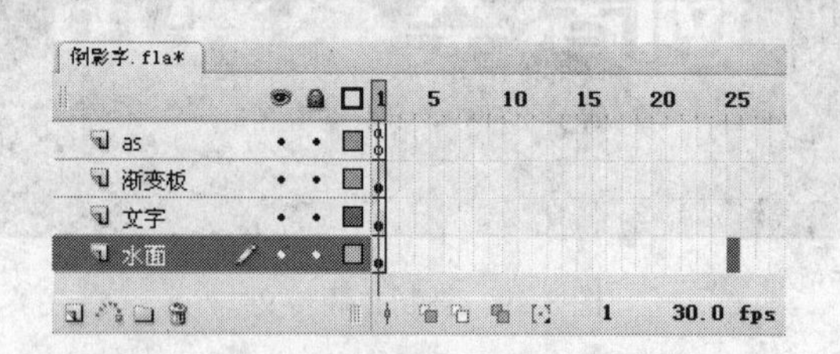

图 8-53　时间轴状态

操作四　制作霓虹灯字

本操作将运用脚本相关知识制作图 8-54 所示的霓虹灯字效果，不同于以往直接用文本制作的霓虹灯字效果，这里的灯光颜色是随机产生且不断变化的，并且其操作更为简单。

效果图位置：模块八\源文件\霓虹灯字.fla、霓虹灯字.swf

图 8-54　霓虹灯字效果

具体操作步骤如下：

（1）新建一大小为 400×200 像素、背景颜色为黑色、帧频为 30fps、名为“霓虹灯字”的 Flash 文档。

（2）将图层 1 命名为“文字”图层。选择文本工具T，在“属性”面板中对文字属性进行图 8-55 所示的设置。

（3）在场景左侧输入“霓虹灯字”文本，按一次“Ctrl+B”组合键对文字进行打散处理。

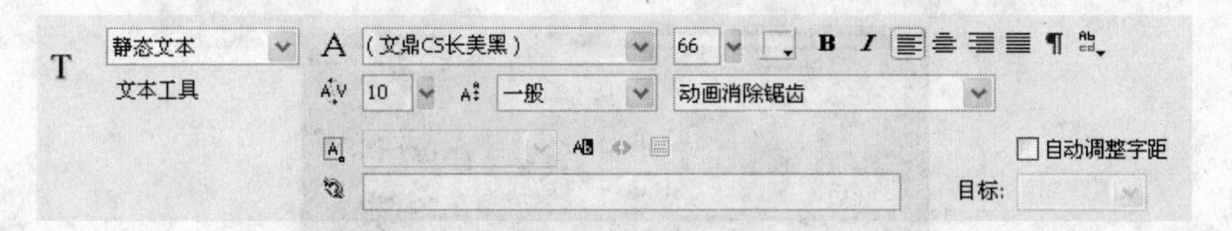

图 8-55　设置字体样式属性

(4) 使用选择工具选中“霓”字，选择【修改】→【转换为元件】菜单命令，打开图 8-56 所示的“转换为元件”对话框，在该对话框中选中“影片剪辑”单选按钮，单击“确定”按钮。

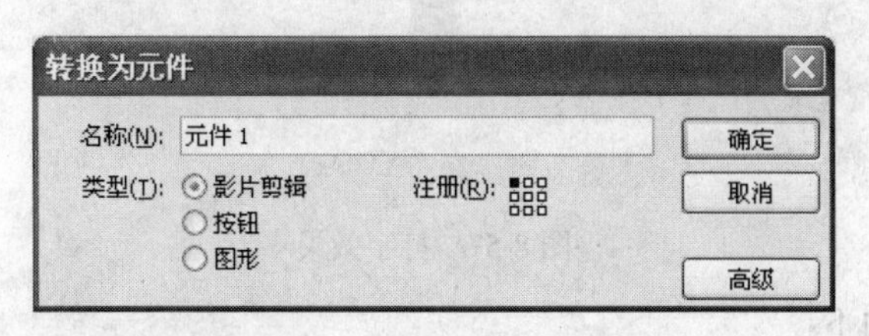

图 8-56　“转换为元件”对话框

(5) 在“属性”面板中将该影片剪辑元件命名为“z1”。

(6) 用相同的方法分别将“虹”、“灯”和“字”文本转换为影片剪辑元件，并将其分别命名为“z2”、“z3”和“z4”。

(7) 新建“as”图层，按“F9”键，在打开的“动作-帧”面板中输入如下脚本:

```
var mytime:Timer=new Timer(250);
mytime.addEventListener(TimerEvent.TIMER,zbs);
mytime.start();
function zbs(e:TimerEvent) {
 for (var i:int=1; i<=4; i++) {
     var colors:ColorTransform=getChildByName("z"+i).transform.colorTransform;
     colors.color=Math.random()*0xffffff;
     getChildByName("z"+i).transform.colorTransform=colors;
 }
}
```

(8) 至此即完成了本动画的制作，按“Ctrl+Enter”组合键即可预览图 8-54 所示的闪烁的霓虹灯字效果。

操作五　制作打字效果

本操作将运用脚本的相关知识制作图 8-57 所示的打字效果。

素材位置：模块八\素材\屏幕.jpg

效果图位置：模块八\源文件\打字效果.fla、打字效果.swf

图 8-57　打字效果

具体操作步骤如下：

（1）新建大小为 550×400 像素、背景颜色为白色、帧频为 30fps、名为“打字效果”的 Flash 文档。

（2）选择【文件】→【导入】→【导入到库】菜单命令，将“屏幕.jpg”图片素材导入到库中。

（3）将图层 1 命名为“屏幕”图层。将“库”面板中的“屏幕.jpg”拖动到场景中，调整其大小，放置到图 8-58 所示的位置。

图 8-58　设置背景

（4）新建“文本”图层，使用文本工具 T 拖动出与背景图片中显示器屏幕大小相同的文本框，如图 8-59 所示。

（5）选中该文本框，将其设置为动态文本，并将其命名为“dt”，然后对字体样式、字号和字体颜色等进行图 8-60 所示的设置。

图 8-59 绘制文本框

图 8-60 设置动态文本属性

（6）新建“as”图层，按“F9”键，在打开的“动作-帧”面板中输入如下脚本：

var wz:String="ActionScript 是针对 Adobe Flash Player 运行时环境的编程语言，它在 Flash 内容和应用程序中实现了交互性、数据处理及其他许多功能。ActionScript 是由 Flash Player 中的 ActionScript 虚拟机（AVM）来执行的。ActionScript 代码通常被编译器编译成字节码格式（一种由计算机编写且能够为计算机所理解的编程语言），如 Adobe Flash CS3 Professional、Adobe Flex Builder 的内置编译器或 Adob Flex SDK 和 Flex Data Services 中提供的编译器。字节码嵌入 SWF 文件中，SWF 文件由运行时环境 Flash Player 执行。";

```
var ydz:String="";
var dqz:int=0;
var mytime:Timer=new Timer(150,wz.length);
mytime.addEventListener(TimerEvent.TIMER,dzxg);
mytime.start();
function dzxg(e:TimerEvent) {
 ydz+=wz.substr(dqz,1);
 dt.text=ydz+"_";
 dqz+=1;
 }
```

（7）至此即完成本动画的制作，按“Ctrl+Enter”组合键即可预览到图 8-57 所示的打字效果。

◆ 学习与探究

本任务中的几种文字特效动画都具有其代表性，但它们的制作方法都不是唯一的，除了使用本任务中操作的方法外，还可以使用其他操作方法来得到相同的效果。下面简要介绍几种文字特效的其他方法，大家可按照不同的方法练习，最后找到更为便捷的文字动画制作方式。

1．制作倒影字的其他方法

本任务中的倒影字动画除了可以使用脚本语句来实现外，还可以使用直接将翻转字体打散后填充渐变色来获得（具体方法可参加练习 2 中倒影文字的制作）。但这种方法比较适合背景图片较为单一的动画，如果背景图片较为复杂，则使用这种方法制作倒影文字将无法与背景图片融合，从而很难达到预期的效果，最终影响动画的整体质量。

2．制作霓虹灯字的其他方法

传统的霓虹灯字效果都是采用逐帧动画和补间动画来完成的，但是其获取的颜色都只能按照动画中设置的颜色来进行变换，不能像本任务操作中所表现的霓虹灯效果色彩丰富且随机变幻。

3．制作打字效果的其他方法

打字效果除了使用本任务的方法制作，还可以使用逐帧动画来得到，但是只限于文字比较少的情况，如果文字比较多逐帧添加文字将会显得非常麻烦。

实训一　制作阴影文字

◆ 实训目标

本实训要求仿照任务一中几种常见文字效果制作图 8-61 所示的阴影文字动画。通过本实训进一步熟悉在 Flash CS3 中制作最基本文字效果的方法与技巧。

效果图位置：模块八\源文件\阴影文字.fla、阴影文字.swf

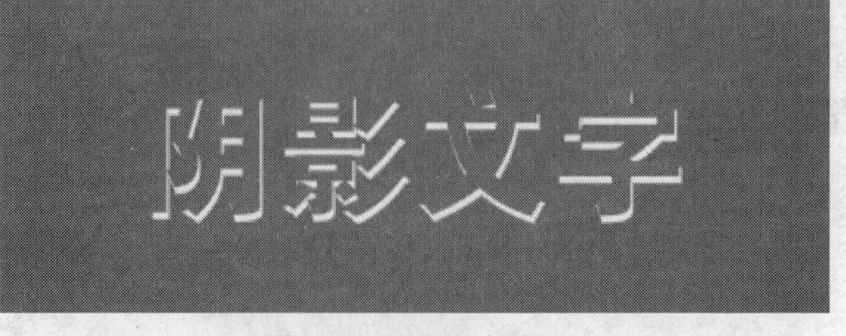

图 8-61　阴影文字效果

◆ 实训分析

本实训的制作思路如图 8-62 所示，具体分析及思路如下：

（1）新建文档，将场景大小设置为 400×150 像素、背景设置为灰色、帧频设置为 15fps。

（2）使用文本在场景中输入白色文字。

（3）复制该文字，在“属性”面板中将该文字设置为紫色，然后在场景中微微移动上面的文字得到最终效果。

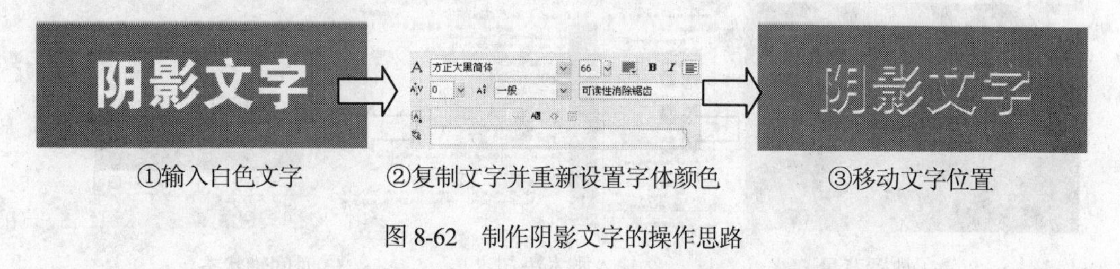

①输入白色文字　　②复制文字并重新设置字体颜色　　③移动文字位置

图 8-62　制作阴影文字的操作思路

实训二　制作鼠标跟随字动画

◆ 实训目标

本实训要求使用脚本语句制作当鼠标移动到哪里时，文字也将跟随移动的鼠标移动，最终效果如图 8-63 所示。通过本实训进一步熟悉并掌握在 Flash CS3 中使用脚本语句制作文字特效的方法与技巧。

素材位置：模块八\素材\绿叶背景.jpg

效果图位置：模块八\源文件\鼠标跟随字.fla、鼠标跟随字.swf

图 8-63　鼠标跟随字动画效果

◆ 实训分析

本实训的制作思路如图 8-64 所示，具体分析及思路如下：

（1）新建文档，将场景大小设置为 699×467 像素，背景设置为白色，帧频设置为 12fps。

（2）导入素材到库，放置背景图片。

（3）新建“as”图层，在该图层中输入脚本语句。

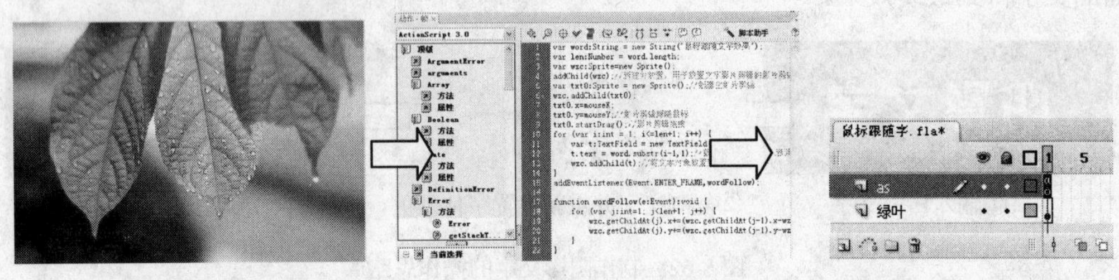

①放置背景　　②输入脚本语句　　③时间轴状态

图 8-64　制作鼠标跟随字的操作思路

实训三　制作冒烟文字动画

◆ 实训目标

本实训要求使用脚本语句制作出文字呈现冒烟状态的文字动画效果，如图 8-65 所示。通过本实训进一步熟悉并掌握 Flash CS3 中使用脚本语句制作文字特效的方法与技巧。

效果图位置：模块八\源文件\冒烟文字.fla、冒烟文字.swf

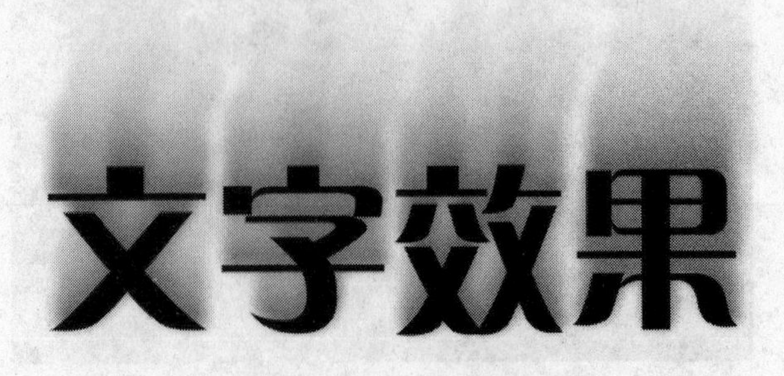

图 8-65　冒烟文字效果

◆ 实训分析

本实训的制作思路如图 8-66 所示，具体分析及思路如下：

（1）新建文档，将场景大小设置为 550×400 像素，背景设置为白色，帧频设置为 30fps。

（2）创建影片剪辑元件，在元件场景中输入文字。

（3）将元件拖动到场景中，重新命名影片剪辑，在“动作-帧”面板中输入脚本。

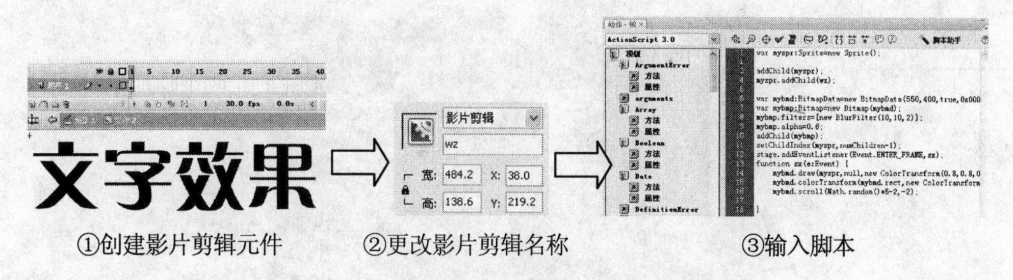

图 8-66　制作冒烟文字的操作思路

实践与提高

根据本模块所学内容，动手完成以下实践内容。

练习 1　制作金属效果字动画

本练习将利用文本工具制作具有金属立体效果的字，制作时先使用文本工具在舞台中输入文字，在文字上方输入相同文字，然后按“Ctrl+B”组合键打散文字，为打散的文字填充渐变色并将其组合（在 Flash CS3 中，无法直接将渐变色作为文字的颜色，所以需要将文字打散为矢量图形，然后再为其填充渐变色），将文字叠放排列即可。通过本练习进一步巩固利用文本工具制作简单文字效果的方法与技巧，完成后的最终效果如图 8-67 所示。

效果图位置：模块八\源文件\金属效果字.fla、金属效果字.swf

图 8-67　金属效果字

练习 2　制作倒影文字动画

本练习不同于本模块实例中的倒影文字，这里只需直接利用文本工具制作一个倒影文字动画，制作时先使用矩形工具绘制一个只有场景上半部分大小的矩形，为其填充比场景

颜色稍微深一点的颜色，然后使用文本工具在矩形上方输入文字，复制该文字，将其进行垂直翻转，放置到场景下半部分与文字对应的地方，选中翻转后的文字，按“Ctrl+B”组合键打散文字，为打散的文字填充渐变色即可。通过本练习进一步巩固利用文本工具制作简单文字效果的方法与技巧，完成后的最终效果如图 8-68 所示。

效果图位置：模块八\源文件\倒影文字.fla、倒影文字.swf

图 8-68　倒影文字

练习 3　制作写字动画

本练习将运用形状补间动画和遮罩层制作写字动画，将场景大小设置为 300×300 像素、背景设置为白色、帧频设置为 12fps。创建一个遮罩影片剪辑元件，然后在“田字格”图层绘制田字格，在“文字”图层中输入“字”，接着在后面的图层中创建影片剪辑元件按笔画顺序书写的形状补间动画，最后将图层转变为遮罩层即可。通过本练习进一步巩固使用形状补间动画和遮罩层制作文字特效的方法和技巧，完成后的最终效果如图 8-69 所示。

效果图位置：模块八\源文件\写字.fla、写字.swf

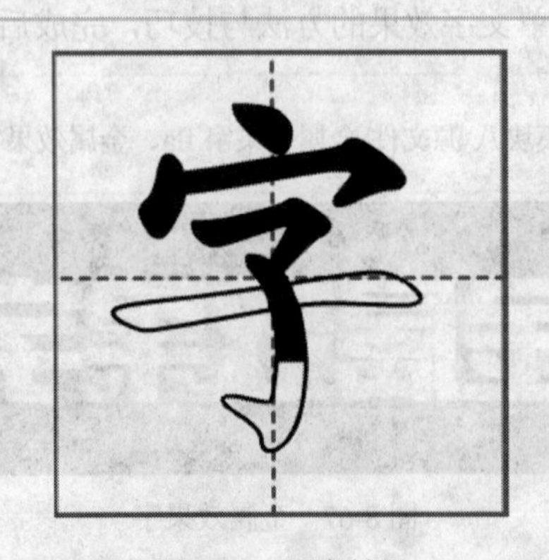

图 8-69　写字效果

本练习的写作动画还可以通过逐帧动画来实现，不过操作比较麻烦，需要一帧一帧地进行操作，对此感兴趣的读者可以尝试使用该方法来制作。

练习 4　制作光效游动文字

本练习要求使用脚本语句制作图 8-70 所示的光效游动文字效果。制作时先将场景大小设置为 550×400 像素，背景设置为黑色，帧频设置为 30fps；然后创建影片剪辑元件，在元件场景中输入文字；接着将元件拖动到场景中，重新命名影片剪辑，在“动作-帧”面板中输入脚本。通过本练习进一步熟悉并掌握在 Flash CS3 中使用脚本语句制作文字特效的方法与技巧。

效果图位置：模块八\源文件\光效游动文字.fla、光效游动文字.swf

图 8-70　光效游动文字效果

模块九

Flash 组件的应用

在 Flash CS3 中，若要使动画具备某种特定的交互功能，除了为动画中的帧、按钮或影片剪辑添加 Action 脚本外，还可利用 Flash CS3 中提供的各种组件来实现。用户只需根据动画的实际情况，在场景中添加相应类型的组件，并为组件添加适当的脚本即可。在制作交互动画的过程中，合理地利用组件不但有效地利用了已有资源，还能在一定程度上提高动画的制作效率。本模块将主要介绍应用 Flash CS3 组件制作动画的方法与技巧。

学习目标

- 了解 Flash CS3 几种常用的组件。
- 熟练掌握添加组件和设置组件属性的方法。
- 掌握为组件添加语句的方法。

任务一　制作用户注册界面

◆ 任务目标

本任务将使用文本框和按钮组件制作一个用户注册界面，通过本任务了解并掌握应用组件制作动画的一般方法，完成后的最终效果如图 9-1 所示。

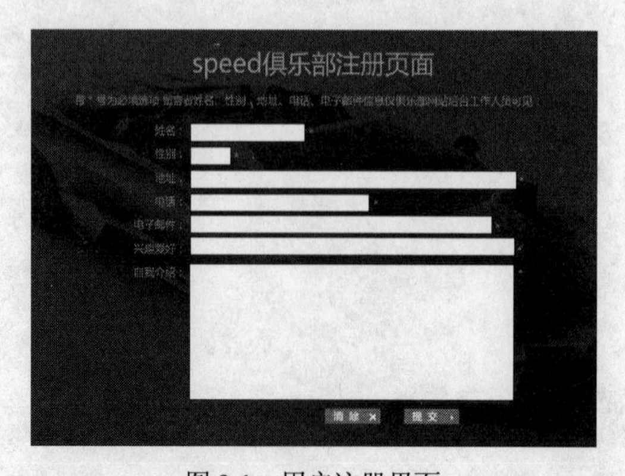

图 9-1　用户注册界面

素材位置：模块九\素材\注册背景.jpg
效果图位置：模块九\源文件\用户注册界面.fla、用户注册界面.swf

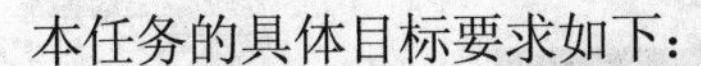

本任务的具体目标要求如下：

（1）了解按钮元件的创建方法及参数设置方法。

（2）掌握为引导层建立链接关系的方法和取消引导层的方法。

（3）掌握引导动画制作的一般方法。

◆ 操作思路

本例制作过程如图 9-2 所示。涉及的知识点有组件的创建、组件属性的设置和组件语句的添加，具体思路及要求如下：

（1）导入图片，新建“背景”和“提示框”影片剪辑。

（2）放置背景图片，添加文本和组件。

（3）对组件的属性进行设置，并加入相应语句。

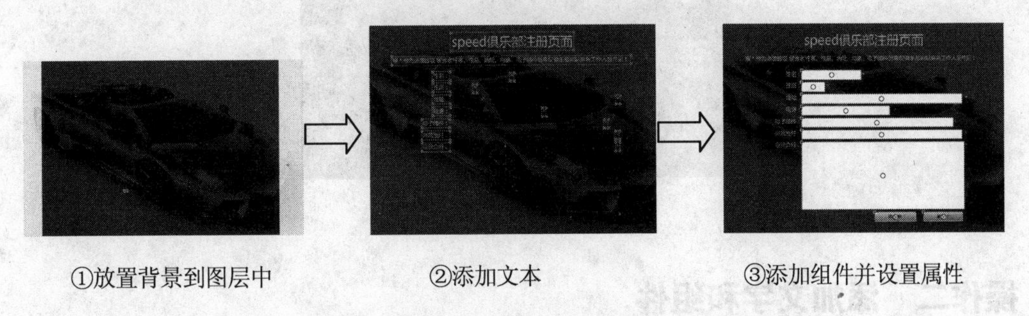

①放置背景到图层中　　②添加文本　　③添加组件并设置属性

图 9-2　制作用户注册界面的操作思路

操作一　准备素材及元件

（1）新建一大小为 700 × 500 像素、背景颜色为黑色、帧频为 30fps、名为“用户注册界面”的 Flash 文档。

（2）选择【文件】→【导入】→【导入到库】菜单命令，将“注册背景.jpg”图片素材导入到库中。

（3）选择【插入】→【新建元件】菜单命令，在打开的“创建新元件”对话框中新建一个“背景”影片剪辑元件。

（4）将“库”面板中的“注册背景.jpg”拖动到“背景”影片剪辑元件场景中。这样“背景”影片剪辑元件便制作完毕了。

（5）选择【插入】→【新建元件】菜单命令，新建一个“提示框”影片剪辑元件。在场景中用矩形工具绘制一个黑色的矩形，如图 9-3 所示，具体设置如图 9-4 所示。

（6）然后在矩形框上使用文本工具绘制一个图 9-5 所示的动态文本框，动态文本框的具体设置如图 9-6 所示。

（7）返回主场景，将图层 1 命名为“背景”图层，将“库”面板中的“背景”影片剪辑元件拖动到主场景中。

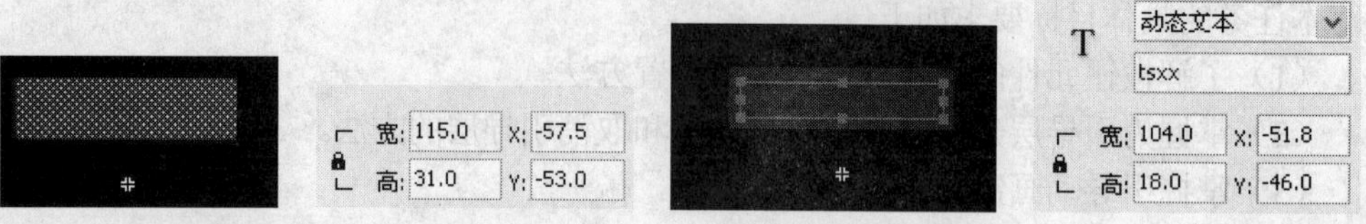

图 9-3　绘制矩形　　图 9-4　矩形具体设置　　图 9-5　绘制动态文本框　　图 9-6　动态文本框设置

（8）选中场景中的“背景”影片剪辑元件，在“属性”面板中将该元件的 Alpha 值设置为 15%，得到图 9-7 所示的效果。

图 9-7　设置背景图层

操作二　添加文字和组件

（1）新建“文字”图层，选择工具箱中的文本工具，在“属性”面板中对字体进行设置后在场景中输入图 9-8 所示的文本内容。

（2）新建“交互组件”图层，选择【窗口】→【组件】菜单命令，在打开的图 9-9 所示的面板中将 TextInput 组件拖动到“姓名”文本后。

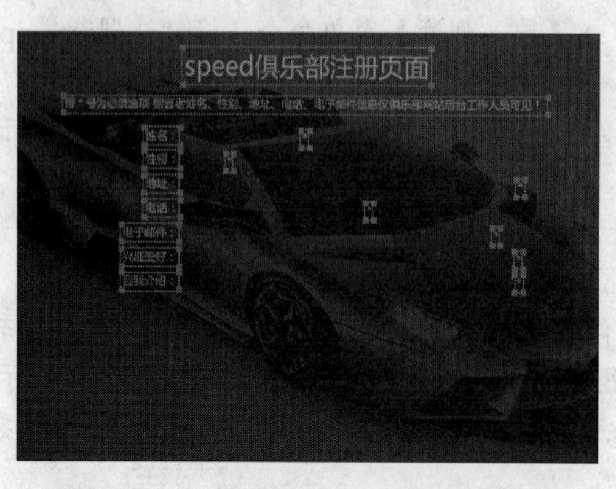

图 9-8　输入文本

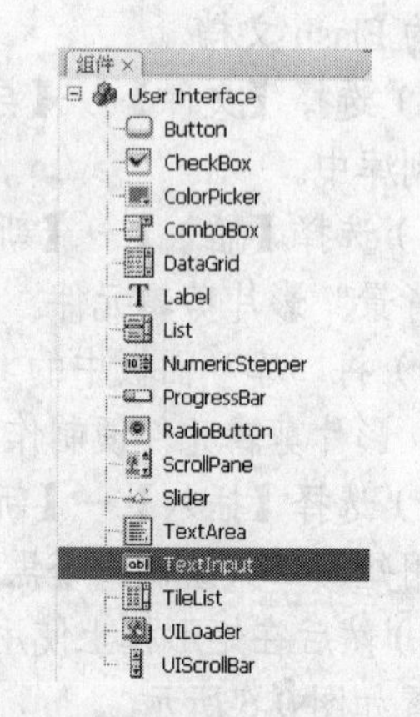

图 9-9　拖动 TextInput 组件

（3）选中该组件，在“属性”面板中将该组件命名为“XM”，如图 9-10 所示，在“属性”面板的“参数”选项卡中进行图 9-11 所示的设置。

图 9-10　命名组件

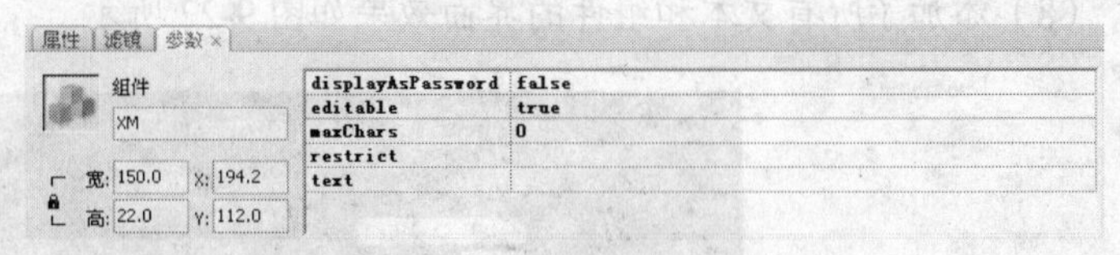

displayAsPassword	false
editable	true
maxChars	0
restrict	
text	

图 9-11　设置组件属性

（4）使用相同的方法分别在“性别”、“地址”、“电话”、“电子邮件”、“兴趣爱好”、“自我介绍”文本后添加相应组件，并分别进行命名，如图 9-12~图 9-17 所示。

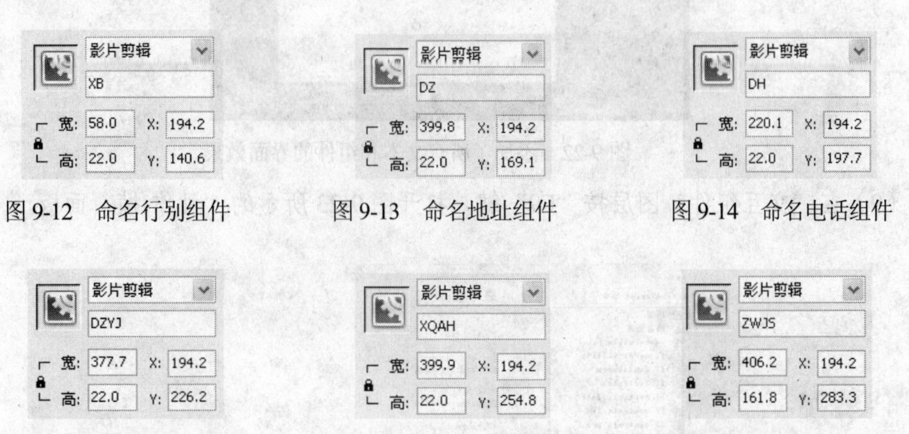

图 9-12　命名行别组件　　图 9-13　命名地址组件　　图 9-14　命名电话组件

图 9-15　命名电子邮件组件　　图 9-16　命名兴趣爱好组件　　图 9-17　命名自我介绍组件

（5）再次选择【窗口】→【组件】菜单命令，在打开的“组件”面板中将 Button 组件拖动到场景的右下方位置。

（6）选中该组件，在“属性”面板中将该组件命名为“QCA”，如图 9-18 所示，在“属性”面板的“参数”选项卡中进行图 9-19 所示的设置。

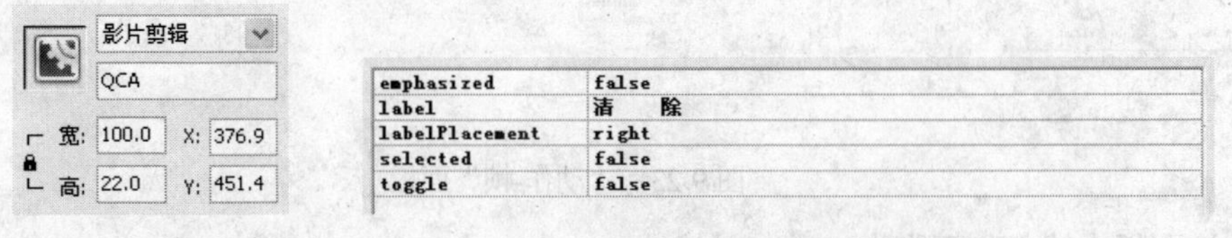

emphasized	false
label	清　除
labelPlacement	right
selected	false
toggle	false

图 9-18　命名清除组件　　图 9-19　设置组件属性

（7）使用相同的方法添加“提交”按钮组件，并将该组件命名为“TJA”，如图 9-20 所示，其参数设置如图 9-21 所示。

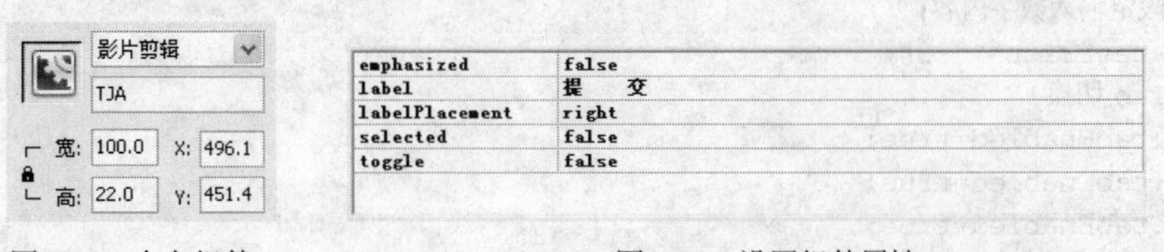

emphasized	false
label	提　交
labelPlacement	right
selected	false
toggle	false

图 9-20　命名组件　　图 9-21　设置组件属性

（8）添加了所有文本和组件的界面效果如图 9-22 所示。

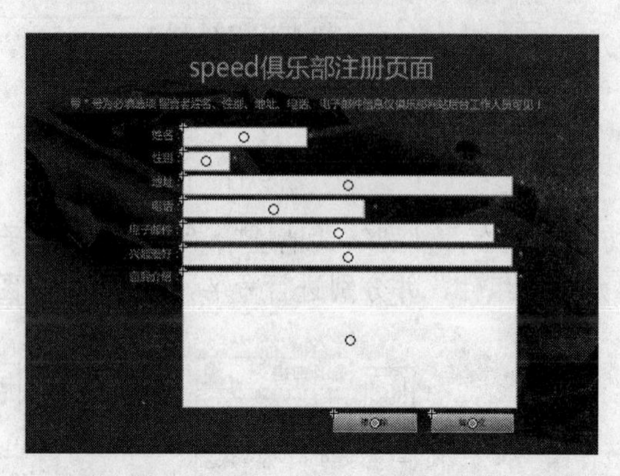

图 9-22　添加了所有文本和组件的界面效果

（9）在“交互组件”图层按“F9”键，打开图 9-23 所示的“动作-帧”面板。

图 9-23　“动作-帧”面板

在该面板中输入如下脚本：

```
TS.alpha=0;
var cpd:String="";//记录上次判断值
var zpd:String="";//记录当前判断值
//限定输入数字内容;
DH.restrict="0-9";
//Tab 切换
XM.tabEnabled=true;
XB.tabEnabled=true;
DZ.tabEnabled=true;
DH.tabEnabled=true;
DZYJ.tabEnabled=true;
XQAH.tabEnabled=true;
```

```
ZWJS.tabEnabled=true;
TS.tabEnabled=false;
QCA.tabEnabled=true;
TJA.tabEnabled=true;
XM.tabIndex=1;
XB.tabIndex=2;
DZ.tabIndex=3;
DH.tabIndex=4;
DZYJ.tabIndex=5;
XQAH.tabIndex=6;
ZWJS.tabIndex=7;
QCA.tabIndex=8;
TJA.tabIndex=9;
//--------------------------------------;
//提交信息
TJA.addEventListener(MouseEvent.CLICK,TJ);
function TJ(e:MouseEvent) {
 if
(XM.text.length>2&&XB.text.length>1&&DZ.text.length>4&&DH.text.length>3&&DZ
YJ.text.length>2&&XQAH.text.length>2&&ZWJS.text.length>2) {
    if (true) {//判定是否重复提交
//指定接收用户信息的网站后台脚本
        var request:URLRequest=new URLRequest("message.asp");
        var SJSJ:URLVariables=new URLVariables();
        SJSJ.xm=XM.text;
        SJSJ.xb=XB.text;
        SJSJ.dz=DZ.text;
        SJSJ.dh=DH.text;
        SJSJ.dzyj=DZYJ.text;
        SJSJ.bt=XQAH.text;
        SJSJ.lynr=ZWJS.text;
        request.data=SJSJ;
        request.method=URLRequestMethod.POST;
        var sjloader:URLLoader=new URLLoader();//新建URLLoader对象
        //设置发送的数据格式
        sjloader.dataFormat=URLLoaderDataFormat.VARIABLES;
        sjloader.load(request);//向网站后台脚本发送数据
        sjloader.addEventListener(Event.COMPLETE,SUC);
        sjloader.addEventListener(IOErrorEvent.IO_ERROR,FAIL);
        function SUC(e:Event) {
            var loader:URLLoader=URLLoader(e.target);
            if (loader.data.GD==1) {
                TS.tsxx.text="提交成功，谢谢";
                TS.alpha=1;
                XM.text="";
                XB.text="";
                DZ.text="";
                DH.text="";
                DZYJ.text="";
```

```
                XQAH.text="";
                ZWJS.text="";
            } else {
                TS.tsxx.text="提交信息失败";
                TS.alpha=1;
            }
        }
        function FAIL(e:IOErrorEvent) {
            TS.tsxx.text="无法连接服务器";
            TS.alpha=1;
        }
    }
 } else {
    TS.tsxx.text="请填写必填信息";
    TS.alpha=1;
 }
}
TS.buttonMode=true;
TS.addEventListener(MouseEvent.CLICK,TSXS);
function TSXS(e:MouseEvent) {
 TS.alpha=0;
}
QCA.addEventListener(MouseEvent.CLICK,QC);
function QC(e:MouseEvent) {
 XM.text="";
 XB.text="";
 DZ.text="";
 DH.text="";
 DZYJ.text="";
 XQAH.text="";
 ZWJS.text="";
```

（10）新建“提示框”图层，在打开的“库”面板中将“提示框”影片剪辑拖动到场景中央位置。

（11）选中场景中的“提示框”元件，在“属性”面板中将其命名为“TS”，并将其颜色 Alpha 值设置为 100%，如图 9-24 所示。

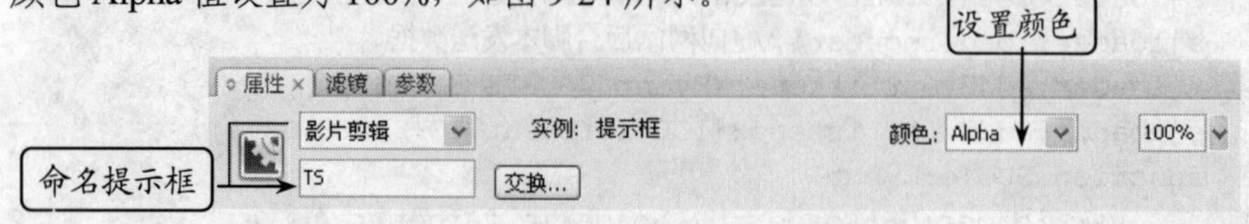

图 9-24　设置提示框属性

（12）这样即可完成整个用户注册界面的操作，其时间轴状态如图 9-25 所示。按“Ctrl+S”组合键保存该动画，按“Ctrl+Enter”组合键测试动画，即可打开图 9-1 所示界面，在该界面中输入注册信息后单击“提交”按钮，系统将弹出“无法连接服务器”的提示信息。

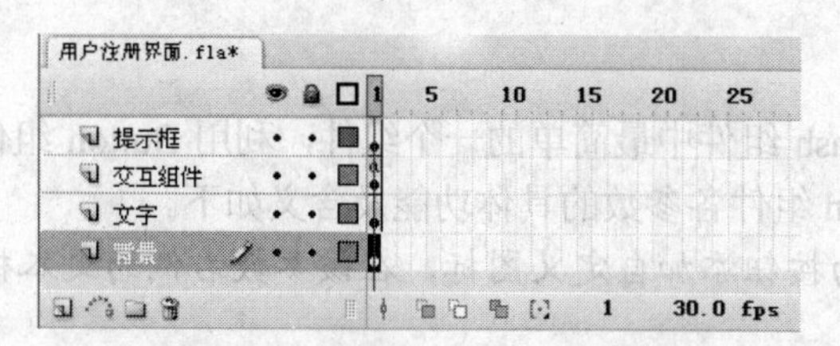

图 9-25　时间轴状态

提示 该动画需与服务器中相应的网页后台脚本（如本任务中的 message.asp）建立连接，才能将用户注册信息提交给数据库，在未建立连接的情况下，将打开“无法连接服务器”的提示对话框信息。

◆ 学习与探究

本模块中只使用了较为常用的两种组件，除了这两种常用组件外，还有以下几种常用的组件，下面对这些组件的具体功能及含义进行简单介绍，以供大家更好地使用。

1. Flash 中组件的类型

Flash CS3 中提供了很多可实现各种交互功能的组件，根据其功能和应用范围，主要将其分为 User Interface 组件（以下简称 UI 组件）和 Video 组件两大类。

- UI 组件：User Interface 组件主要用于设置用户交互界面，并通过交互界面使用户与应用程序进行交互操作，在 Flash CS3 中，大多数交互操作都是通过这类组件实现的。在 UI 组件中，主要包括 Button、CheckBox、ComboBox、RadioButton、List、TextArea 和 TextInput 等组件，如图 9-26 所示。
- Video 组件：Video 组件主要用于对动画中的视频播放器和视频流进行交互操作，主要包括 FLVPlayback、FLVPlaybackCaptioning、BackButton、PlayButton、SeekBar、PlayPauseButton、VolumeBar 和 FullScreenButton 等交互组件，如图 9-27 所示。

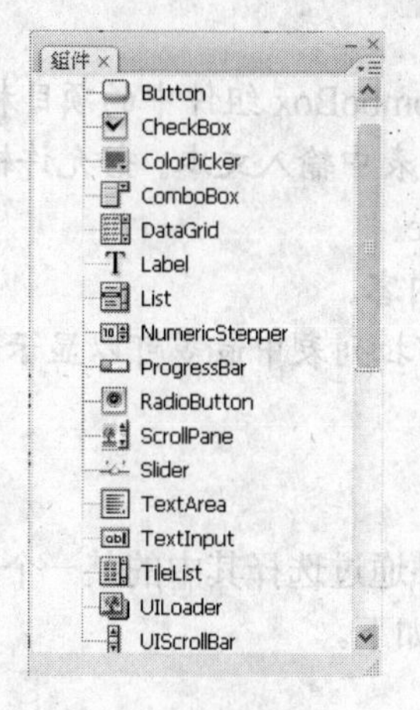

图 9-26　UI 组件

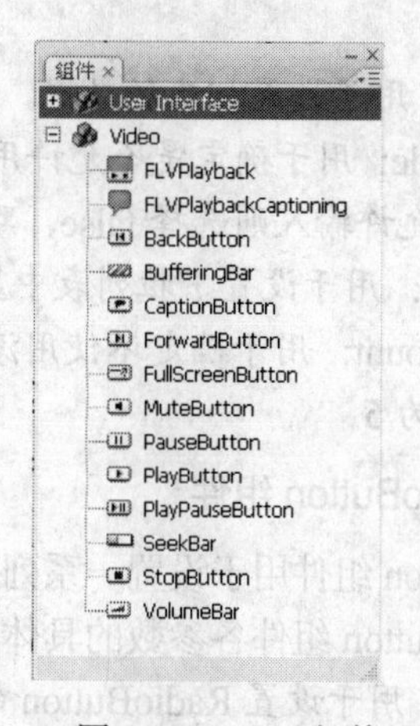

图 9-27　Video 组件

2. Button 组件

Button 组件是 Flash 组件中最简单的一个组件，利用 Button 组件可执行所有鼠标和键盘的交互事件。Button 组件各参数的具体功能及含义如下。

- icon：用于为按钮添加自定义图标，在该参数右侧的文本框中可输入自定义图标所在的路径。
- label：用于设置按钮的名称，其默认值为 Button。
- labelPlacement：用于确定按钮上的文本相对于图标的方向，包括 left、right、top 和 bottom 4 个选项，其默认值为 right。
- selected：用于根据 toggle 的值设置按钮是被按下还是被释放，若 toggle 的值为 true 则表示按下，值为 false 表示释放，默认值为 false。
- toggle：用于确定是否将按钮转变为切换开关。若要让按钮按下后马上弹起，则选择 false 选项；若要让按钮在按下后保持按下状态，直到再次按下时才返回到弹起状态，则选择 true，其默认值为 false。

3. CheckBox 组件

CheckBox 组件用于设置一系列选择项目，并可同时选取多个项目，以此对指定对象的多个数值进行获取或设置。CheckBox 组件各参数的具体功能及含义如下。

- label：用于设置 CheckBox 组件显示的内容，其默认值为 Check Box。
- label Placement：用于确定复选框上标签文本的方向，包括 left、right、top 和 bottom 4 个选项，其默认值为 right。
- selected：用于确定 CheckBox 组件的初始状态为选中（true）或取消选中（false），其默认值为 false。

4. ComboBox 组件

ComboBox 组件的作用与对话框中的下拉列表框类似，单击下拉按钮，可弹出下拉列表并显示相应的选项，通过选择选项获取所需的数值。ComboBox 组件各参数的具体功能及含义如下。

- data：用于设置相应的数据，并将其与 ComboBox 组件中的项目相关联。
- editable：用于确定是否允许用户在下拉列表中输入文本。若允许输入则选择 true，若不允许输入则选择 false，默认值为 false。
- labels：用于设置下拉列表中显示的项目内容。
- rowCount：用于确定不使用滚动条时，下拉列表中最多可以显示的项目数量，默认值为 5。

5. RadioButton 组件

RadioButton 组件用于设置一系列选择项目，并通过选择其中的某一个项目获取所需的数值。RadioButton 组件各参数的具体功能及含义如下。

- data：用于设置 RadioButton 的对应值。
- groupName：用于指定该 RadioButton 组件所属的项目组，项目组由该参数相同的所有 RadioButton 组件组成，在同一项目组中只能选择一个 RadioButton 组件，并返回该组件的值。

- label：用于设置 RadioButton 的文本内容，其默认值是 Radio Button。
- labelPlacement：用于确定 RadioButton 组件文本的方向，主要包括 left、right、top 和 bottom 4 个选项，默认值为 right。
- selected：用于确定单选按钮的初始状态是否被选中，其中 true 表示选中，false 表示未选中，默认值为 false。

6．ScrollPane 组件

ScrollPane 组件是动态文本框与输入文本框的组合，在动态文本框和输入文本框中可添加水平和竖直滚动条，并通过拖动滚动条来显示更多的内容。ScrollPane 组件各参数的具体功能及含义如下。

- contentPath：用于确定要加载到 ScrollPane 组件中的内容所在的路径。
- hLineScrollSize：用于设置每次按下 ScrollPane 组件中滚动条两侧按钮时，水平滚动条移动的距离，默认值为 5。
- hPageScrollSize：用于设置按下滚动条时水平滚动条移动的距离，默认值为 20。
- hScrollPolicy：用于设置是否显示水平滚动条，包括 on、off 和 auto 3 个选项，其默认值为 auto。
- scrollDrag：用于确定是否允许用户在滚动条中滚动内容，若允许则选择 true，若不允许则选择 false，其默认值为 false。
- vLineScrollSize：用于设置每次按下 ScrollPane 组件滚动条两侧的按钮时，垂直滚动条移动的距离，默认值为 5。
- vPageScrollSize：用于设置按下滚动条时垂直滚动条移动的距离，默认值为 20。
- vScrollPolicy：用于设置是否显示垂直滚动条，包括 on、off 和 auto 3 个选项，其默认值为 auto。

7．List 组件

List 组件主要用于创建一个可滚动的单选或多选列表框，并通过选择列表框中显示的图形或其他组件获取所需的数值。List 组件各参数的具体含义如下。

- allowMultipleSelection：用于指定 List 组件是否可同时选择多个选项。如果值为 true，则可以通过按住“Shift”键来选择多个选项，其默认值为 false。
- dataProvider：用于设置相应的数据，并将其与 List 组件中的选项相关联。
- horizontalLineScrollSize：用于设置当单击列表框中水平滚动箭头时，要在水平方向上滚动的内容量，该值以像素为单位，其默认值为 4。
- horizontalPageScrollSize：用于设置按滚动条轨道时，水平滚动条上滚动滑块要移动的像素数。当值为 0 时，该属性检索组件的可用宽度，其默认值为 0。
- horizontalScrollPolicy：用于设置 List 组件中的水平滚动条是否始终打开。包括 on、off 和 auto 3 个选项，其默认值为 auto。
- verticalLineScrollSize：用于设置当单击列表框中垂直滚动箭头时，要在垂直方向上滚动的内容量，该值以像素为单位，其默认值为 4。
- verticalPageScrollSize：用于设置按滚动条轨道时，垂直滚动条上滚动滑块要移动的像素数。当值为 0 时，该属性检索组件的可用宽度，其默认值为 0。

- verticalScrollPolicy：用于设置 List 组件中的垂直滚动条是否始终打开。包括 on、off 和 auto 3 个选项，其默认值为 auto。

8．TextArea 组件

TextArea 组件主要用于显示或获取动画中所需的文本。在交互动画中需要显示或获取多行文本字段的任何地方，都可使用 TextArea 组件来实现。TextArea 组件各参数的具体含义如下。

- condenseWhite：用于设置是否从包含 HTML 文本的 TextArea 组件中删除多余的空白。在 Flash CS3 中，空格和换行符都属于组件中的多余空白。当值为 true 时表示删除多余的空白；值为 false 时表示不删除多余空白。其默认值为 false。
- editable：用于设置允许用户编辑 TextArea 组件中的文本。为 true 时表示用户可以编辑 TextArea 组件所包含的文本；为 false 时表示不能进行编辑。其默认值为 true。
- horizontalScrollPolicy：用于设置 TextArea 组件中的水平滚动条是否始终打开。包括 on、off 和 auto 3 个选项，其默认值为 auto。
- htmlText：用于设置或获取 TextArea 组件中文本字段所含字符串的 HTML 表示形式，其默认值为空。
- maxChars：用于设置用户可以在 TextArea 组件中输入的最大字符数。
- restrict：用于设置 TextArea 组件可从用户处接受的字符串。如果此属性的值为 null，则 TextArea 组件会接受所有字符。如果此属性值设置为空字符串（""），则 TextInupt 组件不接受任何字符，其默认值为 null。
- verticalScrollPolicy：用于设置 TextArea 组件中的垂直滚动条是否始终打开。包括 on、off 和 auto 3 个选项，其默认值为 auto。
- wordWrap：用于设置文本是否在行末换行。若值为 true，则表示文本在行末换行；若值为 false，则表示文本不换行。其默认值为 true。

9．TextInput 组件

TextInput 组件主要用于显示或获取动画中所需的文本。与 TextArea 不同的是，TextInput 组件只用于显示或获取交互动画中的单行文本字段。TextInput 组件各参数的具体含义如下。

- restrict：用于设置 TextInput 组件可从用户处接受的字符串。需要注意的是，未包含在本字符串中的，以编程方式输入的字符也会被 TextInput 组件所接受。如果此属性值为 null，则 TextInput 组件会接受所有字符；若将值设置为空字符串（""），则不接受任何字符，其默认值为 null。
- text：用于获取或设置 TextInput 组件中的字符串。此属性包含无格式文本，不包含 HTML 标签。若要检索格式为 HTML 的文本，应使用 TextArea 组件的 htmlText 属性。

任务二　利用组件制作 IQ 测试

◆ 任务目标

本任务将使用组件制作一个 IQ 测试动画，通过本实例了解并掌握应用组件制作动画的一般方法，完成后的最终效果如图 9-28 所示。

图 9-28　IQ 测试

素材位置：模块九\素材\背景.jpg

效果图位置：模块九\源文件\IQ 测试.fla、IQ 测试.swf

本任务的具体目标要求如下：

（1）进一步掌握添加组件并设置组件参数的方法。

（2）掌握为组件命名并添加脚本语言的方法。

（3）掌握组件检查器的使用方法。

◆ 操作思路

本任务制作过程如图 9-29 所示。涉及的知识点有组件的创建、组件属性的设置、组件语句的添加和组件检查器的使用，具体思路及要求如下：

（1）导入图片，放置背景图片。

（2）新建“题目图形”图层，在该图层各帧中添加测试题目的文本内容。

（3）新建“组件”图层，在该图层各帧中添加相应组件并对参数进行设置。

（4）新建“语句”图层，为各帧添加脚本语言，使用组件检查器检查并修改各组件。

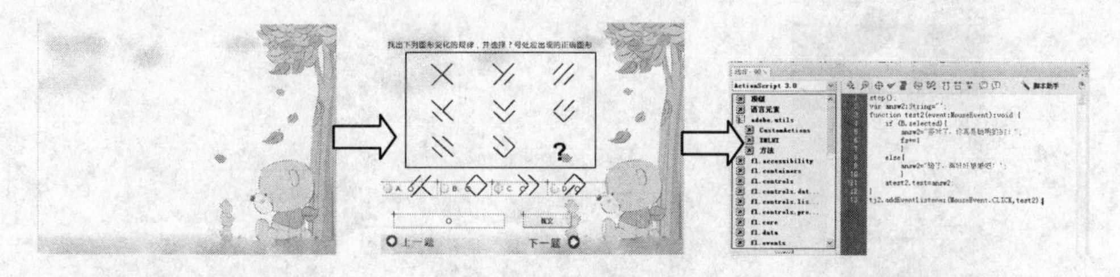

①放置背景到图层中　　②添加文本和组件　　③添加脚本语句

图 9-29　制作 IQ 测试的操作思路

操作一　设置背景添加文本

（1）新建一大小为 500 × 370 像素、背景颜色为白色、帧频为 12fps、名为“IQ 测试”的 Flash 文档。

（2）选择【文件】→【导入】→【导入到库】菜单命令，将“背景.jpg”图片导入到库中。

（3）将图层 1 命名为“背景”图层，将“库”面板中的“背景.jpg”拖动到“背景”图层中，设置其大小，得到图 9-30 所示的效果。

（4）在该图层的第 5 帧处单击鼠标右键，在弹出的快捷菜单中选择“插入帧”命令。

（5）新建“题目图形”图层，在该图层的第 1 帧处使用文本工具、直线工具添加图 9-31 所示的文字和直线，将标题文本类型设置为“静态文本”，字体为“微软雅黑”，字体颜色为黑色，字号为“36”，下面部分文字除了字号设置不同外（第 2、3 排文本的字号分别为 20、30），其他都相同。

（6）选择【窗口】→【公用库】→【按钮】菜单命令，打开图 9-32 所示的面板，在该面板中选择“Circle with arrow”选项，将其拖动到场景中第 3 排文字的下方。

（7）选中该按钮，在“属性”面板中对其进行图 9-33 所示的设置。

图 9-30　放置背景图片　　　　图 9-31　添加首页文本

（8）在该图层的第 2 帧处插入空白关键帧，然后再使用文本工具和其他绘图工具添加图 9-34 所示的文本和图形。

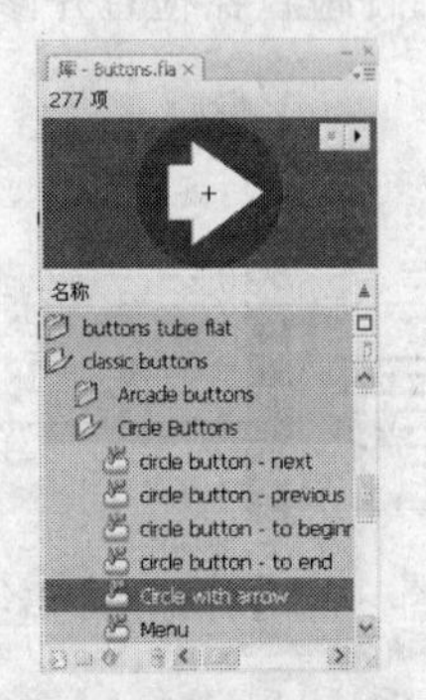

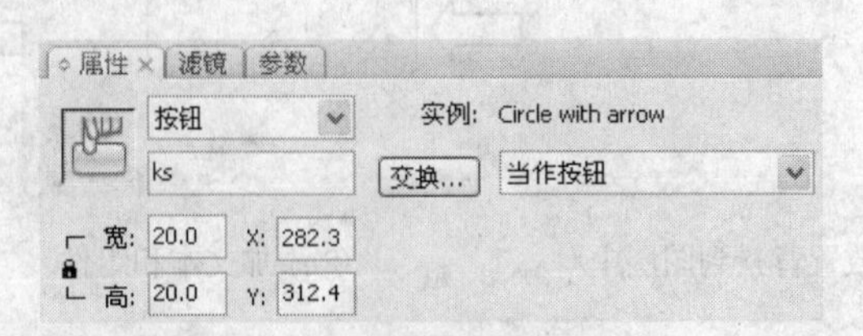

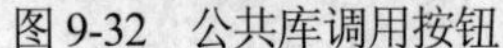

图 9-32　公共库调用按钮　　　　图 9-33　为按钮命名

（9）使用相同的方法在公用库中拖动两个“Circle with arrow”按钮到场景中，将其中一个按钮进行水平翻转处理，得到图 9-35 所示的效果。

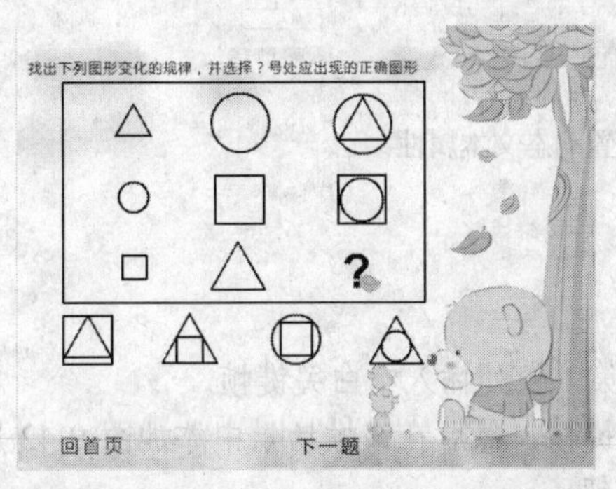

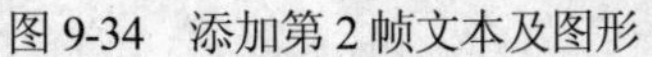

图 9-34　添加第 2 帧文本及图形　　　　图 9-35　为第 2 帧添加按钮

（10）选中“回首页”前的按钮，在“属性”面板中对其进行图 9-36 所示的命名；选中“下一题”后的按钮，在“属性”面板中对其进行图 9-37 所示的命名，

（11）在该图层的第 3 帧处插入空白关键帧，然后再使用文本工具和其他绘图工具添加图 9-38 所示的文本和图形，并在公共库中添加相同的“上一题”和“下一题”按钮。

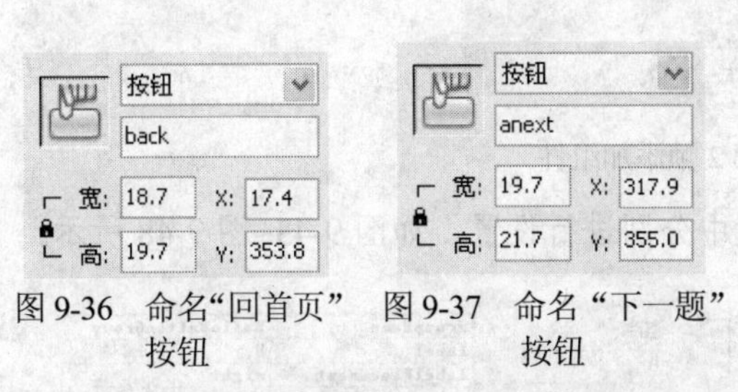

图 9-36　命名“回首页”按钮　　图 9-37　命名“下一题”按钮

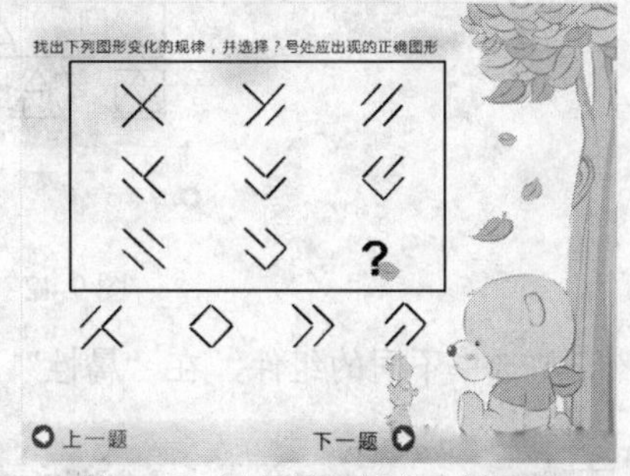

图 9-38　添加第 3 帧文本及图形

（12）在该图层的第 4 帧处插入空白关键帧，然后再使用文本工具和其他绘图工具添加图 9-39 所示的文本和图形，并在公共库中添加相同的“上一题”和“下一题”按钮。

（13）在该图层的第 5 帧处插入空白关键帧，然后再使用文本工具输入图 9-40 所示的文本，并添加一个动态文本框。动态文本框的具体设置如图 9-41 所示。

图 9-39　添加第 4 帧文本及图形

图 9-40　添加第 5 帧文本及动态文本

图 9-41　设置动态文本属性

操作二　添加组件

（1）新建“组件”图层，在该图层的第 1 帧处插入空白关键帧。

（2）在该图层的第 2 帧处插入空白关键帧，然后在该帧场景中添加图 9-42 所示的 4 个单选按钮、1 个文本框和 1 个“提交”按钮。

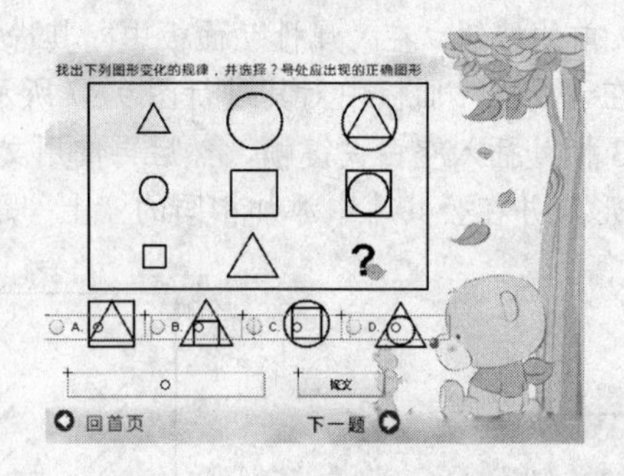

图 9-42　为第 2 帧添加组件

（3）选中不同的组件，在“属性”面板中分别进行设置，如图 9-43~图 9-48 所示。

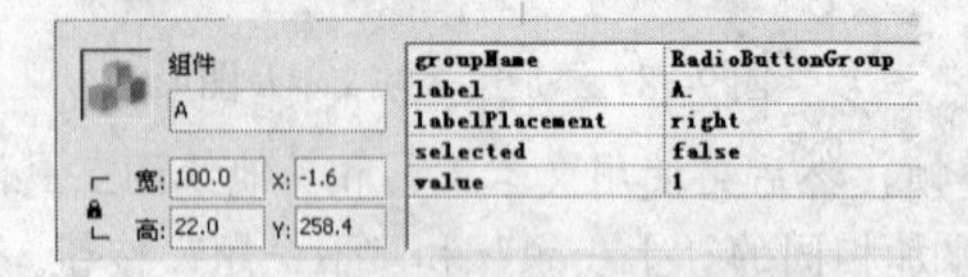

图 9-43　第 2 帧“A”组件参数设置

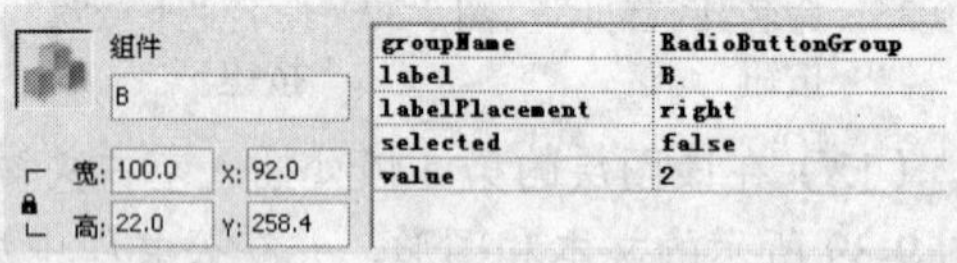

图 9-44　第 2 帧“B”组件参数设置

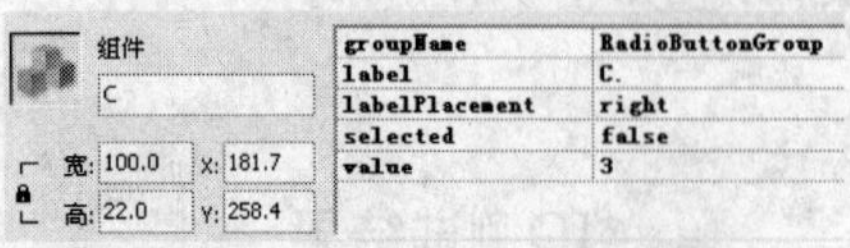

组件 C　宽: 100.0　X: 181.7　高: 22.0　Y: 258.4

groupName	RadioButtonGroup
label	C.
labelPlacement	right
selected	false
value	3

图 9-45　第 2 帧“C”组件参数设置

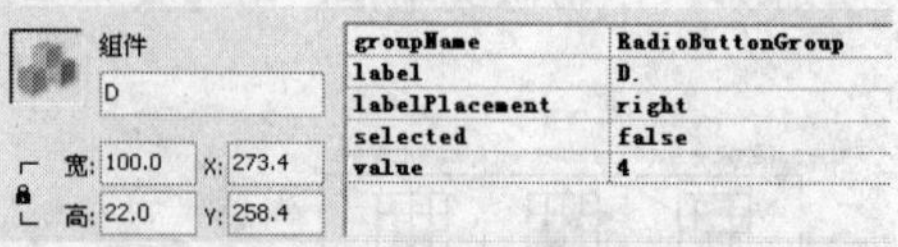

组件 D　宽: 100.0　X: 273.4　高: 22.0　Y: 258.4

groupName	RadioButtonGroup
label	D.
labelPlacement	right
selected	false
value	4

图 9-46　第 2 帧“D”组件参数设置

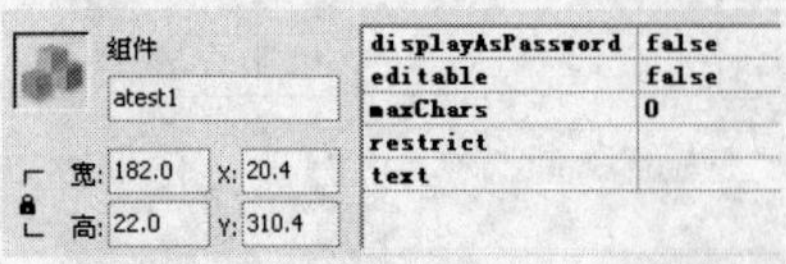

组件 atest1　宽: 182.0　X: 20.4　高: 22.0　Y: 310.4

displayAsPassword	false
editable	false
maxChars	0
restrict	
text	

图 9-47　第 2 帧文本框组件参数设置

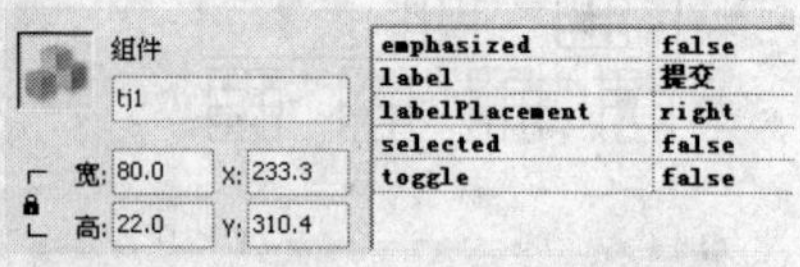

图 9-48　第 2 帧按钮组件参数设置

（4）在该图层的第 3 帧处插入空白关键帧，然后在该帧场景中添加图 9-49 所示的 4 个单选按钮、1 个文本框和 1 个“提交”按钮。

找出下列图形变化的规律，并选择？号处应出现的正确图形
?
A.
B.
C.
D.
提交
上一题
下一题

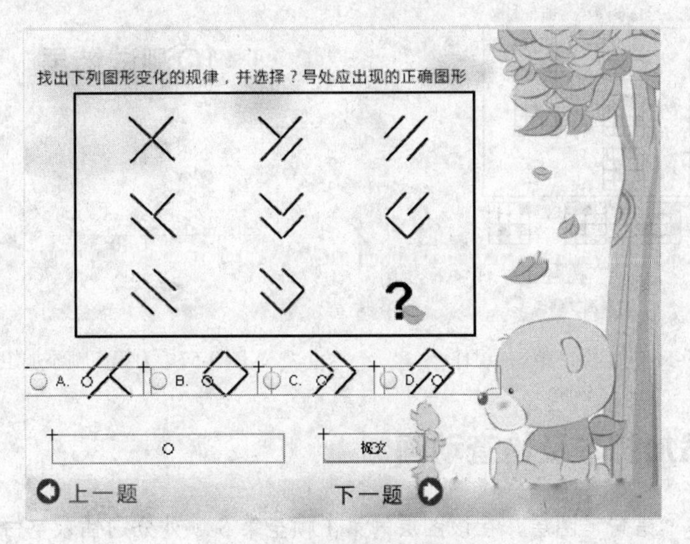

图 9-49　为第 3 帧添加组件

（5）选中不同的组件，在“属性”面板中分别进行设置，如图 9-50~图 9-55 所示。

组件
A
宽: 100.0 X: -1.6
高: 22.0 Y: 258.4
groupName RadioButtonGroup
label A.
labelPlacement right
selected false
value

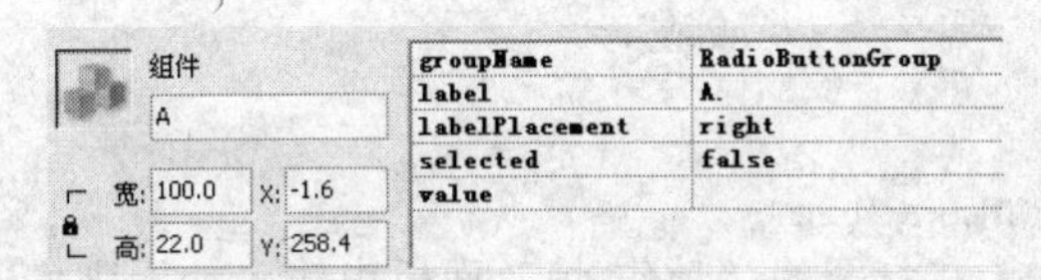

图 9-50　第 3 帧“A”组件参数设置

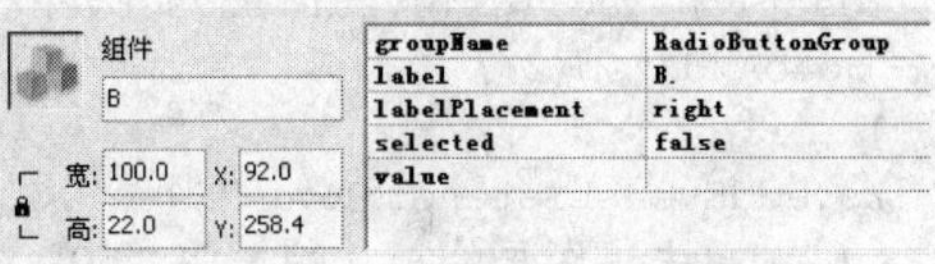

组件
B
宽: 100.0 X: 92.0
高: 22.0 Y: 258.4
groupName RadioButtonGroup
label B.
labelPlacement right
selected false
value

图 9-51　第 3 帧“B”组件参数设置

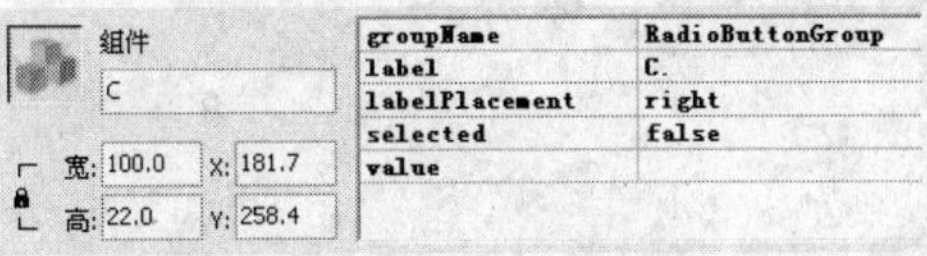

组件
C
宽: 100.0 X: 181.7
高: 22.0 Y: 258.4
groupName RadioButtonGroup
label C.
labelPlacement right
selected false
value

图 9-52　第 3 帧“C”组件参数设置

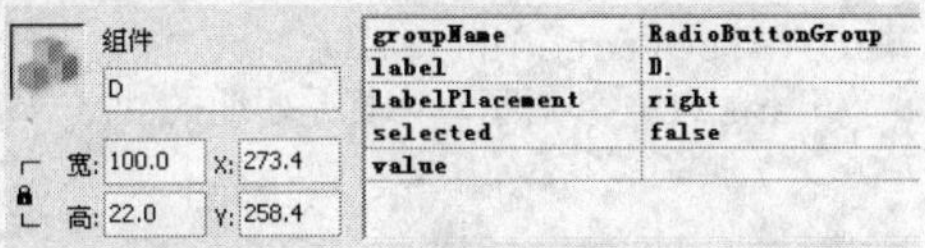

组件
D
宽: 100.0 X: 273.4
高: 22.0 Y: 258.4
groupName RadioButtonGroup
label D.
labelPlacement right
selected false
value

图 9-53　第 3 帧“D”组件参数设置

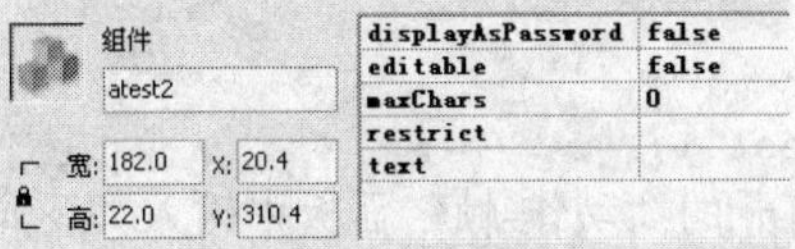

组件
atest2
宽: 182.0 X: 20.4
高: 22.0 Y: 310.4
displayAsPassword false
editable false
maxChars 0
restrict
text

图 9-54　第 3 帧文本框组件参数设置

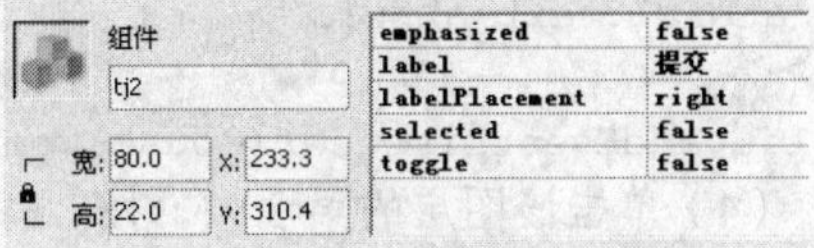

组件
tj2
宽: 80.0 X: 233.3
高: 22.0 Y: 310.4
emphasized false
label 提交
labelPlacement right
selected false
toggle false

图 9-55　第 3 帧按钮组件参数设置

（6）在该图层的第 4 帧处插入空白关键帧，然后在该帧场景中添加图 9-56 所示的 4 个单选框、1 个文本框和 1 个“提交”按钮。然后使用相同的方法对各组件参数进行设置。

（7）在该图层的第 5 帧处插入空白关键帧，然后在该帧场景中添加图 9-57 所示的文

本和按钮。选中该帧中的按钮，在“属性”面板中将该按钮命名为“atop”。

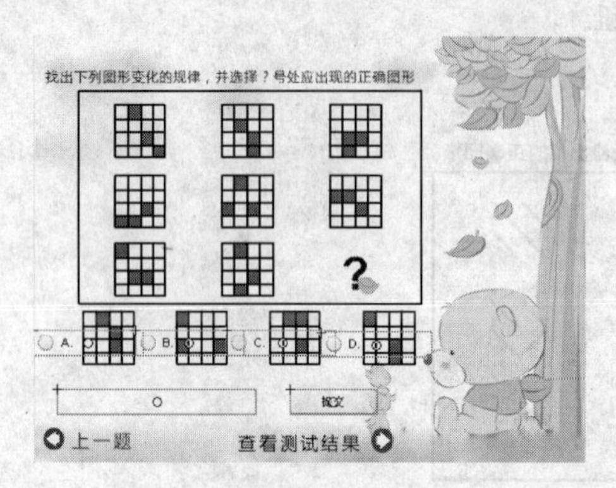

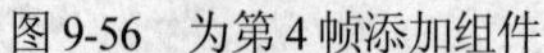
图 9-56　为第 4 帧添加组件

图 9-57　为第 5 帧添加组件

操作三　添加脚本及检查动画

（1）新建“语句”图层，在该图层的第 1 帧至第 5 帧处分别插入空白关键帧。

（2）单击该图层的第 1 帧，按“F9”键，在打开的“动作-帧”面板中输入如下脚本：

```
stop();
var fs=0
function ksclick(event:MouseEvent):void {
 gotoAndStop(2);
}
ks.addEventListener(MouseEvent.CLICK,ksclick);
```

（3）单击该图层的第 2 帧，按“F9”键，在打开的“动作-帧”面板中输入如下脚本：

```
stop();
var answ1:String="";
function test1(event:MouseEvent):void {
 if (B.selected){
     answ1="答对了，你真是聪明的BT！";
      fs+=1
      }
 else{
      answ1="错了，再好好想想吧！";
      }
 atest1.text=answ1;
}
tj1.addEventListener(MouseEvent.CLICK,test1);
```

（4）单击该图层的第 3 帧，按“F9”键，在打开的“动作-帧”面板中输入如下脚本：

```
stop();
var answ2:String="";
function test2(event:MouseEvent):void {
 if (B.selected){
     answ2="答对了，你真是聪明的BT！";
      fs+=1
```

```
        }
    else{
        answ2="错了，再好好想想吧！";
        }
    atest2.text=answ2;
  }
  tj2.addEventListener(MouseEvent.CLICK,test2);
```

（5）单击该图层的第4帧，按“F9”键，在打开的“动作-帧”面板中输入如下脚本：

```
  stop();
  var answ3:String="";
  function test3(event:MouseEvent):void {
   if (C.selected){
       answ3="答对了，你真是聪明的BT！";
        fs+=1
        }
   else{
        answ3="错了，再好好想想吧！";
        }
   atest3.text=answ3;
  }
  tj3.addEventListener(MouseEvent.CLICK,test3);
```

（6）单击该图层的第5帧，按“F9”键，在打开的“动作-帧”面板中输入如下脚本：

```
  stop();
  var aresult=0
  aresult=fs
  if (aresult==0){
   jg.text="答题正确率为0%，你的观察力和逻辑思维能力，让人不敢恭维，好自为之!!";
   }
  if (aresult==1){
   jg.text="答题正确率为30%，你的观察力和逻辑思维能力还需要加强，请继续加油哟!!";
   }
  if (aresult==2){
   jg.text="答题正确率为 60%，你的观察力和逻辑思维能力符合正常人的水平，你还可以继续提
高!!";
   }
  if (aresult==3){
   jg.text="答题正确率为100%，你的观察力和逻辑思维能力很强，不过不要骄傲自满哟!!";
   }
  function atopclick(event:MouseEvent):void {
   gotoAndStop(1);
  }
  atop.addEventListener(MouseEvent.CLICK,atopclick);
```

（7）新建图层5，在第1帧和第2帧处分别插入空白关键帧，在第5帧处插入关键帧，单击该图层的第2帧，按“F9”键，在打开的“动作-帧”面板中输入如下脚本：

```
  function backclick(event:MouseEvent):void {
   prevFrame();
  }
  back.addEventListener(MouseEvent.CLICK,backclick);
```

```
function nextclick(event:MouseEvent):void {
 nextFrame();
}
anext.addEventListener(MouseEvent.CLICK,nextclick);
```

操作四　使用组件检查器检查动画

（1）按“Ctrl+S”组合键保存该动画，该动画完成后的时间轴状态如图 9-58 所示。

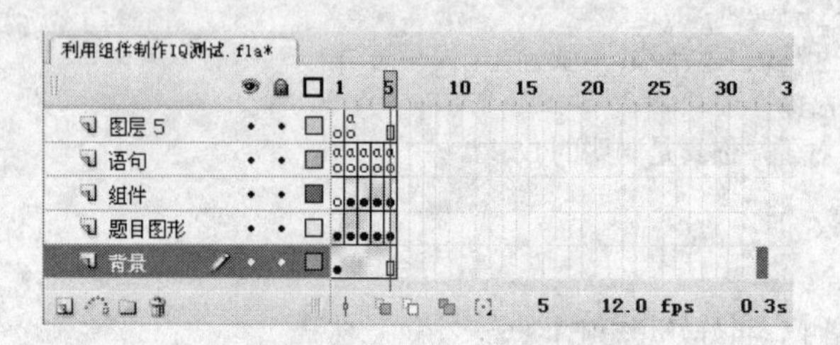

图 9-58　时间轴状态

（2）选择【窗口】→【组件检查器】菜单命令或按“Alt+F7”组合键，打开图 9-59 所示的“组件检查器”面板。

提示　由于本动画所用组件较多，为了快速地对组件的参数和属性信息进行检查和修改，以便提高动画制作的效率，这里使用了组件检查器。

（3）在场景中选中需要检查的组件，即可在“组件检查器”面板中出现图 9-60 所示的参数，在该面板中可检查参数是否有错。

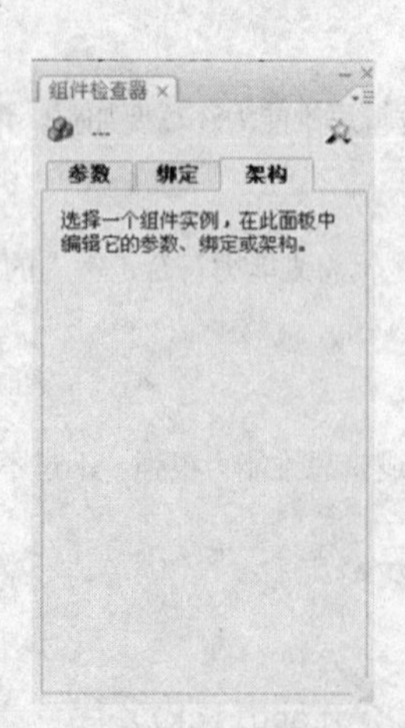

图 9-59　“组件检查器”面板

图 9-60　检查参数

（4）在“架构”选项卡中可查看与该组件相关的架构信息。检查完所有的组件确认无误后关闭该面板即可。

（5）至此即完成了本动画的制作，按“Ctrl+Enter”组合键即可进行动画测试。

实训一　制作用户意见反馈收集

◆ 实训目标

本实训要求仿照本模块的“用户注册界面”动画制作图 9-61 所示的用户意见反馈收集。通过本实训进一步熟悉 Flash CS3 中组件的创建和设置方法。

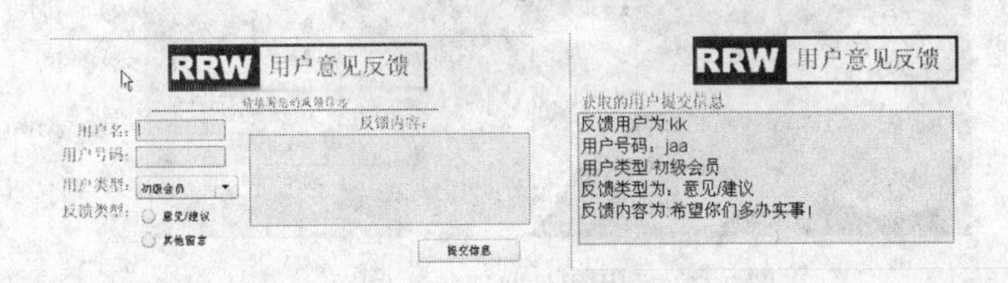

图 9-61　用户反馈信息收集

效果图位置：模块九\源文件\用户反馈信息收集.fla、用户反馈信息收集.swf

◆ 实训分析

本实训的制作思路如图 9-62 所示，具体分析及思路如下：

（1）新建文档，将场景大小设置为 470×220 像素、背景设置为白色、帧频设置为 12fps。

（2）在“背景”图层的第 1 帧处添加文本及“输入文本”框，并为输入文本命名；在第 2 帧添加文本及“输入文本”框，并为输入文本命名。

（3）在“组件”图层的第 1 帧处加入组件，为其分别命名后设置其参数。

（4）在“按钮脚本”图层的第 1 帧和第 2 帧处分别加入脚本语句。

图 9-62　制作用户反馈信息收集的操作思路

实训二　利用组件实现背景选择

◆ 实训目标

本实训要求仿照本模块的“IQ 测试”动画制作图 9-63 所示的背景选择动画。通过本实训进一步熟悉 Flash CS3 中组件的创建、设置方法和语句的应用添加方法。

素材位置：模块九\素材\金属 01jpg、金属 02 jpg、科技 01jpg、科技 02 jpg、清晰 01 jpg、清晰 02 jpg

效果图位置：模块九\源文件\利用组件实现背景选择.fla、利用组件实现背景选择.swf

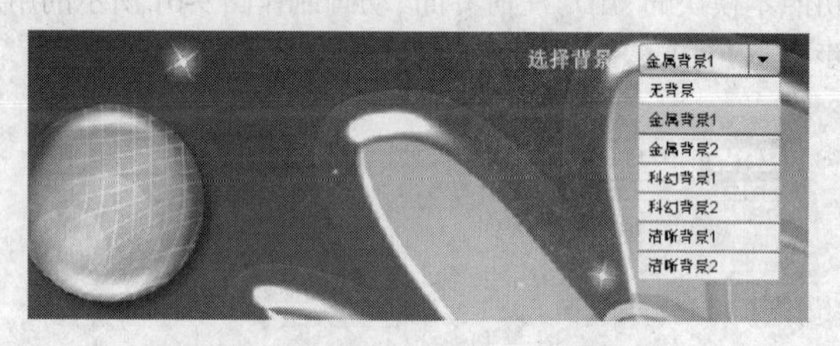

图 9-63　利用组件实现背景选择

◆ 实训分析

本实训的制作思路如图 9-64 所示，具体分析及思路如下：

（1）新建文档，将场景大小设置为 550×200 像素、背景设置为灰色、帧频设置为 12fps。

（2）导入素材到库，在“背景”图层的第 1 帧处输入“无背景”文本提示信息。

（3）在“背景”图层的第 2 帧至第 7 帧处分别放入不同的背景图片，使其覆盖整个场景。在该图层各帧中分别添加 STOP 语句。

（4）新建图层 2，在该图层添加一个静态文本和一个 ComboBox 组件，为组件命名并设置参数。

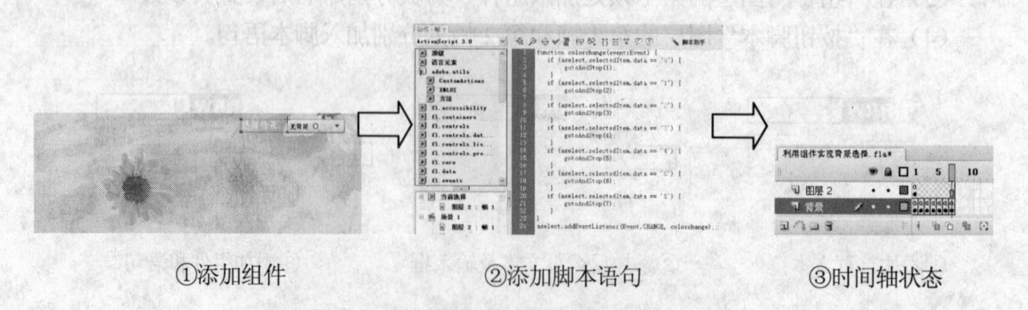

图 9-64　制作利用组件实现背景选择的操作思路

在该图层的第 1 帧处添加如下脚本语句：

```
function colorchange(event:Event) {
  if (aselect.selectedItem.data == "0") {
    gotoAndStop(1);
 }
  if (aselect.selectedItem.data == "1") {
    gotoAndStop(2);
 }
```

```
  if (aselect.selectedItem.data == "2") {
    gotoAndStop(3);
 }
  if (aselect.selectedItem.data == "3") {
    gotoAndStop(4);
 }
  if (aselect.selectedItem.data == "4") {
    gotoAndStop(5);
 }
  if (aselect.selectedItem.data == "5") {
    gotoAndStop(6);
 }
  if (aselect.selectedItem.data == "6") {
    gotoAndStop(7);
 }
}
aselect.addEventListener(Event.CHANGE, colorchange);;
```

实训三　制作“童谣”MTV

◆ 实训目标

本实训要求运用本书所学的知识点制作图 9-65 所示的“童谣”MTV，通过本实训进一步熟悉运用 Flash CS3 制作较为大型动画的方法与技巧。

素材位置：模块九\素材\ 01jpg～06 jpg、虫儿飞 mp3
效果图位置：模块九\源文件\童谣.fla、童谣.swf

图 9-65　“童谣”MTV 效果

◆ 实训分析

本实训的制作思路如图 9-66 所示，具体分析及思路如下：

（1）新建文档，将场景大小设置为 450×300 像素、背景设置为灰色、帧频设置为 12fps。

（2）导入素材到库，制作荧幕效果和萤火虫影片剪辑。

（3）在“音乐”图层放置音乐文件，创建不同的图层放置不同的图片素材，并在各图层相应位置创建图片和文字出现的动作补间动画。

（4）在适当图层创建萤火虫出现的引导动画。

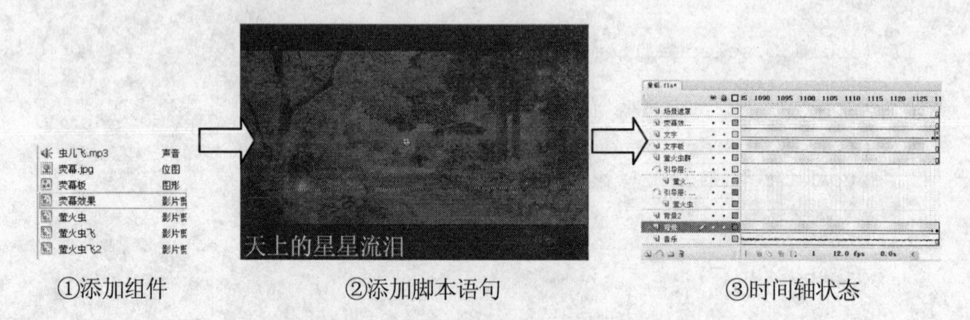

①添加组件　②添加脚本语句　③时间轴状态

图 9-66　制作“童谣”MTV 的操作思路

实践与提高

根据本模块所学内容，动手完成以下实践内容。

练习 1　制作漫画问卷调查动画

本练习将运用组件制作漫画问卷动画，制作时先导入图片素材，将场景大小设置为 703×458 像素，背景设置为白色，帧频设置为 12fps。创建不同的图层，分别在不同图层放置背景图片、文本和组件，为组件进行命名和参数设置，并添加相应语句。通过练习进一步巩固利用组件创建动画的方法，完成后的最终效果如图 9-67 所示。

素材位置：模块九\素材\文字 1.jpg、文字 2.jpg、漫画背景.jpg
效果图位置：模块九\源文件\漫画问卷调查.fla、漫画问卷调查.swf

图 9-67　漫画问卷调查动画效果

练习 2　制作消费能力调查动画

本练习将运用组件的相关知识制作消费能力调查动画。通过练习进一步巩固利用组件创建动画的方法，完成后的最终效果如图 9-68 所示。

素材位置：模块九\素材\money.jpg
效果图位置：模块九\源文件\消费能力调查.fla、消费能力调查.swf

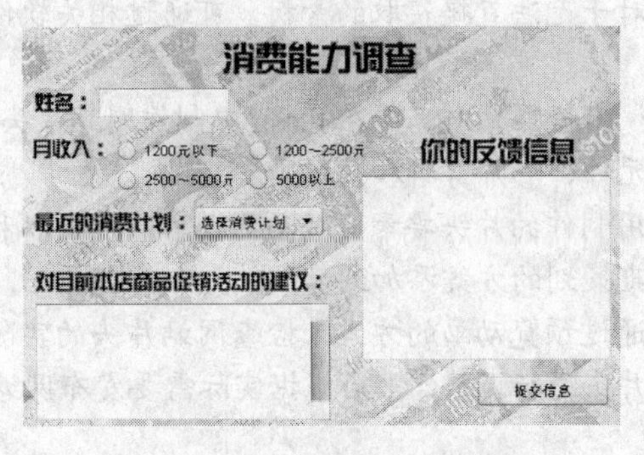

图 9-68　消费能力调查动画效果

制作时先导入所需图片素材，将场景大小设置为 460×300 像素，背景设置为白色，帧频设置为 12fps。创建“背景”、“文本”、“组件”和“脚本”图层，分别在不同图层放置背景图片、文本和组件，为组件进行命名和参数设置，并添加相应语句。

练习 3　制作网站片头

本练习将为极限运动网站制作一个网站片头。制作时先设置场景属性并导入本例所需的声音和图片素材；然后制作本例所需的图形元件和影片剪辑元件；接着利用制作的片头要素编辑动画场景，并为动画添加音效；最后测试动画，并发布网站片头即可。通过练习了解在 Flash CS3 中制作网站片头的基本思路，并掌握制作网站片头的基本方法，同时对本书所学内容进行巩固。完成后的最终效果如图 9-69 所示。

素材位置：模块九\素材\“制作网站片头”文件夹
效果图位置：模块九\源文件\制作网站片头.fla、制作网站片头.swf

图 9-69　制作网站片头效果

在 Flash CS3 中，制作网站片头的基本的流程主要包括前期策划、收集素材、制作片头要素、编辑场景及调试和发布 5 个基本环节，各环节的具体含义和要求如下。

- 前期策划：确定网站片头的制作风格、主题和采用的背景音乐等内容。在前期策划阶段，应尽量将策划做细致，便于后期的制作，以提高制作的效率。
- 收集素材：根据策划内容，有针对性地收集网站片头中需要用到的文字、图片和声音等素材。对于无法直接获取的素材，可通过相关软件对素材进行编辑和修改获得。
- 制作片头要素：根据策划内容，在 Flash 中制作网站片头中所需的各种动画要素，如图形、图形元件、影片剪辑和按钮等。
- 编辑场景：利用制作的片头要素，对动画场景进行编辑和调整，并将声音效果和背景音乐按前期策划的方案添加到动画中。
- 调试和发布：通过预览动画的方式，检查网站片头的实际播放效果，并根据测试的结果对网站片头进行调整，然后根据实际需要发布网站片头。